Wörterbuch des Konstruktiven Realismus

Culture and Knowledge

Edited by Friedrich G. Wallner

Vol. 18

PETER LANG

Frankfurt am Main · Berlin · Bern · Bruxelles · New York · Oxford · Wien

Gerhard Klünger (Hrsg.)

Wörterbuch des Konstruktiven Realismus

Aus Vorlesungen, Seminaren
und Werken von Friedrich G. Wallner

PETER LANG
Internationaler Verlag der Wissenschaften

Bibliografische Information der Deutschen Nationalbibliothek
Die Deutsche Nationalbibliothek verzeichnet diese Publikation
in der Deutschen Nationalbibliografie; detaillierte bibliografische
Daten sind im Internet über http://dnb.d-nb.de abrufbar.

Gedruckt mit Unterstützung
des Bundesministeriums für Wissenschaft und Forschung
in Wien, von der Kulturabteilung der Gemeinde Wien
und von Herrn Robert Rogner jun.

Umschlagabbildung:
„Nike von Samothraki"
Abdruck mit freundlicher Genehmigung
des Kovac-Verlags.

Gedruckt auf alterungsbeständigem,
säurefreiem Papier.

ISSN 1613-902X
ISBN 978-3-631-61169-2
© Peter Lang GmbH
Internationaler Verlag der Wissenschaften
Frankfurt am Main 2011
Alle Rechte vorbehalten.

www.peterlang.de

Geleitwort

Dieses Buch ist kein Wörterbuch im üblichen Sinne. Es gibt nicht Auskunft über die Verwendung von Begriffen bei verschiedenen Philosophen oder in verschiedenen philosophischen Schulen. Vielmehr soll es anhand von zentralen Begriffen der Philosophie einerseits und Alltagsbegriffen andererseits zum Philosophieren anregen und unzählige Manipulationen, welche in unserer Sprache unentdeckt sind, aufzeigen. Dies macht die Lektüre natürlich sehr schwer, bietet dafür jedoch reichhaltige Einsichten.

Der Herausgeber, DDr. Klünger, hatte vollkommen freie Hand bei der Gestaltung.

Ich wünsche daher diesem verdienstvollen Buch im Interesse der Entfaltung des Denkens und des Aufzeigens der kritischen Ressourcen der Philosophie eine weite Verbreitung.

Wien im März 2011

Fritz Wallner

Vorwort

Wer mit dem Werk von Friedrich Wallner, dem Begründer der Wiener Schule des „Konstruktiven Realismus" in Berührung kommt, kann die Erfahrung machen, dass zentrale Begriffe, die zu den ständigen Topoi der Wissenschaftstheorie gehören, immer wieder auf lebendige Weise neu gefasst werden. Worte, wie z. B. „Realität" und „Wirklichkeit", die wir im täglichen Leben nahezu synonym verwenden und auch mühelos verstehen, sind in ihrer differenzierten Bedeutung, die sie im Konstruktiven Realismus erfahren, erst zu erarbeiten, will man den vom Autor gemeinte Sinn nicht verfehlen.

Auch Wallner muss mit der Sprache, die wir haben, wirtschaften. Die Unzulänglichkeiten der Sprache, die nicht speziell dafür geschaffen wurde, wissenschaftstheoretische Probleme zu erörtern, werden durch die immer wieder anders nuancierten Darstellungen bestimmter Themen ausgeglichen. Um einen Vergleich zu bemühen: Ein Haus lässt sich nicht ausreichend dadurch beschreiben, dass es ausschließlich von einer Seite her betrachtet wird. Der Vorteil, den die unterschiedlichen Beschreibungen mit sich bringen, um zu einem besseren Verständnis des Gemeinten zu gelangen, zieht auf der anderen Seite jedoch Mehrarbeit nach sich: die Zusammenschau der unterschiedlichen Stellen, sowie die Betrachtung zentraler Begriffe im Kontext.

Das vorliegende Wörterbuch möchte dem Leser einen Teil der Arbeit abnehmen, die im Zusammentragen der entsprechenden Stellen besteht. Es erhebt keinen Anspruch auf Vollständigkeit – schon deshalb nicht, da die publizistische Tätigkeit von Fritz Wallner und seinen Schülerinnen und Schülern ein fortschreitender Prozess ist. Zudem kann das Wörterbuch auch dazu verwendet werden, um den „Konstruktiven Realismus", anders als in einem aufbauenden Lehrbuch, auf einer breiten Basis kennen zu lernen.

Die Auswahl der Texte orientierte sich an meinem eigenen Bedürfnis, die Ideen des „Konstruktiven Realismus" besser zu verstehen. Die Quellen für die Erläuterungen zu den Lemmata stammen überwiegend aus Lehrveranstaltungen und Vorträgen, die in den Jahren 1996 – 2006 von Fritz Wallner an der Universität Wien in freier Rede gehalten wurden und darüber hinaus auch aus Publikationen des genannten Autors. Obwohl sich die vorgelegten Texte ausschließlich auf Originalzitate von Fritz Wallner stützen, so ist es leicht möglich, dass sich beim Anlegen der Notizen anlässlich eines Vortrags das eine oder andere Missverständnis eingeschlichen hat. Mein besonderer Dank gebührt daher Fritz Wallner sowie Frau Claudia Wobovnik für die Durchsicht und Korrektur des Manuskripts, sodass dem Leser letztlich autorisierte Aussagen zum „Konstruktiven Realismus" vorliegen.

Inhaltsverzeichnis

Absoluter Geist 1

Abstraktion, methodische; Paradigma 1

Analytischer Satz 2

Argumentationsstruktur 2

Begriffe 3

Bewusstsein 3

Bildung 4

Chinesische Medizin 5

Computer 6

Denken 6

Deskriptivismus 9

Deutung, Bedeutung 9

Dualismus 10

Einheit des Wissens 10

Einsicht 11

Empirismus 11

Entdecken vs. erfinden 12

Epistemologie 12

Erfahrung 13

Erkenntnis 14

Erkenntnisanspruch 16

Erkenntnisfortschritt 17

Erkenntnisgrenzen 17

Erkenntnisprozess 17

Erkenntnistheorie 17

Erklären, verstehen, interpretieren 17

Erlebnispsychologie 18

Ethik 18

Evolutionäre Erkenntnistheorie („EE") 21

Expertenkulturen 26

Falsifikationismus 26

Formalistische Konzepte 27

Fortschritt in der Wissenschaft 27

Fragen 27

Freiheit 27

Gedanke 33

Gehirn 34

Geist und Computer 34

Geschichte 35

Gewissheit 35

Glaube und Aberglaube 35

Habermas herrschaftsfreier Diskurs 36

Handlungen 36

Hermeneutik 37

Hypothese 37

Ich-Konzept 37

Induktionsproblem 38

Instrumentalismus 38

Intelligenz, Definition 40

Interdisziplinarität 41

Interpretation 41

Intuition 42

Intuitionismus 43

Irrational 43

Irrtum 43

Kausalität 43

Kinderphilosophie 46

Kognitionswissenschaftlicher Ansatz 46

Kognitive Strukturen 46

Kommunikationstheorie 46

Konstrukt 47

Konstruktion 47

Konstruktionismus 47

Konstruktivismus 49

Konstruktivismus, Erlanger / Marburger Schule („Methodischer
     Kulturalismus") 49

Konstruktivismus, Bielefelder Schule; („Radikaler Konstruktivismus") ... 52

Konstruktivismus, Wiener Schule („Konstruktiver Realismus") 53

Konstruktivismus, soziologischer 53

Konstruktivismus vs. Konstruktionismus 54

Konstruktivismus vs. Konstruktivem Realismus 54

Kosmologie 55

Krankheit – konstruktivistisch 55

Kulturabhängigkeit 55

Kunst 56

Lebenswelt 57

Leib-Seele-Problem 59

Logik 59

Materialismus 60

Mathematik 60

Materie 61

Metaphysik 61

Methode 63

Mikrowelt 64

Modelle 67

Moral 67

Natur 67

Naturalismus.. 67

Naturwissenschaft 68

Neurologie.. 68

Normativer Anspruch.. 70

Normativität 70

Objektivität... 71

Ontologie.. 71

Ontologisieren 71

Ontologisches Missverständnis.. 72

Ontologisches Vorverständnis 72

Paradigma... 72

Philosophie... 73

    Philosophische Wurzeln abendländischer Wissenschaft:
    Parmenides von Elea 75

    Nur was gleich bleibt ist Ausdruck des Wissens –
    „ewige Wahrheit".. 75

    Das Wissen bezieht sich auf das Denken
    und nicht auf das Wahrnehmen... 75

    Sein und Denken müssen identisch sein 75

Physik... 76

Physikalismus.. 77

Politik 78

Popper, Karl: Kritischer Rationalismus; Falsifikation..................... 78

Positivismus 80

Pragmatik 80

Psychoanalyse 80

Psychologie 82

Psychotherapie 83

Radikaler Subjektivismus... 83

Rationalismus.. 83

Rationalität 83

   Restrationalität 84

   Reduktionsrationalität 84

Rationalisten 85

Realismus, konstruktiver (CR) 85

Realität 87

Realität und Wirklichkeit 88

Reasonableness 89

Reduktionismus 89

Relativismus 90

Religion und Philosophie 92

Richtigkeit 92

Scheinproblem 92

Scientismus 92

Sinn 93

Skeptizismus 93

Sprache, Sprachlichkeit, Linguaggio 93

Struktur 95

Strukturalismus 95

Strukturierung 96

Subjektivismus, radikaler (Maturana) 96

Technologisierung 97

Theorie 97

Transzendentalphilosophie 97

Umwelt 98

Universität 98

Unmittelbarkeit 99

Verantwortung 99

Verbindlichkeit der Wissenschaft 100

Vererbung...101

Verfremdung 101

Vermittlung vs. Unmittelbarkeit 103

Vernunft und Rationalität...104

Verstehen...104

Wahr..104

Wahrheit..105

Wahrheit, lokale 112

Wahrheitsanspruch der Wissenschaft 113

Wahrnehmung..114

Welt...114

   Welt, fiktive 115

   Welt, gegebene..115

   Welt, künstliche 115

   Welt, reale 115

Weltbild...115

Widerlegung...116

Widerspruch 116

Wiener Kreis 117

Willensfreiheit...118

Wirklichkeit...118

Wissen 125

Wissenschaft..125

   Wissenschaftliche Aussagen..133

Wissenschaftshermeneutik 134

Wissenschaftssoziologie 134

Wissenschaftstheorie..135

   Was darf man sich von einer Wissenschaftstheorie erwarten? 135

     1. Transzendentalphilosophischer Ansatz
       (KANT'scher, nicht HUSSERL'scher Prägung) 135

2. Der Wiener Kreis 136

Wissenschaftswissenschaft 137

Zeit 138

Zirkel 138

Zirkel zwischen Methode und Gegenstand 139

Zweifel 140

Anhang 141

Mögliche Fragen an den Vertreter einer Fachwissenschaft 141

Antworten von EK 145

Antworten von FK 153

Antworten von LL 160

Bibliographie 167

Werke 167

Internetquellen 170

In den Lehrveranstaltungen erwähnte Literatur (Auswahl) 170

Referenzierte Lehrveranstaltungen 175

Liste der Lehrveranstaltungen von Friedrich Wallner 2004W – 2010S ... 179

Wer ewige Wahrheiten sucht, der muss sich eine Ideologie suchen; in der Wissenschaft ist er fehl am Platz
(Wallner, 1999Wa).

Absoluter Geist

Die Aussage „Der absolute Geist ist wahrheitsfähig" kann nicht mit Argumenten
widerlegt werden. Der absolute Geist ist der gemeinsame Hintergrund von
menschlichem Denken, den Strukturen des menschlichen Geistes und der Natur-
struktur. Das ist ein Glaubenssatz (Wallner, 1998Sa).

Mit der konstruktiven Wende in diesem Jahrhundert ist dieser Glaube an eine absolute Instanz verloren gegangen. Während der Wiener Kreis noch glaubte,
die Wissenschaft beschreibe die Welt, sagt der Konstruktive Realismus, die
Wissenschaft stellt Konstrukte her (Wallner, 1998Sb).

Es besteht das Missverständnis der absoluten Instanz der Wissenschaft: entspricht der Vorstellung eines absoluten Geistes. Der absolute Geist ist eine absolute Fiktion, hat 2000 Jahre das europäische Denken beherrscht und führte zur
Krise der Wissenschaft, da sie diesen Anspruch nicht erfüllen kann (Wallner,
1998Sc).

„Sinnvoll von einem absoluten Geist zu sprechen, bedeutet, dass ein absoluter Geist
die Struktur der Welt erkennt, wie sie ist. Das ist ein Kriterium seiner Absolutheit,
denn es darf nichts sein außer ihm. Dieses Konzept geht von Voraussetzungen aus,
die in keiner Weise argumentiert sind. Es setzt voraus, dass das Objekt oder die Welt
eine Struktur hat, die endgültig, optimal und nicht hintergehbar ist. Das wäre die
Struktur, die der absolute Geist erkennt und die er selbst hat. Im Christentum ist der
absolute Geist deshalb gleichzeitig Creator und Spectator in einem." (Wallner,
2002a, S. 144)

Abstraktion, methodische; Paradigma

„Das Paradigma des Wiener Kreises für die Wissenschaft, das zentrale Paradigma,
war deshalb auch das der Einheitswissenschaft (siehe Neurath, 1999/1936). Der
Wiener Kreis war auf der Suche nach einer Struktur, die auf alle Wissenschaften
passt." (Wallner, 2002a, S. 244)

„Faktisch arbeiten (und arbeiteten) Wissenschaftler und das wissen wir spätestens seit Thomas S. KUHNs wissenschaftshistorischen Studien — stets kontextge-
bunden innerhalb des Rahmens konkreter Wissenschaftler-Sozietäten mit ihren speziellen Interessen und Zwecken, ihren speziellen theoretischen Grundannahmen und
Gegenstands-Perspektiven und ihren speziellen Methoden. Verfahrensweisen und
»Werkzeugen«. (17) KUHN subsumiert all diese Wissenschaftler-Voraussetzungen
im Begriff »Paradigma«. Obwohl KUHNs schlichter Kategorisierung in Phasen
»normaler Wissenschaft« und Phasen »wissenschaftlicher Revolutionen« selbstver-

ständlich auch kritisch begegnet werden muss, kann man aber heute mehr denn je zuvor feststellen, dass in den meisten Wissenschafts- Disziplinen unterschiedliche und miteinander unvereinbare Paradigmen nebeneinander existieren. Unterschiedliche Paradigmen oder Voraussetzungen jedoch fahren in weiterer Folge auch zu unterschiedlichen wissenschaftlichen Wirklichkeiten oder Produkten. Im CR spricht man in diesem Zusammenhang auch vorzugsweise von »Mikro- Welten«, die sich Wissenschaftler bzw. Wissenschaftler-Sozietäten konstruieren." (Wallner & Greiner, 2003a, S. 71)

„Wenn Kohlberg das Problem der Moralität unter dem Aspekt des moralischen Urteils untersucht, macht er eine *methodische Abstraktion.* Dies ist ihm nicht vorzuwerfen, da es gleichsam der Preis für die einzelwissenschaftliche Behandlung des Problems ist. Der Wert einer solchen Abstraktion ist daran zu messen, wieweit das Problem empirisch untersuchbar wird.

Es liegt im Wesen der methodischen Abstraktion, dass sie weder verifizierbar noch falsifizierbar ist. Die Parallelisierung von moralischer und kognitiver Entwicklung stellt diese Abstraktion dar. Sie spielt – wissenschaftstheoretisch gesehen – die Rolle eines Paradigmas. Die Fruchtbarkeit dieses Paradigmas ließe sich daran erweisen, in welchem Maße moralisches Fehlverhalten erklärbar wird. Dieses müsste sich nach der zugrunde liegenden Abstraktion als kognitives Versagen erklären lassen." (Wallner, 2008, S. 367)

„In dem Paradigma der westlichen Wissenschaft, in der klassischen Mechanik (i.e. die Mechanik von Newton), wird Bewegung wissenschaftlich beschrieben, aber es ist eine Form der Bewegung, die es in der Natur nicht gibt. Darüber hinaus wird von zahlreichen anderen Bewegungsarten abgesehen, die es in der Natur gibt." (Wallner, 2010a, S. 225)

Analytischer Satz

„»Alle Schwäne sind weiß« – Dieser Satz hat die logische Struktur, dass ich nur als Schwan definiere, was weiß ist. Das ist ganz etwas anderes, denn das ist dann ein analytischer Satz. Wenn ich sage, alle Schwäne sind weiß, so wäre das ein wissenschaftlicher Satz, der zum Subjekt eine Eigenschaft dazu gibt, die nicht aus dem Subjekt ableitbar ist." (Wallner, 2002a, 108f)

Argumentationsstruktur

Es ist völlig witzlos, Theist oder Atheist zu sein, denn beides hat dieselbe Argumentationsstruktur[1].

---

1   Schlick brachte einmal als Beispiel für einen sinnlosen Satz: „Gott existiert". Da niemand feststellen kann, was Gott ist, ist das ein unsinniger Satz. Aber bei den Leuten weckte das den Eindruck, Schlick würde Atheismus lehren. Die Leute verstanden das nicht als ein Beispiel und sagten: Schlick ist Atheist und repräsentiert den Wiener Kreis als Atheistenverband. So bekam nach 1945 niemand eine Berufung an die Wiener Uni-

Begriffe

„Leben", „Religion", ... sind Begriffe, die einen zentralen Prototyp haben und Randbereiche, die uns nur gelegentlich einfallen. Wir haben dort selten eine wirkliche Definition. Wittgenstein sprach von „Familienähnlichkeiten" und zeigte am Beispiel des Wortes „lesen", was einerseits alles als lesen aufgefasst wird und wie andererseits die Bedeutung des Begriffs vom jeweiligen Kontext abhängt (Wallner, 1999Sa).

Bewusstsein

„Bewusstsein" ist eine kulturelle Fiktion. In Japan redet man über Bewusstsein ganz anders. Die Neuropsychologie geht technisch weiter, aber sie ist im Zusammenbrechen in Bezug auf ihren Erkenntnisanspruch. Man ist heute nicht mehr in der Lage, die ontologischen Fiktionen (z. B. die Unterscheidung zwischen Bewusstsein und neurophysiologischen Vorgängen) anzunehmen, die die frühere Bewusstseinsphilosophie anbot. Bewusstsein ist kein Gegenstand im gleichen Sinn wie ein Nervenprozess. Hat es Anspruch auf Wahrheit, wenn ich sage: „Diese und jene physikalischen Konstellationen sind die Grundlage für diese und jene Bewusstseinsvorgänge"? Ich glaube daran – aber das ist eben eine Fiktion. Ontologische Fiktionen, die kulturell vorgegeben waren, werden nicht mehr ernst genommen seit dem Kulturvergleich mit dem Buddhismus. Im Buddhismus führt totale Einsicht zu totaler Auflösung. Das ist für Europäer nicht erstrebenswert. Solange man nicht die vollständige Einsicht hat, strukturiert man noch (Wallner, 1999Sb).

Der Fehler wirkt noch immer nach: Die Strukturen des Bewusstseins müssen auf die Wirklichkeit passen. Es ist ein Fehler, überhaupt von Strukturen zu sprechen (ist ein Missbrauch der Sprache). Man muss nichts beschreiben, was gegeben ist, sondern nur das, was man konstruiert hat. Alle Mikrowelten haben Probleme, die wir nicht sehen, wenn wir sie nicht beschreiben. „Wie weit gibt es eine Welt ohne Menschen?" – das ist ein reines Scheinproblem. Was nicht ins Bewusstsein eintritt, bedarf keiner Erklärung und ist einer Erklärung gar nicht fähig (Wallner, Sprechstunde am 15. 11. 1996).

„Bewusstsein" könnte das Produkt eines sprachlichen Missverständnisses sein. Wittgensteins Grundgedanke: Indem wir beim Geist innere Zustände erwarten, gleichen wir uns in der Ontologie der Naturwissenschaft an. Der innere Zustand des „auf meinen Freund" Wartens kann oder muss dann einem neurolo-

---

versität, der im Geruch stand, eine Beziehung zum Wiener Kreis zu haben. Dabei wäre das für den umgekehrten Satz: „Gott existiert nicht – ist unsinnig" genauso zutreffend gewesen (Wallner, 2005Wa).

4

gischen Zustand entsprechen. Es zeigt sich jedoch, dass es sich weder um „innere Zustände", noch um Objekte im weitesten Sinn, oder Tätigkeiten handelt. Tätigkeit ist die andere Form des Rationalisierens analog den äußeren Tätigkeiten. Wittgenstein versuchte diese fehlerhafte Schlussfolgerung damit aufzuzeigen, indem er sagte: Wo früher ein Körper war ist jetzt ein Geist. Das bestärkt Wallner in der Vermutung, dass es sich um ein Scheinproblem handelt, denn wenn man von Folgendem ausgeht: Hier gibt es den ontologischen Zustand des Körperlichen, dort gibt es den ontologischen Zustand des Geistigen, und jetzt muss man schauen, wie die miteinander in Verbindung stehen. Aber wenn das Bewusstsein gar kein ontologischer Zustand ist oder ontologisch nicht erfassbar ist, dann sieht die Frage nach dem Leib-Seele-Problem gleich ganz anders aus (Wallner, 2005Wa).

Bildung

„Wenn etwa, nehmen wir an, ein überzeugter Nationalsozialist, eine Funktion hat bei der Gestapo, und er muss irgendwelche Studenten festnehmen, sagen wir, die Flugblätter mit kritischem Inhalt verteilt haben. Der ungebildete Nationalsozialist — ich würde sagen nach meinem Gefühl waren die meisten ungebildet, aber das ist eine andere Geschichte, aber ich will jetzt offen lassen, dass es auch gebildete gab — in der Situation wird streng seine Regeln einhalten und sie weiter liefern. Er wird alles notieren, weil er seine Konstruktion für die Wahrheit hält. Er kann sich sogar als Idealist fühlen. Der gebildete Nationalsozialist — wenn es ihn gab — würde in so einem Fall oder in der Geschichte, die ich gelesen habe, war es so, diese Unterlagen verschwinden lassen, weil er sieht, dass hier verschiedene Welten aufeinanderstoßen. Bildung bedeutet in dem Fall, einzusehen, dass Ideologie in der Vielfalt auftreten kann. Bildung bedeutet diese Einsicht und danach zu handeln. Das ist keine Frage des vielen Wissens, keine Frage wieviele Bücher er über den Nationalsozialismus gelesen hat oder über den Kommunismus, über alle Ideologien, sondern das ist eine Frage, ob er versteht, was Ideologie ist. Aber er kann sich trotzdem für seine Ideologie entscheiden. Sie sehen — es ist ja phantastisch — wie der Relativismus hier verwendet wird. Natürlich wird die Vielfalt anerkannt, aber sie ist ungefährlich. D. h., der gebildete Mensch, würde ich sagen, kann auch kein Relativist im üblichen Sinne sein, der sagen könnte, alle Ideologien sind gleichwertig, also gleich unnütz, weil er dann den Konstruktionismus in sich unterdrückt und sich an einem Wahrheitsbegriff anhängt, der eben nicht funktioniert. Sie sehen, wie sehr der Bildungsbegriff ins alltägliche Leben eingreift. Das ist nicht bloß etwas Intellektuelles. Darum auch diese schöne Formulierung von Herzensbildung und Geistesbildung. Das sind alles Produkte der traditionellen Pädagogik, die unbrauchbar sind. Jede Bildung ist auch Herzensbildung. Viele Partnerkrisen — ich würde sogar sagen fast alle, glaube ich, wenn man jetzt auf diese triviale und wichtige Ebene geht beruhen darauf, dass die Beteiligten konstruktionistische und konstruktivistische Aspekte nicht in Einklang bringen können. D.h., wenn also z.B. ein Mädchen schon in der Zeit der

Verlobung merkt, dass der Freund ziemlich egoistisch ist und sie diesen Egoismus aber deutet als männliche Stärke, so ist sie ungebildet. Sie kann ihren Konstruktionismus nicht handhaben, und sie wird in eine Ehe gehen, die vermutlich schief geht." (Wallner & Greiner, 2003, S. 48f)

„Leute, die die Psychologie so verwenden, setzen voraus, dass die Psychologie eine unmittelbare Wahrheit eröffnet. Das wäre ja schön. Das hat fast religiöse Züge. Darum psychologisieren ja auch so gerne Leute, die früher religiös waren, aber die Religion verloren haben. Das ist ein sehr interessantes Phänomen. Die Leute, die religiös erzogen sind, an sich die Struktur des Religiösen in ihrem Verhaltenshabitus haben, aber die Religion durch etwas anderes ersetzt haben. Hier gibt es z. B. in diesem Zusammenhang den Typ des gläubigen Marxisten. Es wurden aber auch Jesuitenschüler Nationalsozialisten. Ein berühmtes Beispiel war Goebbels. Das sind Leute, die eben zu wenig gebildet sind, um eine Wissenschaftsstruktur handhaben zu können, die eine Wissenschaftsstruktur mit der Wirklichkeit verwechseln. Da es ja heute sehr viele Leute gibt, die überhaupt keine Weltanschauung haben, nimmt sehr oft die Wissenschaft den Platz von Weltanschauung ein und das kann sehr gefährlich sein, besonders bei der Psychologie, weil die Psychologie uns scheinbar eröffnet, den anderen zu beherrschen. Scheinbar sage ich. Es funktioniert ja nicht — Gott sei Dank!" (Wallner & Greiner, 2003, S. 48f)

Chinesische Medizin

Europäische Medizin und chinesische Medizin lassen sich nicht vereinen. „Die Chinesen könnten nicht die Quantentheorie entwickeln" – Der Preis, den man dafür in Europa zahlt, ist hoch: der Anspruch auf Einsicht geht verloren. Nobelpreise bekommt man nicht für Einsicht und Metareflexion, sondern für harte Fakten. Die chinesische Wissenschaft ist praxisorientiert, integrativ, auf Harmonie und ein gutes Leben gerichtet; sie ist lebensweltlich geleitet. Europäische Wissenschaft ist theorieorientiert, abstrahiert vom Gegenstand, ist analytisch und konstruktiv. Dann muss man erst zeigen, welchen ontologischen Anspruch die Konstrukte haben (Wallner, 1998Wc).

In der Medizin hat die Pragmatik eine unverzichtbare Bedeutung. Man kann die Medizin philosophisch nicht beurteilen, wenn man die Pragmatik außer Acht lässt. Der Unterschied zur europäischen Medizin liegt in der Pragmatik (Wallner, 1998Wc).

Der chinesische Mediziner fühlt sich ein, bindet sich ein in die Ganzheit. Ist bereit, die Prozesse intellektuell zu begleiten (im Westen: Prozesse werden intellektuell analysiert, der menschliche Körper als Mechanismus verstanden; bei komplizierten Mechanismen gibt es immer mehr Spezialistentum für funktionale Gruppen; Symptome sind in einem Wirkzusammenhang). Wer analytisch vorgeht, geht wissenschaftsgeleitet vor, mit einem Regelsystem im Hintergrund, das natürlich geglaubt werden muss. Es ist aber falsch, alles, was nicht analytisch vorgeht, als Zeichen eines schwächeren Intellekts zu sehen. Chinesische Medizin zu erlernen dauert 17 Jahre (...) (Wallner, 1998Wc).

Die Rückführung der Chinesischen und der Europäischen Medizin auf ein gemeinsames Paradigma ist gescheitert. Beide Systeme sind eine Erfindung, Konstrukte, und nicht Beschreibung der Natur. Beide haben den Anspruch, theoretisch ernst genommen zu werden (Wallner, 1998Wc).

Die chinesische Medizin wirkt deshalb, weil der Organismus verschieden strukturiert werden kann. Der Taoismus steht in einer ganz anderen Beziehung zur chinesischen Wissenschaft als die europäische Mythologie zur europäischen Wissenschaft. Das Verhältnis des Taoismus zur chinesischen Wissenschaft analog dem europäischen Fall zu betrachten, ist zwar eine Verfälschung, aber legitim (Wallner, 1998Wd).

In der Traditionellen chinesischen Medizin (TCM) ist das Handeln einbezogen, „Krankheit" als allgemeinen Begriff gibt es nicht, sondern nur individuelles Befinden. Die Informationen führen den chinesischen Arzt in eine Richtung. Die Frage der Freiheit stellt sich dort gar nicht (Wallner: Die Frage des freien Willens scheint ein Scheinproblem zu sein). Symptome werden nicht auf allgemeine Strukturen bezogen. Es wird alles lebensweltlich aufgelöst. Leberhitze, Feuchtigkeit in der Milz, zu viel Wind, zu viel Erde – sind natürlich auch Übersetzungsprobleme. Es gibt in der Traditionellen chinesischen Medizin auch keine Interpretationsprobleme. Was sollte man interpretieren? Es gibt keine Theorie. Der Preis dafür ist, dass manche Dinge sich nicht ohne Generalisierung lösen lassen. Bei dieser Art der Vorgangsweise könnte die Quantenphysik nicht erfunden werden. „Kausalität" ist eine spezialisierte Form von regelmäßigem Weltverlauf (Wallner, 2005Wa).

In der chinesischen Medizin kennt man „Krankheit" als solches nicht; sondern mehr oder minder Wohlbefinden (Wallner, 2005Wa).

Computer

Alles, was sich in Computerprogrammen nicht lösen lässt, wird ebenfalls in die Privatheit – auch ins Irrationale – verdrängt (Wallner, 1998Se).

Computer geben Problemlösungen in einer Geschwindigkeit vor, die zu einer Enthumanisierung der Arbeitswelt führt. Es kommt vermehrt zu Krankheitsfällen (Wallner, 1998Se).

Denken

Wie kann das individuelle Denken mit dem allgemeinen Denken vermittelt werden? Individuelles Denken ist nicht richtig, ist defizient; man muss zu allgemeinem Denken kommen (HEGEL). Politisch führt das zu totalitären Systemen (Wallner, 1998Sb). Kognitionsleistungen gehen nicht logisch vor sich, sondern werden erst im Anschluss im Organon der Logik dargestellt (Wallner, 1999Sa).

„Abläufe, die sich schematisieren lassen, zum Beispiel ein elektrochemischer Prozess im Gehirn, können zum Zeitpunkt der Situation des Denkens untersucht werden. Mehr als die biologischen Abläufe können aber auf diese Weise nicht dargestellt werden. Das heißt, diese Abläufe können keine Denkstrukturen begründen. Zu glauben, dass man aus der Struktur des Nervensystems die Struktur des Denkens ableiten kann, würde einen Rückschritt gegenüber der Selbst-Referenz bedeuten.[2]" (Wallner, 2002a, S. 62)

„Prüfen wir die Angelegenheit noch von einer anderen Seite. Wenn Sie das menschliche Denken betrachten, so ist es zweifellos ein Zusammenfassen und Abstrahieren von Eigenschaften. Wer also nur Eigenschaften registriert, der denkt nicht. Deshalb sagt Heidegger: „Der Wissenschaftler denkt nicht." Gemeint ist, dass der Wissenschaftler, so wie Heidegger ihn sich vorstellt, bloß Daten zusammenstellt (siehe Heidegger, 962). Wer also nur registriert, wenn auch vollkommen korrekt und exakt, wer nur Abläufe darstellen kann, wer in der Wissenschaft zum Beispiel nur Prognosen geben kann – das ist ja in manchen Situationen des Lebens sehr hilfreich, wenn etwa die Wetterprognose stimmt, dann ist das etwas sehr Angenehmes, wenn die Prognose bei einer Krankheit stimmt, kann das lebensrettend sein – unterbietet die Möglichkeiten des Denkens. Wer so denkt, denkt nicht typisch menschlich, sondern in einer restringierten Form. Insofern sind gewisse Abläufe der Wissenschaft, gewisse Denkabläufe der Wissenschaft nicht Denken im eigentlichen Sinn. Die Prognose allein kann die Wissenschaftlichkeit eines Systems nicht garantieren. Wer die Wissenschaft auf den Erfolg reduziert, nimmt ihr den Anspruch der Erkenntnis weg. Das ist im ersten Moment vielleicht ein provokanter Gedanke, weil die meisten glauben, dass eine wissenschaftliche These bestätigt ist, wenn sie sich bewahrheitet: Wenn das eintritt, was sie prognostiziert, dann können wir von einem Erkenntniszugewinn sprechen." (Wallner, 2002a, 62f)

„Selbstreferenzialität, Fallibilität und Historizität sind die wesentlichen Gesichtspunkte des menschlichen Denkens." (Wallner, 2002a, 64)

„Das menschliche Denken ist dadurch ausgezeichnet, sich auf sich selbst beziehen zu können. Es hat die Qualität der Selbst-Referenz. Wenn diese Qualität fehlt, liegt kein menschliches Denken vor." (Wallner, 2002a, S. 58)

„Gottes Denken erfasst nach Kant schon gemäß der Anschauung alle Strukturen. Dem Menschen ist ein solches Denken in Anschauungen, die bereits die Strukturen gegenwärtig haben, absolut unvorstellbar und unzugänglich. Das ist ein nicht-referentielles Denken. Das selbst-referentielle Denken ist ein Denken, das immer von der Einsicht begleitet wird, dass es auf Methoden beruht, die selbst begründet

---

2   mit Verweis auf Wallner, Fritz G. (1999). Das Bewusstsein – eine abendländische Konstruktion. In Th. Slunecko (Hg.), Psychologie des Bewusstseins Bewusstsein der Psychologie (S. 201-218). Wien: WUV.

werden müssen, die nicht von sich aus einsichtig sind, im Unterschied zum göttlichen Denken. Bei Platon heißt es, dass ein Gott. nicht philosophiert (Platon, 1958). Für eine absolute Vernunft sei es unmöglich und undenkbar, über die Tätigkeit des Denkens nachzudenken. Wenn ich mir, nach dem alten Theologiebeispiel, Gott hinter dem Stein denke, den er zwar erschaffen, aber selbst nicht aufzuheben vermag, so kann er sich auch die Möglichkeit zu irren nicht vorstellen, nicht einplanen und auch nicht bedenken. Das menschliche Denken ist deshalb ein Denken, zu dem die Irrbarkeit, die Fallibilität gehört.

Das menschliche Denken bezieht sich auf sich selbst, es weiß, dass es denkt. Der Denkende weiß, dass er denkt. Er weiß nur deshalb, dass er denkt, weil er dafür den Preis der Irrbarkeit bezahlt. Das Bewusstsein, Unrecht zu haben, ist eine nötige Voraussetzung für das Wissen, dass man denkt. Es ist sehr wichtig, sich diesen Gedanken klar zu machen, weil diesen all jene Leute nicht verstehen, die menschliche Erkenntnis mit der Erkenntnis im Tierreich oder mit der Erkenntnis, die man am Computer gewinnt, vergleichen. Wenn man zum Beispiel sagt, dass eine Amöbe irgendetwas erkennt, so müsste man „erkennen" unter Anführungszeichen setzen. Denn die Amöbe weiß nicht, dass sie „erkennt" und irren könnte. Wenn man sagt, dass ein Hund etwas erkennt, so wird hier das Wort „erkennen" ebenso missverständlich gebraucht, denn soweit wir wissen, denken auch die Hunde vermutlich nicht darüber nach, dass sie denken. Es könnte zwar sein, aber nach all dem, was man über die Tierphysiologie und die Tierpsychologie weiß, kann man mit ziemlich großer Wahrscheinlichkeit sagen, dass es bei den Hunden nicht so ist.

Es ist zwischen Denken als psychologischen Ablauf und Denken als menschlichen Prozess zu unterscheiden. Mit Denken im psychologischen Sinn ist immer Denken im Sinne des erfahrbaren Denkens gemeint. In diesem Zusammenhang ist die von Bühler ausgehende Denkpsychologie interessant (siehe Bühler, 1927, S. 13-17). Man kann durch verschiedene Methoden erfahren, was beim Denken abläuft: Inwiefern der Denkverlauf kontinuierlich ist, inwiefern er sprunghaft ist, ob der Denkverlauf bei genialen Menschen anders als bei Durchschnittsmenschen ist und so weiter. Das sind psychologische Fragestellungen, bei denen Denken wie ein Phänomen behandelt wird – wie etwas, das sich ereignet. Man kann hirnelektrisch feststellen, dass sich etwas ereignet. Aber diese Feststellung kann man auch auf Grund der Selbstbeobachtung treffen." (Wallner, 2002a, S. 59f)

Das menschliche Denken wird instrumentalisiert; es erzeugt dadurch den Schein einer Erkenntnis. Damit verschließt man sich aber der Einsicht (Wallner, 2005Wa).

Es ist eine typisch abendländische Überlegung, Denken als etwas zu sehen, das über dem Subjekt steht. Man müsste dann sagen können, was Denken ist. Wir unterstellen, dass es endgültige Einsichten nirgends und in nichts gibt (Wallner, 2005Wa).

Deskriptivismus

Warum ist der Deskriptivismus nicht haltbar? Weil sich das philosophische Konzept des Empirismus nicht halten lässt! Diese Einsicht war ein großes Erschrecken vor 20 Jahren (Wallner, 1996W).

„Ich habe in meinem Bioenergetik-Seminar einen Physiotherapeuten kennengelernt, der mir genau beschrieben hat, wie seine Arbeit astrologisch bestimmt ist, wie man aufgrund von Gestirn-Konstellationen bestimmte Phänomene des menschlichen Lebens einordnend verstehen kann. Wenn man eine solche Beschreibung hört, wirkt sie zunächst sehr überzeugend, weil sie sehr detailreich ist. Sie gibt jedoch keine echten Gründe an. Wenn Sie diesen Mann fragen, warum gerade dies passiert, wenn die Venus im Aszendenten des Jupiter steht, so wird er anstelle des Grundes ein Beispiel anführen und sagen: ‚Ja, das war genauso, wie der Herr X mit der Frau Y eine tragische Affäre hatte. Da stand die Venus genau dort und dort, und darum ist es schief gegangen.' Das ist keine echte Begründung, sondern ein Scheinargument, das die Begründung ersetzt. Das bedeutet, wenn Sie rein deskriptiv vorgehen, müssen Sie jede Form der Weltbeschreibung als Wissenschaft anerkennen. Das ist klarerweise vollkommen unbefriedigend." (Wallner, 2002a, S. 17)

Problem des Deskriptivismus: Wie ist es möglich, Gegenstände und Menschen im Bewusstsein zu repräsentieren und gleichzeitig zu glauben, dass die Dinge unabhängig von mir existieren? (Wallner, 2006Wa).

Deutung, Bedeutung

„Diese Bewertung steht in Zusammenhang mit dem zweiten grundsätzlichen Aspekt des Konstruktivismus, dass Deutung für Wissenschaft als ein Surrogat, als ein Muss gilt, ansonsten kommt es zu einer technologischen Instrumentalisierung der Wissenschaft. Die Deutung ist ein unverzichtbares Element der Wissenschaft, sonst degeneriert die Wissenschaft zu technologischer Instrumentalisierung. Deutung ist das Kriterium, das Wissenschaft von Technologie unterscheidet." (Wallner, 2002a, S. 137)

„Wenn ich eine Maschine habe, so lege ich Wert darauf, dass bestimmte Aufgaben erfüllt werden, aber nicht darauf, dass die Maschine mir etwas von der Welt erklärt. In einem indirekten Sinn kann ich natürlich Maschinen, die funktionieren, auch auf die Welt beziehen. Normalerweise aber, in einem rein technologischen Verständnis, ist es ausreichend festzustellen, dass ein Produkt bestimmte Aufgaben erfüllt. Es wird nicht gefragt, was diese Aufgaben bedeuten." (Wallner, 2002a, S. 140)

„Wir haben die technischen Systeme und die Methoden, wie man diese Mikrowelten richtig behandelt. Wo und wie wird jetzt die Deutung vollzogen? Dies kann nicht geschehen, indem Zeichen bzw. Symbole den Begriffen der Alltagssprache formal zugeordnet werden. Deutung kann nur so entstehen, indem man versteht, wovon die formale Sprache abstrahiert. Wenn wir verstehen, wovon die Satzsysteme abstrahieren, begreifen wir, welche Handlungen nötig waren und sind, um diese

Satzsysteme zu konstruieren. Das heißt, Erkenntnis bedeutet nicht Erkenntnis der Natur, sondern wie man Natur strukturieren kann. Natur kann man nicht erkennen. Das praktische Verfahren dieser Deutungen nennt man im Konstruktiven Realismus *Verfremdung.*" (Wallner, 2002a, S. 216)

„Die Deutungen können nämlich durchaus vielfältig sein. Ein Aussagensystem einer Wissenschaft ist nicht nur in einer Weise zu deuten. Wer das tut, der missversteht das Wesen der Deutung als Anweisung, ein System zu gebrauchen. Dass jemand etwas auf eine bestimmte Weise machen muss, um es richtig zu machen, kann beispielsweise in der Pädagogik wertvoll sein. Das ist aber auch eine Reduktion des Menschlichen, und deshalb funktioniert Erziehung sehr oft nicht, weil viele glauben, Erziehung sei das Einordnen von jungen Menschen in ein System. Das alles sind Reduktionen der humanen Möglichkeiten. Wer also meint, dass Deutung herausfinden muss, welches Verständnis eines Aussagensystems das einzig berechtigte ist, der missversteht Deutung." (Wallner, 2002a, S. 221)

„Was immer als Wissenschaft betrieben wird, ob Kosmologie ptolemäisch oder kopernikanisch betrieben wird, verschafft einen ganz anderen Zugang zur Welt. Diese Veränderungen an sich haben jedoch nichts mit Erkenntnis zu tun, Erkenntnis wird nur beansprucht, wenn diese Konstrukte gedeutet werden.

Die Vielfalt der Deutung ist eine weitere Bedingung der Erkenntnis. Wenn die Deutung nämlich nur eingleisig wäre, wenn es eine einzige Deutung wäre, die den absoluten Anspruch setzt, so hätte diese ihre Funktion verloren, vom Druck der Natur zu befreien. Das wäre dann eine Fortsetzung des Drucks der Natur in einer anderen Weise. Deshalb muss die Deutung vielfältig sein. Es muss möglich sein, mehrere Wege in einem Deutungsverfahren aufzuzeigen, nicht nur einen." (Wallner, 2002a, S. 223f)

„Das ist die eigentliche Einsichtnahme, dass etwas aus der Spezialistensprache, die immer nur eine Anweisungssprache für eine kleine Gruppe von Menschen ist, herausgenommen wird. Wenn man aus dieser Sprache mit einem wissenschaftlichen Konstrukt aussteigt und in die Alltagssprache übersetzt, so bringt man dieses Konstrukt auf die Ebene der Erkenntnis." (Wallner, 2002a, S. 224)

Dualismus

Mir kommt der Dualismus noch immer als das plausibelste Modell vor und ich glaube nicht, dass das weltanschauliche Gründe hat – aber vielleicht hat es geheime (Wallner, 2005Wa).

Einheit des Wissens

CARNAP hatte den Glauben, dass alles Wissen eine Einheit sei. Das ist aber theoretisch nicht möglich (Wallner, 1998).

Einsicht

Die instrumentalistische Ebene der Wissenschaft: die Ebene der funktionierenden Mikrowelten. Auf dieser Ebene gibt es keine Erkenntnis. Erkenntnis ist ein
Phänomen der Einsicht in die Mikrowelten (Wallner, 1996W).

„Die Einsicht kommt dadurch zustande, dass man danach fragt, was beim
Instrumentalismus ausgeblendet ist. Ausgeblendet ist der Selbststand des Objekts.
Ausgeblendet ist auch die Vielzahl der Beschreibungsmöglichkeiten. Kein Wissenschaftler kann ernsthaft meinen, dass die Phänomene, die er beschreibt, nur auf diese
eine Weise beschreibbar sind. Um ein einfaches Beispiel zu nehmen, ist eine Blume
etwas anderes als ihre biochemische Beschreibung." (Wallner, 2002a, S. 105)

Empirismus

Wurde durch HUME widerlegt. KANT hat den Empirismus nicht widerlegt, das hat
ihm David Hume abgenommen. KANT war darüber erschrocken: Da bricht uns
die Physik zusammen; aber die funktioniert ja (...), daher wird nicht die Erfahrung ausgeschlossen – es ist lediglich anders damit umzugehen (Wallner,
1997S).

„Der Wiener Kreis ist am Versagen des Empirismus gestorben, nicht an Popper.
Dennoch war es gut, Popper als Alternative zu haben. Interessanterweise haben auch
einige Wissenschaftler und vor allem Öffentlichkeit und Fernsehen Ende der 1980er
Jahre sehr gut auf Popper reflektiert. Seine Philosophie gibt einerseits zu, dass der
Empirismus nicht funktioniert, und behält andererseits den Anspruch der Wissen-
schaftlichkeit der Wissenschaft bei." (Wallner, 2002a, S. 107)

„Der Wiener Kreis ist in den 1970er Jahren, nachdem 1938 die meisten Mit-
glieder Österreich aufgrund des Naziregimes verlassen mussten, ein zweites Mal gestorben, als durch philosophisch korrekte und genaue Überlegungen der Empirismus
widerlegt wurde. Poppers interessante Alternative zum Wiener Kreis besteht darin,
dass er eine grundsätzliche Idee des Wiener Kreises umkehrt. Ein zentrales Lehr-
stück des Wiener Kreises, der Verifikationismus, besagt, dass jeder Satz, der als
wissenschaftlich oder auch nur als wahr gelten will, bewahrheitet, also verifiziert
werden müsse. Bei alltäglichen Sätzen ist das ganz einfach. Wenn ich etwa jeman-
den frage, ob er im Kino gewesen ist, und er dies bejaht, dann kann ich zum Beweis
die Kinokarte verwenden. Was im Alltag kein Problem ist, stellt in der Wissenschaft
ein beträchtliches Problem dar, weil es um Allaussagen geht und nicht um Einzel-
aussagen." (Wallner, 2002a, S. 107)

Entdecken vs. erfinden

„Darwin hat die Evolutionstheorie entdeckt". Beim „Erfinden" zwingt man dem Sein Strukturen auf. Die Biologie handelt meist theorielos (Edlinger/Wallner 1999Sa).

Epistemologie

(S. a. Wissenschaftstheorie) Die Lehre von den Bedingungen des Wissens (z. B. der Kulturabhängigkeit), insofern es wissenschaftliches Wissen ist. Epistemologie kreiert im Hinblick auf die Wissenschaft eine hermeneutische Technik. (Vergleiche dazu Wallner 1997). Da werden intellektuelle Techniken dargestellt. (CAPRA ist anregend, aber oft schlampig in seinen Argumentationen; so wirft er z. B. Konfuzianismus und Buddhismus zusammen). Eine dieser Techniken wäre:

1. In einem neuen Text (z. B. chinesischer Medizin) nach Dingen suchen, die im Unterschiede zu meinen Gewohnheiten und Überzeugungen stehen.
2. Für die gefundenen Unterschiede ein System finden.
3. Schauen, wie sich das System, das man für das eigene Verständnis selbst gefunden hat, mit dem System verträgt, das dem Text zugrunde liegt (Wallner, 1998Wc).

Die „Wiener Kreisler" dachten, dass es doch so etwas wie eine wissenschaftliche Instanz, vor der man beurteilen kann, was Wissenschaft ist, gibt. Diesen normativen Anspruch geben wir auf. Aber: Wir nehmen den Ausgangspunkt von der Wissenschaft, überprüfen aber, ob die Spekulationen der Wissenschaft mit dem Ausgangspunkt übereinstimmen, und wenn nicht, bemühen wir uns, ihn übereinstimmend zu machen (Wallner, 1998Wc).

Wo liegt der Unterschied zur Philosophie? Die Grenzen sind natürlich immer fließend. Man kann auch die Astronomie unter der Philosophie sehen, zum Beispiel Einstein von Aristoteles her beleuchten – das wird auch oft gemacht. Epistemologie zeigt den Selbstaufbau der Wissenschaft, Philosophie ist mit sich selbst beschäftigt. Die Philosophie fragt gegenüber einer Behauptung: „Ist das wahr oder falsch?" Die Epistemologie hingegen fragt: „Mit welchem Recht behauptet er das?" Die Philosophie ist immer bei sich selbst (sie macht Sprachgebäude, in denen sich andere Sprachgebräuche reflektieren), die Epistemologie ist bei der Wissenschaft (sie legt die Grundlagen frei, erlaubt gestimmte Blickpunkte auf die Wissenschaft und die Gesellschaft). Epistemologie in Bezug auf eine Theorie der Ethik würde nur die Denkmöglichkeiten in der Ethik zeigen, kann aber nicht normativ zwingen, bestenfalls vorschlagen. Ethische Normen sind nur intuitiv einsehbar (Wallner, 1998Wb).

Epistemologie ist gegenüber der Physik nebulos, gegenüber der Philosophie klar und geschlossen, weil es Ziele gibt, z. B. Verbesserung des Selbstverständnisses des Wissenschaftlers. Sie beansprucht im Unterschied zur Philosophie nicht Voraussetzungslosigkeit. Wer glaubt, dass sich in der Wissenschaft (evolutionär) ohnehin das Richtige durchsetzt, braucht keine Epistemologie. Tatsächlich spielt sich die Wissenschaft aber gar nicht so ab, wie Wissenschaftler das gerne glauben. So werden Projekte eingereicht, um einige Millionen Dollar für ein Falsifikationsexperiment loszuschlagen; der Wissenschaftler selbst will das aber gar nicht falsifizieren. Oder der Wissenschaftler glaubt noch immer an die „Erkenntnisnähe", die von den Popper-Schülern längst aufgegeben wurde (Wallner, 1998Wb).

Erfahrung

Erfahrung bedeutet im Abendland: methodologisierte Erfahrung (im Gegensatz zum Buddhismus). Methodologisierte Erfahrung ist immer nachvollziehbar (Wallner, 1998Sb).

Erfahrung: alles, was Begegnung, nicht-Ich darstellt. Man muss von Analysen der Erfahrung ausgehen, um daraus allgemeine Thesen zu entwickeln. Man muss Leben schützen, wenn man sieht, wie jedes Lebewesen bangt, sein Leben zu verlieren -> absolutes Tötungsverbot (Wallner, 1999Sb).

Die Physik NEWTONS erhebt Erfahrungsanspruch. HUMES Kritik am Induktionismus war, dass Erfahrung – streng genommen – doch nicht gegeben ist. Bei den Fallgesetzen ist immer nur ein „post hoc", (der losgelassene Gegenstand fällt), kein „procter hoc" gegeben (Fraunlob in Wallner 1999Wb).

„Man kann die Erfahrung nicht aus der Erfahrung verstehen. Erfahrung ist nur dann verstehbar, wenn die Bedingungen der Erfahrung gegeben sind, die selbst nicht erkennbar, sondern nur postulierbar sind. Wir müssen fordern, dass das transzendentale Ich Erkenntnisstrukturen hat, die den Strukturen des Dings an sich entsprechen. Wenn wir fordern müssen, ist das aporetisch." (Wallner, 2002a, S. 70)

„Einige Jahrzehnte später zeigte Thomas Kuhn an Beispielen der Wissenschaftsgeschichte, dass die Erfahrung immer theorieabhängig ist und dass es die reine Erfahrung nicht geben kann (siehe Kuhn, 1977). Erfahrung ist immer voraussetzungsabhängig und somit auch theorieabhängig. Das heißt, sie ist nicht nur von den Geräten abhängig, die verwendet werden. Geräte können selbstverständlich ausgetauscht werden, und gewisse Effekte durch andere Effekte ausgeglichen werden. Sie ist also nicht nur geräteabhängig, sondern sie ist vor allem von den Fragen abhängig, die wir vorher stellen, und von den Erwartungen, mit denen wir an die Aufgabenstellung herangehen. Unsere Überzeugungen fließen in die Art, wie wir die Geräte bedienen, sozusagen hinein. Sie ist, anders formuliert, von der jeweiligen Lage des Bewusstseins abhängig." (Wallner, 2002a, S. 173f)

Erkenntnis

„Dabei ist es ganz wichtig, sich klarzumachen, daß unser Begriff der Erkenntnis nicht dahingehend hinterfragt werden darf, ob es sich um Abbildung oder um Wahrheit handelt. Wir verzichten auf den Begriff der Wahrheit und haben gezeigt, daß die physikalischen Konstrukte keine Abbildungen sind. Die Erkenntnis ist in diesem Sinne schon das letzte, was durch die Mikrowelten angestrebt wird." (Wallner und Pietschmann, 1995, S. 28)

Der Konstruktive Realismus ist ein Relativismus, der die Möglichkeit der Erkenntnis mit einbezieht (Wallner, 1997S).

Der CR steht dem Buddhismus viel näher als dem KANT'schen Ding an sich. Die Wirklichkeit ist nicht das Ding an sich, sondern buddhistisch: das Unstrukturierte Kommen und Vergehen. Die unmittelbare Erfahrung der Wirklichkeit ist Erkenntnis im Buddhismus. Im CR ist die unmittelbare Erfahrung nicht Erkenntnis. Im Abendland ist nur strukturierte Erfahrung Erkenntnis (Wallner, 1998Sa).

Wissenschaft erzeugt Welt mit ihren Werkzeugen. Anspruch auf Normativität der Wissenschaft muss aufgegeben werden, da sie konstruiert (Wallner, 1998Sb).

Erkenntnisanspruch entsteht erst dann, wenn die Analogien der Wissenschaft ontologisiert werden (Wallner, 1998Sc).

Eine nicht interpretierte Mikrowelt hat keinen Erkenntnisanspruch (Wallner, 1998Sb).

Erkenntnisgewinn ist ein Gewinn an Einsicht in die Relation des Menschen zur Welt (Lebenswelt bzw. Realität) und nicht zur Wirklichkeit (da diese nicht strukturiert werden kann). Das gilt jedoch nur, wenn man die „konstruktive Wende" als zwingend annimmt (Wallner, 1998Sc).

Die Erkenntnis (Übersetzen in andere Aussagensysteme und in die Lebenswelt) und Interpretation wird meist nicht mehr geleistet – „Was bedeutet dieses Satzsystem für uns?" (Wallner, 1998Se).

Transformatorik: Ein weltanschauliches Konstrukt so übersetzen können, dass es in differenzierter Weise auf Einzelfälle anwendbar ist. Wissenschaftliche Systeme müssen übersetzt und interpretiert werden. Ohne Übersetzbarkeit gibt es keinen Erkenntnisanspruch. Weltanschauungen können diskutiert werden, Ideologien sind postuliert (Wallner, 1998Se).

Wissenschaftliche Errungenschaften sind vorübergehend. Das können viele Wissenschaftler nicht akzeptieren. Es ist auch nicht so, dass man von einem

Erkenntnisfortschritt sprechen könnte. So war die Erdbewegung bereits im Altertum bekannt, wurde später von den Schülern Aristoteles verworfen, kam nachher jedoch wieder (Wallner, 1998Wb).

Erkenntnis ist etwas dessen Ursprünglichkeit man im Kontext einer Kultur aufgeben kann. Deshalb ist Erkenntnis kulturabhängig. Die Phänomenologie glaubt, zur Einsicht komme man nur, wenn man zu den kulturunverfälschten Ursprüngen zurückgeht. Ethisch ist das, was mehr Handlungsspielraum ermöglicht. Die Phänomenologie kann beschreiben, aber nicht verstehen (Wallner, 1998Wd).

Erkenntnis ist Systematisierung der Lebenswelt (Wallner, 1998Wd).

Erkenntnis liegt erst dann vor, wenn man beispielsweise von ganz verschiedenen Mikrowelten ausgehen kann und zu den gleichen Handlungskonsequenzen in der Lebenswelt gelangt. Man muss also von dem Zustand der funktionierenden Beziehungen (der Mikrowelt) zu verständlichen Beschreibungen gelangen und den Bogen von den Beschreibungen zur Mikrowelt wieder zurückspannen können. Eine bloß funktionierende Mikrowelt ist noch nicht Erkenntnis (Wallner, 1998Wd).

„Erkenntnis" heißt nicht, die Welt so darzustellen, „wie sie wirklich ist", sondern nur, dass Strukturierungsmodelle gefunden und deren Beziehung zur Lebenswelt gedeutet werden (Wallner, 1998Wc).

Das naturwissenschaftliche Verfahren strukturiert die Datenmenge aufgrund von Modellen. Wenn das funktioniert, spricht man fälschlicher Weise schon von Erkenntnis. Tatsächlich werden nur jene Datenmengen gefunden, die zum Modell passen. Erkenntnis wird es erst, wenn die Strukturen gedeutet werden, d. h. zur Lebenswelt in Beziehung gebracht werden (Wallner, 1998Wc).

Der Traum der Unmittelbarkeit ist so faszinierend in der Menschheit. Es ist aber erkenntnistheoretisch unmöglich, ein Objekt unmittelbar zu erfassen. Um eine Erkenntnis zu gewinnen, muss man in einen anderen Bereich gehen („Verfremdung"); anders geht es nicht (Wallner, 1999Sa).

Erkenntnis als Erkenntnis *begründen* kann auch der Konstruktivismus nicht. Wenn ich einsehe, dass Erkenntnis als Erkenntnis nicht *begründet*, aber *ausgewiesen* werden kann, dann bin ich Konstruktivist (Wallner, 1999Wb).

Erkenntnis über Erkenntnis gewinnen ist etwas anderes als andere Objekte des täglichen Lebens zu erkennen. Erkenntnis als Erkenntnis begründen bedeutet, einen Rückgriff auf die Zeit vor dem Konstruktivismus zu vollziehen. Beispielsweise auf Urtypen wie bei PLATON, Metaphysik, Metaphysik der evolutionären Erkenntnistheorie (EE; als Konrad LORENZ merkte, dass der Rückbezug auf die Phylogenese nicht reicht, um „Entwicklung" zu erklären, ließ er sich „Emergenz" einfallen), reine Wahrnehmung, etc. Die Metaphysik bedient sich be-

stimmter wissenschaftlicher Erkenntnisse um damit bestimmte Erkenntnisse zu
begründen, aber Erkenntnis ist nicht begründbar (Wallner, 1999Wb).

Auch Erkenntnis ist kein Produkt des Gehirns oder des Nervensystems, sondern beruht auf willentlichen Entscheidungen. Diese sind sozial, kulturell, psychologisch motiviert, nicht vorhersagbar (wie etwa als EINSTEIN die Lichtgeschwindigkeit als fundamental einsetzte). Entscheidungen verlangen einen Instinkt, eine intuitive Einsicht, was mit der Natur gemacht werden kann und was
nicht (Wallner, 1999Wa).

„Erkenntnis im Konstruktiven Realismus bedeutet, Gründe für wissenschaftliches
Handeln zu verstehen. Erkenntnis bedeutet nicht, die Dinge oder die Objekte der
Wissenschaft adäquat zu beschreiben." (Wallner, 2002a, S. 28)

„Etwas vorauszusetzen, von dem man behauptet, es sei das Ergebnis, ist zirkulär im Sinne eines falschen Zirkels. Man setzt bereits voraus zu wissen, was Erkenntnis ist, und will damit die Erkenntnis begründen." (Wallner, 2002a, S. 75)

„Erkenntnis als Erkenntnis auszuweisen, besagt, dass sich Erkenntnis von anderen Phänomenen des geistigen Lebens unterscheidet. Erkenntnis ist etwas, das nicht
auf eine Ebene mit anderen Erscheinungen des geistigen Lebens gebracht werden
kann." (Wallner, 2002a, S. 176)

Erkenntnis ist kein Naturprodukt, Erkenntnis ist kein Produkt der Gehirnfunktionen." (Wallner, 2002a, S. 177)

Erkenntnisanspruch

Das PTOLEMÄISCHE Weltbild passte unmittelbar zur Vorstellungswelt der Leute.
Der Erkenntnisanspruch war lebensweltlich garantiert. KEPLER passte nicht mehr,
er versuchte daher den Erkenntnisanspruch durch die „Sphärenharmonie" zu
garantieren, denn die Rechnung allein hat keinen Erkenntnisanspruch. Das Problem bei der Quantenmechanik liegt darin, dass wir keine passenden Vorstellungen dazu haben. Die Konsequenz daraus: Keine Erkenntnis ohne Verfremdung!
Wissenschaft ist nicht nur die Darstellung eines technischen Ablaufes (Wallner,
1999Sb).

„Die instrumentelle Ebene ist mit der Technik vergleichbar, denn auf ihr ist der Unterschied zwischen Wissenschaft und Technik nicht nachvollziehbar. Wenn Sie sich
auf die instrumentelle Ebene konzentrieren, so konzentrieren Sie sich auf technische
Verfahren, die für alle möglichen Belange des Lebens durchaus wertvoll sind. Aber
Technik hat keinen Erkenntnisanspruch, weil die Erkenntnis beansprucht, aus dem
System hinaus zu gehen, um das System zu verstehen. Wer aus dem System nicht
hinausgeht, versteht es nicht und kann somit nicht von Erkenntnis sprechen. Erkenntnis bedeutet immer, das Gegebene zu hinterfragen, und nicht, das Gegebene zu
schildern. Erkenntnis erfordert, das Gegebenen in einen neuen Kontext zu stellen,
der bisher nicht beachtet wurde und der neue Aufschlüsse über die Struktur des Gegenstandes gibt." (Wallner, 2002a, S. 220f)

Erkenntnisanspruch meint: Anwendbarkeit auf die Wirklichkeit (Wallner, 2003W).

Erkenntnisfortschritt

Diese Fragen wurden von der Popper-Schule untersucht und dann aufgegeben. CR: Erkenntnisfortschritt ist ein Fortschritt im Handlungsspielraum. Das Unvorhersehbare gehört zum Handlungsspielraum dazu. In der Logik gibt es keine Überraschungen (Wallner, 1998Wd).

Erkenntnisgrenzen

Früher gab es nur technologische Grenzen, das war ursprünglich die einzige Grenze. Seit HEISENBERG wissen wir, dass es auch eine prinzipielle Grenze gibt (Wallner, 1998Wb).

Erkenntnisprozess

„Deshalb glaubt man heute zu sehen, dass man das Problem der Erkenntnis lösen kann, wenn der Erkenntnisprozess naturwissenschaftlich korrekt beschrieben wird. Das ist nicht der Fall! Die interessanten Ergebnisse der Neurobiologie sollten nicht dazu verführen zu glauben, dass das Rätsel der Erkenntnis auf neurobiologischer Ebenen vollständig lösbar ist." (Wallner, 2002a, S. 47)

Erkenntnistheorie

„In diesem Sinne ist Wittgenstein zu verstehen, wenn er behauptet: ‚Erkenntnistheorie ist die Philosophie der Psychologie' (TLP 4.1121)." (Wallner, 2008, 319 Fußnote 5)

Erklären, verstehen, interpretieren

Erklären: Aufhellen des Hintergrundes.
Wahrheit: Einsicht in den Kontext der Konstruktion. Die Gültigkeit einer Aussage hängt von der Voraussetzung ab (Bsp.: a*x = b; wenn a = 0, ist x beliebig) (Wallner, 1997S).

Für alles, was mit dem Erkennen zusammenhängt, kann man ein anderes Konstrukt bilden. Es ist sinnvoll für die Humanwissenschaft, den Unterschied zwischen „Verstehen", „Erklären", „Interpretieren" etc. zu machen. Das ist keine Erfahrung, sondern ein Konstrukt. Wenn man sich darauf einlässt, dass alles

Verstehen Konstruktionsvorgänge hinter sich hat, wird die Interpretation ein konstitutives Element. Das Verstehen primitiver Kulturen, beispielsweise, geht nur indirekt über die Produkte dieser Kulturen. Das führt aber nicht zum „Verstehen" der anderen Kultur, sondern führt zu Bildern, die wir uns von dieser Kultur machen. Die Kulturwissenschaft geht konstruierend vor. Der Unterschied zwischen „Erklären" und „Verstehen" ist methodologisch, nicht ontologisch argumentiert (Wallner, 1998Sc).

Die Begegnung mit Vertretern anderer Kulturen führt zu unmittelbaren (einfühlendem) Verstehen (= Einsicht). Erkenntnis liegt nur dann vor, wenn man ein Konstrukt interpretiert (Wallner, 1998Sc).

Erklären geschieht immer im Rahmen einer Theorie. Wenn man etwas erklärt liefert man die Theorie (das Modell) immer auch gleich mit. Unsere Vorstellungen (z. B. vom Elektron) sind theoriegebunden. Was man als erstes hört, ist prägend, präformierend. Wenn man vorher die Theorie bekommt, interpretiert man das Erlebte anhand der Theorie. Kommt zuerst das Erleben, kann man nachher die Grenzen der Theorie besser wahrnehmen (Fraunlob in Wallner 1999Wb im Anschluss an WAGENSTEIN und Referat VÖLKER).

> „Denn das (zumindest stillschweigende) Selbstverständnis der modernen Naturwissenschaft – ‚erklären' als ‚herstellen können' zu verstehen – macht das *Erklärbare* zum *Unwesentlichen der Natur*." (Wallner, 2008, S. 351)

Erlebnispsychologie

Überwindet Subjekt-Objekt-Spaltung (Wallner, 2008, Kap 10 „Gefühle und Ethik").

Ethik

Man kann durch ethische Konstrukte (z. B. Menschenrechte) keine ethischen Einsichten vermitteln. Einsicht wäre das Erleben (Wallner, 1997S).

Die Ethik ist keine Wissenschaft wie andere Wissenschaften:

- Alle ethischen Werke sind von Ressentiment getragen (siehe Sexualmoral).
- Es wird unsauber argumentiert (siehe SCHOPENHAUER).
- Intuitionismus ist in der Ethik erforderlich. Das Problem dabei: Die Informationen über die Möglichkeiten sind verschüttet. Man braucht zunächst eine fachliche und intellektuelle Klärung, erst dann ist der Intuitionismus angebracht (Wer nicht intuitiv einsieht, dass in der Genmanipulation „Grenzen" sind, hat diese Intuition nicht) (Wallner, 1998Sc).

Ethikkommissionen können nie allgemein verbindliche Richtlinien ausarbeiten. Experten wissen meist, wie Technologie sich entwickeln könnte – aber sie haben keine Ahnung, welche Randphänomene auftauchen werden (siehe. Atomkraft – ist aus Sicht der Ingenieure „problemlos"). Ein Experte kann nie über die Anwendung seines Fachgebiets entscheiden (Wallner, 1998Sc).

Im Utilitarismus zählt nicht die Absicht, lediglich die Wirkung und Folgen einer Tat sind entscheiden. Früher glaubte man, es gibt Handlungen, die z. B. aus ethischen Gesichtspunkten her beurteilt werden. (Ethisch: Diese Handlung ist unter allen Bedingungen zu bevorzugen.). Es war undenkbar, Handlungsstrukturen aus sich selbst heraus zu beurteilen (Wallner, 1998Sb).

Durch die heutige Einsicht in die Grenzen der Rationalität kann man sagen, dass man nicht wissen kann, was ethisch ist. Erkenntnis ist nicht Objekterkenntnis. Diese Einsicht macht Ethikkommissionen problematisch, die nur formale Regulierung und juristische Absicherung leisten. Ethische Entscheidungen muss man „intuitionistisch" fällen (Wallner, 1998Sb).

Liebe als unbezweifelbare Situation steht im Widerspruch zum Denken. Beginnt man zu denken, kommt man zu einer Realität; in dem Augenblick ist es mit der Liebe vorbei (Wallner, 1998Sa).

Beispiel: Der Rechtsstatus des Fötus: „Abtreibung ist Mord" ist katholischer Dogmatismus. Abtreibung aus Willkür wird jedoch immer unsittlich bleiben (Wallner, 1998Sb).

Was erweist sich der Intuition als unverzichtbar? Dass jeder Mensch Selbstzweck ist, jede Vorschrift von außen ist unsittlich. Sittliches Verhalten ist eine Stärke – das muss man üben, z. B. durch Verzicht. Man braucht den unverzerrten Überblick. Der eine hat's, der andere weniger (...) Wenn jemand sagt, es gibt falsche Intuitionen, dann könnte man folgern, dass es auch richtige Intuitionen gibt. Die gibt es jedoch nicht. Intuition führt zu Einsicht, von der man erwarten kann, dass sie jeder hat, der beansprucht, Mensch zu sein (Wallner, 1998Sb).

„Der hat ja gar nicht gewusst was er tat, als er ihn umbrachte" – wer so argumentiert, der spricht dem Täter sein Menschsein ab (Wallner, 1998Sb).

Ethik beruht auf Einsicht, nicht auf Offenbarung (Wallner, 1998Sa).

Wir brauchen keine neue Ethik, um der Wissenschaft zu sagen, was sie tun muss. Wissenschaftliche System müssen übersetzt und interpretiert werden. Ohne Übersetzbarkeit gibt es keinen Erkenntnisanspruch (Wallner, 1998Se).

Ethik ist ersetzbar durch rationale Klärung und unmittelbare Einsicht (Wallner, 1998Wd).

Es ist ein Denkfehler, dass Leute, die gegen Menschenrechtsverletzungen protestieren, sich besser (überlegen) vorkommen. Es geht darum, dass man Verbündete sucht, die dieselbe Einstellung haben. Das ist kein Aufzwingen meiner Kultur. In der intuitionistischen Ethik geht es darum, sich einen möglichst guten

20

Überblick zu verschaffen, aber dann in der Situation intuitiv und nicht nach Regeln zu entscheiden. Es gibt keine allgemeine menschliche Handlungsweise, von der man sagen könnte: „Der Mensch muss so und so handeln, sonst ist er kein Mensch." Man muss die Übersichtlichkeit durch eine differenzierte Kommunikation (undifferenziert: essen, schlafen, beischlafen, ...) erstreben. Dann wird das moralisch Richtige intuitiv klar (Wallner, 1999Sa).

Ethisch ist das, was zu mehr Handlungsmöglichkeiten führt. Manchmal hat man eine Handlungseinschränkung – auch aus Angst. Man kann sich den Luxus der Reflexion nicht in jeder Alltagssituation leisten. Es gibt Situationen, in welchen die Entscheidung in „der Gnade Gottes" steht, in denen man Mut hat, eine Einsicht zu realisieren. Es ist keine Machtfrage, wessen Intuition sich dann durchsetzt (Wallner, 1999Sa).

Was sich politisch-öffentlich (ethisch) nicht lösen lässt, (z. B. die Sterbehilfe), wird in die Privatheit verdrängt (Wallner, 1998Se).

Die Wissenschaft hat den ethischen Anspruch an den Menschen, dass er die Selbstreflexion zur Auflösung seiner Überzeugungen anwendet. (Mit „ethischem Anspruch" wird hier nicht das „Guttun" gemeint. Mutter Theresa ist auch ethisch. Wissenschaft erhebt nicht den Alleinanspruch an Ethik.) (Wallner, 1999Wa).

Es geht darum, Konstrukte daraufhin zu untersuchen, ob sie den Bedürfnissen der menschlichen Subjektivität entsprechen. Die Subjektivität wird wieder eingeführt als Maßstab der ethischen Kompetenz, um über die Vertretbarkeit der Anwendung wissenschaftlicher Konstrukte zu entscheiden. (Subjektivität hat hier nichts damit zu tun, dass ich Vanilleeis lieber habe als Gulasch). Es ist z. B. eine Frage, ob alles, was mit der Apparatemedizin gemacht werden kann, auch gemacht werden soll (der Mensch wird zum Objekt). Das Gegenteil ist sicher nicht weniger problematisch: die Apparatemedizin als „unmenschlich" einfach wegzulassen (Wallner, 1999Wa).

Es ist auch ein methodischer Fehler, wenn man glaubt, man könnte ethische Gesetze inhaltlicher Art aufstellen, die für alle gelten (die goldene Regel von KANT ist ohne Inhalt![3]). Ethik wird möglich, indem man ethische Gesetze im unmittelbaren Umgang mit anderen erlebt:

„Ich bringe Ihnen ein schönes Beispiel aus der Literatur von Summerset, William Summerset. Es gibt natürlich in der Literatur hunderte Beispiele, aber dieses Beispiel liebe ich so sehr. Es gibt aber Philosophen, die das Beispiel dann nach Kant deuten, aber falsch. Man muss es intuitionistisch deuten. Das nur nebenbei. Es geht jetzt um Folgendes. Ein Roman über ein Liebespaar in den 20er Jahren, glaube ich.

3   Das »goldene Sittengesetz« (nach Ernst Heckel) lautet: Du sollst deinen Nächsten lieben wie dich selbst. Eisler, 1911, Philosophenlexikon, S. 222. (Zitiert nach Digitale Bibliothek Band 3: Geschichte der Philosophie.)

Sie sehen ein – zumindest er sieht ein – dass eine Ehe zwischen Ihnen keine Zukunft hat. Das waren damals doch andere Zeiten. Die Ehe war irgendwie ein Muss, um Liebe zu verewigen. Da sie aber Menschen von Format sind, feiern sie ihre Trennung mit Champagner. Dann sind sie schon beschwipst, und darin fahren sie mit dem Taxi heim. D.h. sie leben natürlich getrennt, wie es damals noch üblich war, nicht so wie heute. Und nun beschreibt Summerset das so wunderbar: Die Frau hat zwar auf der intellektuellen Ebene zugestimmt, aber nicht auf der emotionalen. Sie will den Mann. Sie will ihn nicht verlieren. Man sieht es, wie sie schaut und wie sie sich im Taxi verhält. Und jetzt kommen sie zur Wohnung des Herrn. Da steigen sie aus und da umarmen sie sich. Und jetzt kommt das Mädchen auf die Idee, wenn ich jetzt mitgehe, kann ich ihn verführen und dann wird er mich sicher heiraten. Denn das ist damals unvorstellbar gewesen, dass ein anständiger Mann in so einem Fall dann ein Mädchen nicht heiratet. Und dieser Gedanke ist doch genial, aber sie schaut ihm in die Augen und sie sieht er ist so arglos. Ich weiß jetzt nicht genau, ob da schon von Mitgehen die Rede ist. Er hätte sie wahrscheinlich mitgenommen, weil er arglos ist. Und da merkt sie, dass sie das nicht tun kann, dreht sich um und verabschiedet sich von ihm für immer. Verstehen Sie, das ist ein tiefmoralisches Beispiel – unglaublich moralisch würde ich sagen. Also anders als die kantischen Beispiele vom Stehlen und Lügen. Aber was ist hier der Punkt? Der Punkt ist hier, dass wir in der Situation immer schon merken, was moralisch ist. Nur manchmal sind wir eben so blockiert durch unsere Wünsche oder durch Ideologien, und darum tun wir das Falsche oder das Unmoralische." (Wallner & Greiner 2003, S. 42f)

Das nennt man die „intuitionistische Position in der Ethik". Sie ermöglicht bestimmte Erfahrungen in bestimmten Situationen und lässt sich nicht intellektuell aufbereiten (Wallner, 2000W).[4]

Evolutionäre Erkenntnistheorie („EE")

RIEDEL entwirft Hypothesen über die Welt. Es gab die Meinung, dass wenn man Plattwürmer darauf trainiert, sich bei einem Blitz zusammenzukrümmen, und diese trainierten Plattwürmer untrainierten zum Fraße vorwirft, die Artgenossen diese Fähigkeit dann auch besitzen. Fehler: Alle Würmer krümmen sich bei einem Blitz zusammen. Beim Skotophobin (eine Substanz, die sich im Rattengehirn bei erzwungener Angstreaktion in Dunkelheit bildet und die man „gesunden" Ratten injizieren kann, woraufhin auch diese Dunkelheitsangst bekommen), hält die Theorie über die Vererbbarkeit bzw. Übertragbarkeit psychischer Funktionen via Substanzen noch immer (Edlinger/Wallner 1999Sa).

„Biokonstruktionismus reiht Abläufe konstruktiv aneinander und bringt Konstruktionen zueinander in Verbindung. Das ist mehr als die bloße Naturkausalität, weil so

---

4   Siehe dazu auch Kap. 10 „Gefühle und Ethik – Beispiele für eine Philosophie der Psychologie" in Wallner, 2008.

die Abläufe in der Gesellschaft beziehungsweise in der Natur nicht kausal, sondern konstruktiv aneinander gereiht sind und unter Umständen so etwas wie Absichten darstellen. Das ist bei der Gesellschaft kein Problem, da hier Menschen in Aktion sind, denen durchaus Ideen, Ziele und Absichten unterstellt werden können. Bei der Natur hingegen, das ist ja eines der Probleme der evolutionären Erkenntnistheorie, ist das natürlich eine metaphorische Redeweise. Die Behauptung, ein Lebewesen konstruiere seine Umwelt, ist klarerweise metaphorisch, sofern man nicht annimmt, dass dieses Lebewesen bewusst überlegt, wie es sich seine Umwelt einrichten soll, um seine Überlebenschancen zu optimieren." (Wallner, 2002a, S. 135)

„Ein wesentliches Charakteristikum des Konstruktivismus ist die Suspension der Legitimation. Im Unterschied zur empirischen Methodologie verzichten Konstruktivisten darauf zu legitimieren. Eine empirische Methodologie hat immer den Anspruch, ein Wissenschaftskonstrukt als Beispiel zu legitimieren, indem es dieses auf die Natur zurückführt. Eine konstruktivistische Methodologie hat diesen Legitimationsanspruch normalerweise nicht, und wenn sie ihn hat, ist das ein Missverständnis des Konstruktivismus. Wenn man den Konstruktivismus dazu benützt, wissenschaftliche Aussagen naturalistisch zu legitimieren, zum Beispiel durch die Evolution, so ist das ein konstruktionistisches Missverständnis des Konstruktivismus. Die beanspruchte konstruktivistische Rechtfertigung von Naturgesetzen aus der Evolution ist ein konstruktionistisches Missverständnis, das einen Missbrauch des Konstruktivismus darstellt." (Wallner, 2002a, S. 136)

„Wenn sich aber jemand als Konstruktivist deklariert, so sagt er gleichzeitig, dass ihm die Legitimation wissenschaftlicher Aussagen nicht wesentlich erscheint. Das heißt nicht, dass ich ein Denkgebäude vorschlage, das jenseits jeder empirischen Deutung liegt. Man kann das Wissenschaftler-Verhalten durch eine Empirie untersuchen, die Verhaltensweisen aus einem konstruktiven Denkzusammenhang erklärt. Wir gehen zu Wissenschaftlern und fragen sie, wie sie ihr Fach verstehen und begründen. Diese klingen so ähnlich wie die Fragen, die Sozialwissenschaftler stellen. Sie haben den Reiz, im Zusammenhang einer Metareflexion der Wissenschaft diskutiert zu werden. Wissenschaft wird hier nicht auf ewige Gesetze der Natur zurückgeführt, auf Gesetze des Denkens oder auf die Evolution — das sind lauter Legitimationslinien. Wissenschaft wird hier, unter Berücksichtigung von realen Aussagen von Wissenschaftlern, in ihrer Funktion aus sich selbst betrachtet und in ihrem konstruktiven Zusammenhang auf einer Metaebene dargestellt." (Wallner, 2002a, S. 137)

„Naturalistisch wird diese Argumentation aber dann, wenn man die Handlungen so beschreibt, dass sie sich aus der Natur ergeben. Bezogen auf den Menschen können alle Handlungen nach den Vorgängen im zentralen Nervensystem beschrieben werden. Wenn man Konstruktionshandlungen so beschreibt, dann naturalisiert man diese Handlungen. Der Sinn dieser Erklärung geht dann verloren. Wenn die Handlung selbst Natur ist, kann man mit ihr die Natur nicht erklären. Die Konstruktionshandlung wird zirkelhaft, wenn wir sie als wesentlich natürlich beschreiben. Das ist eine wichtige Einsicht. Das erklärt, warum die evolutionäre Erkenntnistheorie keine Erkenntniserklärung leisten kann. Die Natur selbst liefert nicht die Erkenntnis. Die Erkenntnis kommt dadurch zustande, dass die Natur verwaltet wird. Erkenntnis erfordert Naturverwaltung. Wenn man die Konstruktionshandlungen naturalistisch versteht, hat man gegenüber dem Deskriptivismus nichts gewonnen. Dann muss man den Erkenntnisanspruch überhaupt aufgeben." (Wallner, 2002a, S. 160f)

„Erkenntnis als Erkenntnis zu begründen, bedeutet einen Rückgriff auf etwas zu machen, zum Beispiel auf die reine Erfahrung, auf die transzendentalen Voraussetzungen im Sinne Kants, auf scheinbare Urtypen der Welt im Sinne der Metaphysik der evolutionären Erkenntnistheorie etc. Es bedeutet zu sagen, dass es bestimmte Typen des Erkenntnisgewinns gibt und dass das menschliche Denken derart funktioniert, weil das phylogenetisch nachvollziehbar ist. Das ist eine Abwandlung einer metaphysischen Position. Man darf sich die Metaphysiker nicht als „Leute, die irgendwo im Raum schweben" vorstellen, obwohl es die natürlich auch gibt. Der typische Metaphysiker ist heutzutage jemand, der sich bestimmter wissenschaftlicher Erkenntnisse bedient, um ganz bestimmte Überzeugungen zu festigen. Insofern ist die evolutionäre Erkenntnistheorie auch eine metaphysische Position, weil sie beansprucht, dass Erkenntnis aus der Phylogenese des Menschen begründbar ist. Das ist eine metaphysische Behauptung, denn Erkenntnis ist nicht begründbar." (Wallner, 2002a, S. 176)

„Man kann auch behaupten, dass auch Würmer Erkenntnis haben, weil sie wissen, wohin sie kriechen müssen — das wäre dann evolutionäre Erkenntnistheorie. Bei derartigen Reduktionen mutiert alles zu Erkenntnis. Aber das ist dann die Auflösung des Erkenntnisbegriffes." (Wallner, 2002a, S. 194)

„Das ist der Grund dafür, dass die evolutionäre Erkenntnistheorie so erfolgreich war. Sie hat die Bedürfnisse der Begründung der Erkenntnis erfüllt, indem sie Erkenntnis implizit aufgelöst hat." (Wallner, 2002a, S. 194f)

Es ist der Kategorienfehler der EE, wenn sie versucht, die menschliche Erkenntnis biologisch zu erklären (Wallner, 2005Wa).

Man muss das Subjekt der Erkenntnis retten. Erkenntnis ist in diesem allgemeinen Sinn immer „subjektiv": Ohne Subjekt gibt es keine Erkenntnis. Erkenntnis ist kein Naturphänomen (an dieser Fehleinschätzung ging die Evolutionäre Erkenntnistheorie (EE) zugrunde), sondern ein Phänomen der Subjektivität (Wallner, 2005Wb).

Zweiter Fehler der EE. Wenn man das Gehirn als Grundlage der Erkenntnis voraussetzt, darf man dann nicht das Gehirn als Ergebnis der Evolution sehen, denn das wäre ein Zirkel (Wallner, 2005Wb).

Das war ja auch die Idee der Evolutionären Erkenntnistheorie (EE) Rupert RIEDELS, die in Europa die letzte Legitimationsphilosophie (die Wissenschaftlichkeit der Wissenschaft zu legitimieren) war. RIEDEL scheiterte daran, dass er Erkenntnis für einen Naturprozess hielt. Das Scheitern einer Wissenschaft merkt man daran, dass das Interesse an ihr verloren geht. RIEDEL war unglaublich kreativ, hatte blendende Ideen, in den 80er Jahren als Programm seiner Bücher dienten (da hätten noch für 20 Jahre Dissertationen geschrieben werden können – aber sie kamen nie). Wenn man eine Wissenschaft nicht legitimieren kann, dann kann man kein Verdikt aussprechen: „Diese Theorie ist falsch". Man kann nur schauen, ob sie in der Lage ist, weitere Ideen zu entfalten und zu begründen. Wenn sie das nicht mehr kann, ist sie eben abgestorben in diesem Sinn (Wallner, 2005Wb).

Anhänger der Schule der Evolutionären Erkenntnistheorie (EE) in Wien mit geistigem Vater Konrad LORENZ, verstanden sich zum Teil als Konstruktivisten. Sie meinten, es gibt Konstruktionen, die erfolgreich sind, und solche, die erfolglos sind. Die Spezies mit den erfolglosen Konstruktionen stirbt aus. Konrad LORENZ bringt das Beispiel von denjenigen Affen, welche die Distanz vom Baum zur Erde unterschätzten und sich beim Herunterspringen schwer verletzten – letzte Konsequenz – sie sind deshalb ausgestorben. Beim Menschen: phylogenetisch haben sich in unserem Gehirn Möglichkeiten etabliert, stammesgeschichtlich geprägt, die uns das Überleben gewährleisten Das würde beides beinhalten: a) die Erkenntnistätigkeit ist konstruktivistisch b) kann dennoch Wahrheit beanspruchen, denn jene Erkenntnisse ohne Wahrheit führen zum Tod, sterben aus (Wallner, 2006Wa).

Warum ist das unbefriedigend? Vor 25 Jahren glaubten die Leute, die EE ist das Gelbe vom Ei: „Der Konstruktivismus ist richtig, Wissenschaft ist etwas Prozesshaftes, wer die Wahrheit nicht hat, stirbt!" Das stimmt aber so nicht: Wenn man auf die Natur und die Tiere blickt, und die Spinnen oder die Bienen als Beispiel heranzieht, so sagen die Vertreter der EE: „Das sind wunderbare Konstrukteure: die Weben, die Waben – da müssen Menschen viele Jahre studieren, bis sie so etwas machen können". Der Fehler bei dieser Argumentation ist: Die menschliche Wissenschaft ist immer ein reflektiertes Unternehmen, bei dem die Fragen, die gestellt werden, auch in Hinblick auf ihre Angemessenheit untersucht werden können. Was die Spinne oder die Biene tut, ist sicher keine Angelegenheit der Reflexion, sondern wie bei uns, eine Sache der Verdauung. Die Wissenschaft muss immer die Frage stellen: Ist die Herangehensweise dem Fragenkomplex jetzt angemessen, oder gibt es angemessenere Fragen zu diesem Komplexbereich? Die Wissenschaft muss immer methodenkritisch sein – sich der Methode bewusst sein. Das unterscheidet den Wissenschaftler vom Automechaniker (Wallner, 2006Wa).

„Hier ist ein Wandel im Erkenntnisbegriff gegenüber Kant entstanden: Erkenntnis steht im Dienste des Überlebens. D.h., Erkenntnis wird nicht mehr aus der Erkenntnis begründet. Dies ist freilich eine Behauptung, der die Vertreter der evolutionären Erkenntnistheorie widersprechen werden. Denn durch die biologische Fundierung der Erkenntnistheorie scheint doch das kantische Programm der Begründung der Erkenntnis aus der Erkenntnis explizit gemacht worden zu sein. Doch gerade in dieser Explizierung des kantischen Programms wird der Begriff „Erkenntnis" zu der Verwendungsweise Kants äquivok." (Wallner, 2008, S. 388)

„Bevor wir eine Differenzierung zwischen erlaubtem und unerlaubtem Zirkel vorlegen, wollen wir noch einen methodologischen *Unterschied* zwischen *evolutionärer Erkenntnistheorie* und *autopoietische Erkenntnistheorie* aufzeigen. Die evolutionäre Erkenntnistheorie fußt auf einer Überzeugung, die wir „Theorie indirekter Erkenntnis" nennen könnten. Danach werden durch die Erfahrungen des Versagens die Möglichkeiten des Erkenntnisgegenstandes reduziert. Dieser Gedanke ist auch für Popper grundlegend. Er sieht allerdings keinen Widerspruch zwischen der Theorie einer indirekten Erkenntnis und dem Anspruch auf Realismus und Objektivität in der Wissenschaft. Die darin liegende Problematik, die auch der evolutionären Erkenntnistheorie zugrunde liegt, wurde nicht genügend beachtet, da naturalistische Erkenntnistheorie und common-sense-Überzeugungen (wie der Realismus) ein Bündnis miteinander schlossen." (Wallner, 2008, S. 389)

„Das gemeinsame Problem von autopoietische Erkenntnistheorie, Falsifikationismus und evolutionärer Erkenntnistheorie liegt darin, dass Wirklichkeit nur in der Sphäre des Versagens eines Theorems in Erscheinung tritt. [Verweis auf Fußnote 1, s. u.]. Wenn man sich aber auf den Erkenntnisbeitrag, den die Erfahrung des Widerstands der Wirklichkeit leistet, beruft, so spezifiziert man die Voraussetzungsstruktur der Transzendentalphilosophie: Das transzendentale Ich, dessen Zusammenfall mit dem Ding an sich vorausgesetzt wird, ist als ein System endlich abzählbarer Möglichkeiten gedacht." [Dazu Fußnote 1:] „POPPER versuchte mit Mitteln der Logik seinen Ansatz gegenüber dem Verifikationismus des Wiener Kreises zu rechtfertigen. Diese Spezialdiskussion kann hier nicht dargestellt werden. Es sei nur so viel gesagt, dass der Falsifikationismus in negativer Entsprechung vom Verifikationismus abhängig bleibt und deshalb gegen ihn jene Argumente in Abwandlung vorgebracht werden können, die gegen den Verifikationismus vorgebracht werden." (Wallner, 2008, S. 389).

„Damit wird aber das zentrale Dilemma der kantischen Erkenntnistheorie, nämlich der Anspruch einer Erkenntnis *vor* der Erkenntnis, virulent. Wie immer dies im Hinblick auf KANT selbst lösbar sein mag, falsifikationistische Erkenntnistheorien und solche der „Anpassung" machen eine Voraussetzung, die sich jedenfalls *nicht* aus der Unmittelbarkeit des „Ich denke" ergibt. Wenn man aber, wie die evolutionäre Erkenntnistheorie, Erkenntnishandlungen empirisch erfassbar macht, liefert man sich den Bedingungen des epistemologischen Konstruktivismus aus. Dieser scheint, sofern er sich nicht bloß als ein empirisches Forschungsprogramm zur Beschreibung bestimmter Erkenntnisleistungen versteht, zirkulär sein zu müssen." (Wallner, 2008, S. 389)

„Der Begriff der Umwelt ist bei MATURANA so, dass Umwelt keine erkenntnismäßige Funktion hat. Das heißt, er entflechtet die Lebensumwelt von Umwelt im Sinne von vorausgesetzter Objektivität der Erkenntnis. Das heißt des Weiteren: Er gibt es auf, im Zweifelsfall auf die Umwelt als den Richter, der wahre von falschen Aussagen unterscheidet, zu rekurrieren. Diese Entflechtung erscheint all jenen absurd, die meinen, sie müssten dort, wo bestimmte Lebensvorgänge eine bestimmte Umwelt erfordern, auch gleich voraussetzen, dass die Erkenntnisprozesse Intentionen erwecken, die Umwelt zu erkennen. Meiner Meinung nach ist diese Konfusion das konsequenteste Argument gegen die evolutionäre Erkenntnistheorie. Es ist eine

Voraussetzung, die man normalerweise nicht sieht, da sie unserer üblichen Weltsicht angemessen ist. Da wir üblicherweise meinen, dass es dasselbe heißt, die Umwelt zu erkennen, wie in der Umwelt zu leben. Diese Gleichsetzung ist durchaus ideologisch" (Wallner, 1992, S. 67).

Expertenkulturen

Diese beinhalten Distinktionsrituale, um sich gegen Nicht-Experten abzugrenzen (FRAUNLOB in Wallner 1999Wb).

Falsifikationismus

„Kuhn hat auf Grund seiner wissenschaftsgeschichtlichen Forschungen argumentiert, dass der Falsifikationismus nicht funktioniert. Er behauptet, dass es in der Geschichte der Wissenschaft, vor allem in der Geschichte der Naturwissenschaft, keinen einzigen Fall gibt, bei dem der Falsifikationismus angewandt wurde. Wenn Theorien widerlegt wurden, so ging das, zumindest laut Kuhn, nie auf der Basis der Falsifikation. Dazu meinte Kuhn: ‚Wenn jede einzelne Nichtübereinstimmung ein Grund für die Ablehnung einer Theorie wäre, müssten alle Theorien allezeit abgelehnt werden' (Siehe Kuhn, 1969/1962, S. 157). Wenn man eine Theorie über Bord warf, geschah dies nie auf Grund eines Falles, auf den diese Theorie nicht zutrifft. Falsifikationistisch widerlegen bedeutet ja, einen Fall aufzuweisen, der durch diese Theorie nicht abgedeckt wird. Das setzt voraus, um ein bekanntes Beispiel zu nennen, dass das PTOLEMÄISCHE System, in dem die Sonne um die Erde kreist, dadurch widerlegt wurde, dass man zumindest eine Beobachtung aufwies, die durch dieses System nicht erklärt werden kann. Kuhn hat auf Grund detaillierter Untersuchungen der Wissenschaftsgeschichte gezeigt, dass man auch, nachdem Gegenbeispiele für eine Theorie gezeigt wurden, zunächst einmal die alte Theorie beibehalten hat (siehe Kuhn, 1957). Das hat Popper nicht getroffen, man müsse eben mit der menschlichen Schwäche der Wissenschaftler rechnen. Mit Wissenschaftlern, die zwar von Gegenbeispielen zu wissenschaftlichen Theorien wüssten, aber trotzdem an diesen festhielten, solle man eher Mitleid haben." (Wallner, 2002a, S. 110)

„Wenn wir einige Jahrhunderte zurück blicken und das Weltall arithmetisch konzipieren wollen, dann hat Kopernikus vor Ptolemäus den Vorrang. Wenn Sie aber das Weltall einfach anschauen, kontemplieren und keine Zahlen haben wollen, dann sind Sie mit Ptolemäus besser beraten. Innerhalb ihrer Methoden sind beide Systeme unwiderlegbar, und das ist ein wesentlicher Punkt. Deshalb ist es Unsinn zu sagen, dass das eine System das andere widerlegt. Beide Systeme haben ganz verschiedene Voraussetzungen. Nach der Relativitätstheorie wissen wir, dass diese Auseinandersetzung zwischen Ptolemäus und Kopernikus, ob die Erde oder die Sonne das Zentrum ist, eine ziemlich müßige Fragestellung ist. Eine ganz neue Strukturierung des Universums lehrt uns, dass diese vor Jahrhunderten so heftig diskutierte Frage in einer anderen Sichtweise obsolet ist." (Wallner, 2002a, S. 112)

Formalistische Konzepte

„Kohlbergs Stufenschema ist eine originelle und wohldurchdachte Weiterentwick-lung der formalistischen Einstellung zur Ethik. Das formalistische Konzept der Ethik unterliegt aber der inneren Logik aller formalen Strukturen: *Der Tendenz zur Ablösung von der Erfahrung* und damit *der Beseitigung inhaltlicher Momente* sowie der *Unbestimmtheit und Vielfalt seiner Anwendungsmöglichkeiten.*" (Wallner, 2008, S. 367)

Fortschritt in der Wissenschaft

„Der Makel, den (Einzel-)Wissenschaft aus der Sicht einer vollkommenen Vernunft (sozusagen aus der Perspektive Gottes) an sich tragen muss, nämlich ihr letztlich doch arbiträrer Abstraktionsgesichtspunkt, erweist sich als die Ermöglichung des Fortschritts. Es lässt sich nicht nur nicht vorwegnehmen, welche Erfahrung ein be-stimmter Abstraktionsgesichtspunkt bringt, sondern es liegt im Konzept der Abs-traktion selbst, dass die *gemachte* Erfahrung *niemals als Gesamtheit* der *machbaren* Erfahrung angesehen werden kann. Hingegen würde ein Konzept der unmittelbaren Wirklichkeitserfassung die Ungewissheit möglicher Erfahrung aufgelöst haben." (Wallner, 2008, S. 358)

„Nach diesen Überlegungen ist es angebracht. Fortschritt als Kriterium defizi-enten Wissens anzusehen. Wo sich Fortschritt nachweisen lässt, handelt es sich also um ein Wissen mit arbiträren Voraussetzungen, also einzelwissenschaftliches Wis-sen. Wie sich Wissensfortschritt im Theorienvergleich nachweisen lässt, hat J. *Sneed* gezeigt." (Wallner, 2008, S. 358)

Fragen

„[D]ie These des jungen Wittgenstein: ‚Wenn sich eine Frage überhaupt stellen lässt, so *kann* sie auch beantwortet werden' (TLP 6.5, Hervorhebung vom Autor [d. i. WALLNER, Anm. d. Verf.]). Es sei denn, man verstünde – im Gegensatz zu dem von Wittgenstein in jenem Kontext Gemeinten – ‚kann' nicht als *Potenz,* sondern bloß als *Eventualität.*" (Wallner, 2008, S. 378)

Freiheit

Erkenntnis setzt Freiheit voraus. Nach HEGEL gehen Freiheit und Erkenntnis zusammen. Freiheit meint den Vollzug von Gesetzmäßigkeiten durch die Ein-sicht, aber die Gesetzmäßigkeiten sind nicht schon vorher da.[5] Die resignative

---

5 Damit sollen metaphysische, Platonische Weltbilder mit ewigen Gesetzen, die es nur noch, sozusagen, anzuschauen gilt, abgewehrt werden [Anm. d. Verf.].

Annahme von Fakten stellt keine Einsicht dar. Ohne Naturgesetze ist der Freiheitsbegriff sinnlos (Wallner, 1999b).

> „Erkenntnis und Freiheit gehören zusammen. Wenn man eine Ideologie vertritt, in der Erkenntnis auf systemimmanente Abläufe reduziert ist, so gibt es auch keine Freiheit. Wer hingegen sieht oder zumindest erwartet, dass ein Heraustreten aus den Abläufen möglich ist, kann von Erkenntnis sprechen und auch von Freiheit, obwohl die Gesetzmäßigkeit trotzdem gewahrt bleibt. Freiheit und Notwendigkeit gehen insofern zusammen, als das Wesentliche gerade nicht darin besteht etwas durchzuführen, was unverständlich ist und dann zu sagen: ‚Jetzt bin ich frei, ich mache jetzt etwas, was vollkommen unverständlich ist'. Das hat mit Freiheit nichts zu tun, denn Freiheit bedeutet den Vollzug von Gesetzmäßigkeiten. Durch die Einsicht in diese, wobei aber die Gesetzmäßigkeiten nicht vor der Einsicht da sind. Die Gesetzmäßigkeiten sind nicht einfach da, und man muss ihnen resignierend zustimmen." (Wallner, 2002a, S. 217f)

Zu erwarten, es gibt hier eine Antwort, dass es Freiheit gibt oder auch nicht gibt, wäre naiv (Wallner, 2005Wa).

Das ist ein eigenes Sprachspiel: *Gründe nennen nach der Handlung*. Dazu Wallner: Das ist auch der Argumentationsfehler bei ROHRACHER, indem er psychologisch die Handlung auf das stärkste Motiv zurückführt und dann stolz sagt: Das stärkste Motiv hat die Handlung bewirkt, aber das stärkste Motiv können wir uns nicht aussuchen. Wenn man bei ROHRACHER die stärksten Motive bezweifelt hat, wurde man von ihm auf die Ebene der Geisterseher eingereiht. Aber das ist eben wissenschaftliche Strukturierung. In diesem Modell benötige ich gar keine Erfahrung mehr, denn es ist in seiner reduzierten Form – in der reduzierten Sprache der Psychologie – logisch. Es kann natürlich wirklich so sein, dass wir immer reflektieren und sagen: Das war mein Motiv und ich habe mich trotzdem frei entschieden – aber in diese Bredouille kommt man nur dadurch, wenn man diese Abstrahierung macht, wenn man sagt: Handlung und Motiv gehören zusammen. Man weiß nicht, ob die Handlung frei ist, es spricht ja nichts dagegen, dass sie nicht frei ist, außer in bestimmten Fällen, in denen man das eben zeigen kann, aber ich würde sagen, wenn man nicht mit guten Argumenten zeigen kann, dass eine Handlung nicht frei war, dann muss man sie als frei annehmen. Wenn man diese Trennung in Handlung und Motiv macht, kommt man in diese schöne Theorie, die dann als große Einsicht verkauft wird, bei der es heißt: Da wird so viel geredet über Willensfreiheit, mein Gott, die haben nicht gesehen, dass das stärkste Motiv (...) Es ist nicht unmöglich, dass wir alle Automaten sind, aber wahrscheinlich ist es nicht. Der Trick an der Sache: Das, was verwirklicht worden ist, wird als stärkstes Motiv definiert. Darum waren ROHRACHERs Beispiele (wie etwa das folgende) immer relativ naiv: Wenn man im Restaurant sitzt und zwischen Schnitzel und Schweinsbraten entscheiden muss, gibt es kein stärkstes Motiv, da ist man dann frei (...) Wenn man das linguistisch dreht, kann man sagen, wir nennen das, was verwirklicht wurde, das stärkste Motiv – dagegen wäre nichts einzuwenden, das ist eben eine Analyse von hinten angefangen: Die Handlung ist schon da, und aus der Handlung schließe ich auf die Motivationslage. Aber allein von Motiven zu reden ist (schon) eine Abstraktion! (ANNERL: Stellen sie sich vor, dass in der Psychologie jemand sagt: Na so was, da ist ja das schwächste Motiv verwirklicht worden, was ist da los? So etwas kommt eben nicht vor, weil man die Motive und ihre Stärke nicht im Vorhinein feststellen kann, was im Sinne einer empirischen Kausalbeziehung A → B aber erforderlich wäre). Interessant war, als ich später mit dem jungen GUTTMANN – ein Schüler ROHRACHERs – darüber sprach, was er denn davon halte. GUTTMANN meinte damals: Also so könne man das nicht sehen, das sei ja alles viel komplizierter wegen dem Gehirn (...). GUTTMANN befand sich im Grunde in derselben Gedankenfalle. Hier sieht man wissenschaftliche Abstraktionen, die man als Wissenschaftstheoretiker aufzeigen soll. Man soll sie nicht wegnehmen, sonst bricht jede Wissenschaft zusammen, aber man muss ihnen klar machen: Ihr beweist damit etwas anderes als wir sagen wollen (z. B. bei der Freiheit). Ich weiß zwar nicht, wozu das gut sein soll – diese Trennung in Motiv und Handlung – aber man kann sich damit Versuchsanordnungen ausdenken, z. B. mit Ratten, die, um ein Bedürfnis zu befriedigen, (Mutterinstinkt, Durst, Hunger, Sex – manche Ratten springen da überhaupt nie) über ein elektrisches Gitter laufen müssen. Auch die Evolutionstheorie „Überleben der Geeignetsten" ist nicht falsifizierbar – da gehe ich mit POPPER d'accord. POPPER hat das in seiner Frühzeit kritisiert, später war ihm das peinlich. Es schaut plausibel aus, sagt aber nichts (Wallner, 2005Wa).

ANNERL: DAVIDSON versucht beides im Sinne des „anomalen Monismus" zu verknüpfen. Wunsch-Überzeugungsmodell: Einerseits stimmt es, dass ein logischer Kontext besteht; aber nur dann, wenn Handlungen daraus werden, dann sind diese speziellen Wünsche und Überzeugungen auch kausal wirksam geworden. Es streiten sich darüber die Leute bis heute, ob das eine grandiose Lösung ist. Dazu Wallner: Grandios ist das sicher, einer der grandiosesten Texte, die man sich vorstellen kann, aber Lösung ist das sicher keine. DAVIDSON meint möglicherweise – ich bin nicht sicher, aber es könnte sein – das sei ein linguistisches Problem und daher ein Scheinproblem. Es ist die dualistische Auflösung des Problems des freien Willens – aber es ist wunderbar, wie er argumentiert. Wenn ein Bub einen Stein in eine Fensterscheibe wirft und sich rechtfertigt, er habe das ja gar nicht gewollt, er hätte ganz woanders hingezielt, dann würden die Psychologen kommen und sagen: Sein Unbewusstes wollte sich rächen, was ihm natürlich gar nicht bewusst geworden ist – da sieht man, wie Wissenschaft reduktionistisch vorgeht, die Psychologen leben davon, solche Kausalzusammenhänge (Ichschwäche, geringe Frustrationstoleranz) herzustellen (Wallner, 2005Wa).

Die Materialisten hätten gerne, wenn Kausalität und Logik gleich wären: In diesem Fall könnte man auf die Logik verzichten, sie wäre dann eine Art Luxus. Dies wäre dann ein sehr vulgärer Materialismus, der immer Probleme mit Gesetzmäßigkeiten hätte – denn was sind Gesetzmäßigkeiten, wenn man sagt: *Alles ist Materie*? Das würde die Grundproblematik des Materialismus scheinbar lösen; würde aber auch gut zu anderen weltanschaulichen Positionen passen. Wenn diese der Meinung sind, dass Wissenschaft nur Täuschung ist und die Offenbarung die einzige Wahrheit liefert, so kann man damit auch gut leben und sagen: Für Gott gibt es nur Kausalität – das Wort macht alles. Natürlich gibt es da keine Logik, ganz klar. Das wäre dann natürlich auch eine sehr simple Theologie. Die Pointe an dem ganzen ist: Alles hängt davon ab, wie wir strukturieren. Wenn wir ganz bestimmte wissenschaftliche Modelle einführen, so müssen wir ganz bestimmte Kosten dafür zahlen. Verschiedene Fragestellungen werden dann ausgeklammert oder automatisch beantwortet, wie beispielsweise die Lösung des Willensfreiheitsproblems. Das sind nur die Konsequenzen, die wissenschaftliche Strukturierungen verursachen. Welche Rolle hat die Philosophie? Die Überlegenheit der Philosophie liegt darin, dass sie zwischen verschiedenen Modellen spielen kann. Was Sie hier gelernt haben sollten ist, dass Neurowissenschaftler gelegentlich überzogene Folgerungen aus ihren Forschungen ziehen. Naiv ist die Folgerung, die Gerhard ROTH zieht: Wenn man die Freiheit des Willens auf der neuronalen Basis ablehnt – so ist das genauso ein Modell, wie ROHRACHER in seinem Modell befangen war. Das Modell ist als Modell okay (ob es stimmt, ist eine unsinnige Frage); bei diesem Modell, bei dieser Datenstrukturierung, kann man ganz bestimmte empirische Resultate erzielen, und diese Resultate haben auch eine Geltung, aber nur unter der Voraussetzung, die man gemacht hat. Wenn man so vorgeht, dass man z. B. Handlungen, psychische Vorgänge mit neuronalen Vorgängen identifiziert (so wird das niemand sagen, denn da weiß er genau, da macht er sich angreifbar, aber in Realität setzt er diese Denkweise voraus, weil er keine Differenzierung angeben kann), so ist das eine methodische Voraussetzung, die halt ganz bestimmte Kosten hat: Manche Sachen kann man auf dieser Basis nicht sehen. Über das Freiheitsproblem kann man, wenn überhaupt, nur dann reden, wenn man von der Handlung selbst und nicht, von den Ursachen der Handlung ausgeht. Sobald man nach Ursachen sucht, findet man sie auch – das ist der Trick der wissenschaftlichen Strukturierung. Sobald man ein Problem strukturiert, kann man es lösen (mit Bezug auf ANNERLs Referat vor 20 Jahren über künstliche Intelligenz – was die alles nicht kann – und was ein paar Jahre später dann doch schon gekonnt wurde). Über manche Sachen kann man sinnvoll nur dann reden, wenn man sie nicht strukturiert, man bespricht sie besser auf einer phänomenalen Basis. Das war beim ROHRACHER immer wieder so: Wir erleben zwar die Freiheit – aber das sei eben eine Täuschung! Aber das ist genauso wie die Auflösung der Farben – das kommt bei ROHRACHER auch vor – ein altes Positivisten-Denkmodell: Wenn sie sagen, die Farben gibt es nicht. Das stört niemand so besonders, bei Willensfreiheit regen wir uns mehr auf, aber das steht auch in ROHRACHERs Einführung in die Psychologie – lesen Sie das! Die Farben gibt es nicht, es gibt nur die primären physikalischen Eigenschaften, sekundäre kommen aufgrund der Sinnesorgane hinein. Das ist der reine Effekt einer wissenschaftlichen Strukturierung; es ist eigentlich blanker Unsinn, wenn man sagt: Wenn wir Farben wahrnehmen, dann können wir feststellen, dass das und das in unserem Organismus geschieht, und wenn man die Farben physikalisch betrachtet, stellt man fest, dass da gar keine Farben sind, sondern nur Lichtwellen verschiedener Länge usw. Es spricht nichts dagegen, das so zu sagen, aber bei dieser Strukturierung kann man zu keinem anderen Ergebnis kommen, denn in dieser Strukturierung kommen die Farben nicht vor – können nicht vorkommen. Ebenso ist es mit den Strukturierungen der Neurowissenschaft: Da kann die Freiheit nicht vorkommen, es sei denn, sie würden sie als Neurowissenschaftler aufgeben und sagen: Immer, wenn wir da unsere Versuche machen, treten Phänomene auf, die wir uns nicht erklären können – na komisch! Das hätte nur zur Folge, dass sie als Wissenschaftler nach Methoden suchen werden, wie man diese Phänomene erklären kann – und die wird man finden. Die europäische Wissenschaft beruht auf ganz bestimmten Voraussetzungen, die man kennen muss, wenn man verstehen will, was sie uns sagen kann (Wallner, 2005Wa).

ANNERL: ROTH macht Absichten, Intentionen, Gründe zu generischen, physikalischen Größen. Das ist die Strukturierung. Er behauptet einfach, dass es so etwas wie Absichten gibt und dass diese Absichten den gleichen Status hätten wie normale physische Zustände. Aber das ist ja nicht der Fall! Das, was die Physik als Kriterien vorlegt, kann er in dem Fall gar nicht erfüllen; das, was sonst „Strukturierung" ist, wird hier zur „Behauptung". Das ist sein Trick. Er sagt halt: „Das sind auch physische Ereignisse". Wenn man dann antwortet: „Aber sie genügen ja gar nicht den Kriterien, wir können sie nicht unabhängig feststellen von (...)", dann bekommt man zur Antwort: „Na, irgendwann wird man das schon können." Aber das ist ja eine metaphysische Erklärung, ein metaphysischer Standpunkt. In Analogie, wenn ich sage: „Da hinten sitzen Geister!" Und die anderen sagen: „Na, wo sind sie denn?" Dann sagt man: „Naja, ihr seht sie halt nicht, aber irgendwann wird man sie schon feststellen können" (Wallner, 2005Wa).

Wallner: Beispiel aus der psychologischen Gefühlsforschung: Theorie von SCHACHTER und SINGER: Welche Gefühle auftreten, hat zwei Komponenten: a)

Erregungszustand b) Situation. Wenn man im Zustand der Erregung ist und ein *sehr gut* auf eine Prüfung bekommt, dann jubelt man, dann ist es Freude. Aber im selben Zustand der Erregung, wenn einem der Nachbar eine Beleidigung sagt, ärgert man sich. Das sind interessante Ergebnisse – aber sie erklären in keiner Weise, *was* Gefühle sind. Das Modell selbst ist auch pädagogisch interessant, wenn man den Erregungszustand eines Schülers nützen will (Wallner, 2005Wa).

Kann es auf die Frage, was ein Gefühl ist, überhaupt eine Antwort geben? Nicht in der Art: „Ein Gefühl ist das und das", aber man kann durchaus eine Antwort geben, die der andere verstehen kann. Das wären die eher poetischen Antworten. In gewisser Weise entziehen sich damit bestimmte Bereiche, wie etwa Gefühl oder Farben, der wissenschaftlichen Bearbeitung. Man kann Modelle entwerfen, die manche Aspekte dabei erklären, aber man muss sich klar sein, dass man nachher das Modell nicht mit der Wirklichkeit verwechseln darf. Wenn man begabt ist, wird man neue Modelle für die Gefühlsforschung finden und Neues erklären – das wesentlich Menschliche am Gefühl bleibt dabei jedoch draußen. Manche Gefühle werden bei manchen Dichtern sicher besser dargestellt wie in der Psychologie (Wallner, 2005Wa).

Man wird für alles einen Ort im Gehirn finden – aber dieser Ort ist nicht zu identifizieren mit dem, was man erlebt – das ist die Pointe. Es ist immer ein guter Weg, sich die Entwicklung einer Wissenschaft anzusehen. Als GUTTMANN in den 1970ern die Neurowissenschaft einführte – was war das für ein Jubel, sogar ich ließ mich mitreißen: Der Blick in das Fremdpsychische! Natürlich hatte man seine Erfolge, man konnte feststellen, ob jemand einen Ton hört, ohne dass er etwas sagt („objektive Audiometrie"). Aber sehen Sie sich die Ernüchterung an, die in den 90ern kam – die Methode des Abstrahierens stieß an ihre Grenzen. Diese Art von Forschung ist nicht untergegangen, aber sie ist unfruchtbar geworden (Wallner, 2005Wa).

Wallner: In der TCM[6] gab es eine Strömung, die daran festhielt, dass man die Akupunktur nur unter ganz bestimmten astrologischen Bedingungen machen darf. Manche Akupunkteure halten sich noch heute daran. Auch das geht. Der empirische Beleg ist hier schwächer als bei der Neurowissenschaft. Aber wir könnten auch sagen: Weil in der Sternenkonstellation irgendwas passiert, habe ich jetzt hier einen Schmerz – das ist alles ein Ergebnis, wie wir unsere Daten strukturieren. Natürlich, die Leute, die so etwas entdecken, sind genial – so einen Einfall, eine derartige Beziehung herzustellen, muss man einmal. Abgesehen von den richtigen methodischen Mitteln. Die Chinesische Astrologie hat eine sehr ausgefeilte Methodologie (Wallner, 2005Wa).

---

6   TCM: Traditionelle chinesische Medizin

Es ist nur eine Frage des Aufwandes und der Genialität, ob man für ein Phänomen eine Methode findet, die man auch empirisch belegen kann (Wallner, 2005Wa).

Felix ANNERL: Die Erfindung des Unbewussten war so ein Geniestreich, ist weder intentional da noch sonst wie – funktioniert aber trotzdem (Wallner, 2005Wa).

Gefühle sind eben nur im Hiersein, nie im Dort (z. B. bei Untersuchung eines neuronalen Netzwerkes) zu finden. Nur wenn ich mein eigenes neuronales Netzwerk reize, entsteht auf einmal für mich ein Riesenunterschied. Eine Untersuchung im *Dort* kann das *Hier* nie einholen. Es geht bei Gefühlen nicht um Funktionen, sondern das Wesentliche daran ist, dass sie für mich immer „hier" erscheinen. Wie komme ich zu meinem Subjekt (Wallner, 2005Wa)?

Gedanke

Mach glaubte, dass sich die Gedanken an die Wirklichkeit anpassen. Er glaubte, die Scientific Community ist auf dem richtigen Weg zur Wahrheit (Wallner, 1998Sb).

„'Der Satz der Mathematik drückt keinen Gedanken aus' (TLP 6.21). – Da wohl niemand behaupten wird, dass man in der Mathematik nicht zu denken braucht, muss hier mit dem Wort ‚Gedanke' wohl etwas anderes gemeint sein, jedenfalls nicht der Denkvollzug, also nicht das Psychologische, Erlebnismäßige am Denken. Hier kommt uns G. Frege, neben B. Russell der zweite bedeutende Lehrer Wittgensteins, zu Hilfe. Denn er verstand nicht – im Gegensatz zu der europäischen Psychologie der vergangenen hundert Jahre – unter ‚Gedanken' etwas Privates, das nur der Selbstbeobachtung zugänglich wäre, sondern etwas – sozusagen – Objektives, an dem alle teilhaben können, sodass im Hinblick darauf das jeweilige Denken des Einzelnen als etwas bloß Zufälliges erscheint. Die Philosophie ist also strikt von der Psychologie zu trennen. Ein Gedanke im philosophischen Sinne – nach Frege und Wittgenstein – ist also nicht etwas, das einen bestimmten Menschen als seinem Träger angehört, sondern etwas, das – schlicht formuliert – wahr oder falsch sein kann (und – könnten wir hinzufügen – auch sein muss). Die Mathematik drückt also deshalb keinen Gedanken aus, weil sie kein Bild der ‚Tatsachen' (dieses Wort ist hier natürlich als terminus technicus im Sinne Wittgensteins zu verstehen) liefert, sondern vielmehr der Bezugnahme auf Tatsachen nicht bedarf (vgl. TLP 6.2341 und 6.24). [Dazu Fußnote 3:] „Vgl. dazu auch die folgende Äußerung Einsteins: ‚Insofern sich die Sätze der Mathematik auf die Wirklichkeit beziehen, sind sie nicht sicher, und insofern sie sicher sind, beziehen sie sich nicht auf die Wirklichkeit' (Einstein 1934).") (Wallner, 2008, S. 25)

„4.52 Nach den bisherigen Ausführungen scheinen ‚Gedanke' und ‚Satz' miteinander identifiziert werden zu können (der Unterschied zwischen ‚aus sprechen' und nur ‚denken' – hier also im Sinne des subjektiven Denkvollzuges – ist philosophisch irrelevant und beschäftigt nur die Psychologie)." (Wallner, 2008, S. 25f)

„Hier sehen wir also einen wesentlichen Unterschied zwischen ‚Denken' und ‚Sprache'. Wir wollen ihn auf die kurze Formel bringen: Man kann zwar einen Unsinn sagen, aber nicht denken (wenn wir eben ‚denken' in dem erwähnten übersubjektiven Sinne Wittgensteins verstehen). Deshalb halten wir es für den Intentionen Wittgensteins entsprechend, ‚Gedanken' – nach einem Vorschlag M. Blacks (1964) – als ‚sinnvolle Sätze' im Gegenhalt zu sinnlosen bzw. unsinnigen Sätzen aufzufassen, also weder mit dem Begriff ‚Satz' schlechterdings zu identifizieren noch auch gegenüber den Sätzen als etwas Höheres, als ein Ideal, an dem der gesprochene oder geschriebene Satz zu messen wäre, also in einem ‚platonischen' Sinne (wie es Frege tat), zu verstehen." (Wallner, 2008, S. 26)

Gehirn

Gegen das Computermodell ist nichts einzuwenden. Wenn jemand das Gehirn als Computer denkt, dann ist das *eine* Form der Datenreduktion, die man in der Wissenschaft machen kann. Mehr nicht. Es gibt dann andere Möglichkeiten, Daten zu strukturieren, die genauso viel Anspruch haben (Wallner, 2005Wa).

Geist und Computer

„Die Orientierung an der Informationstheorie brachte ein Maschinenmodell, das die Bezugnahme auf physikalische und physiologische Konzepte wegfallen lassen kann. Es führte zur ‚kognitiven Wende'. Das Modell wurde nun der Computer (vgl. Neisser 1974, S. 22). Dies ist zweifellos ein Fortschritt im Gegenstandsbegriff der Psychologie. Nach der Seelenmechanik kam die Feldtheorie des Behaviorismus: Nunmehr kehrt man zur Bewusstseinspsychologie zurück – freilich mit anderen Mitteln. Man kann nunmehr die Funktionsstruktur des Bewusstseins beschreiben, ohne an der methodischen Unklarheit des Begriffes ‚Bewusstsein' zu scheitern.

Doch die ‚methodische Abstraktion' dieses Verfahrens hat eine andere Struktur als die in den Naturwissenschaften übliche. Sie ist kein *Weglassen von Eigenschaften*, sondern ein *Einführen von Fiktionen*. Deswegen ist es auch schlechthin falsch, von einer *Analogie* zwischen Geist und Computer zu reden (vgl. Boden 1979, S. 111ff.). Denn zwischen Geist und Computer lassen sich keine identischen Elemente finden (vgl. Herzog 1984, S. 120f.) – solche werden durch das Computermodell per definitionem eingeführt. Dagegen ist freilich nichts einzuwenden. Man muss sich aber klar sein, dass eine theorieunabhängige Überprüfung der Angemessenheit dieses Modells nicht möglich ist." (Wallner, 2008, S. 348)

Geschichte

Die Geschichte ist immer sprachlich konstituiert, auch die Kosmologie. Es handelt sich dabei um Konstrukte, die meist nicht interpretiert sind. EINSTEINS Aussage über den Widerspruch zwischen der Unbegrenztheit der Welt einerseits und der Größe der Welt andererseits ist uninterpretiert (Wallner, 1998Sb).

Geschichte, Soziologie sind Konstruktionen, die sich – z. U. zur Naturwissenschaft – von Haus aus auf Sprachsysteme beziehen (Wallner, 1998Sb).

Gewissheit

„Der Anspruch der höheren Gewissheit ist der Anspruch, den Menschen wegdenken zu können, die Welt in einer sozusagen unversehrten Weise zu haben. Das ist eine negative Konsequenz aus der Voraussetzung der menschlichen Freiheit. Die menschliche Freiheit, also die individuelle Freiheit, hat zur Folge, dass sich prinzipiell jeder von uns eine gewisse Eigenwelt schaffen kann. Wenn man nun alle Eigenwelten subtrahiert, so gelangt man nach dieser Ideologie zu einer besonders sicheren Erkenntnis der Welt. Der Anspruch der Gewissheit ersetzt daher die Wahrheit. Es ist ein sehr wichtiger Punkt. Wahrheit ist immer etwas, was in Relation steht. Gewissheit ist etwas, was ohne Relation auskommt. Beides ist im Extremfall unmöglich. Das bedeutet, dass wir weitgehend auch auf den Beobachter-Standpunkt verzichten, der sich zwischen den Polen ‚wahr' und ‚falsch' bewegt. Beobachtung heißt, dass ich etwas wahr oder falsch beschreiben kann. Ich kann zu einer wahren oder zu einer falschen Beschreibung kommen, aber ich kann, zumindest im Prinzip, nie zur Gewissheit kommen. Wenn ich den Beobachter-Standpunkt entferne und durch eine technische Vorrichtung ersetze, die selbst die Natur ersetzt, so habe ich in einem bestimmten Sinn Gewissheit erreicht. Gewissheit in diesem extremen Sinn bedeutet nicht zu beschreiben, sondern zu ersetzen. Gewissheit ist ein Prädikat einer technischen, keiner wissenschaftlichen Haltung." (Wallner, 2002a, S. 238)

Glaube und Aberglaube

Glaube ist ein standardisiertes System von Meinungen, das auf Annahmen beruht, die nicht weiter nachprüfbar sind. Die Ableitungen aus den Annahmen sind zwingend. Unterschied zur Wissenschaft: Es gibt keine klare empirische Basis. Wenn John Smith behauptet, Jesus sei ihm erschienen, dann übernehmen die Anhänger von John Smith gläubig dessen Erfahrungen. Glauben hat einen Gesamtheitsanspruch: Muss mit allem anderen zusammenpassen. In der Wissenschaft muss die Erfahrung nachvollziehbar sein. Die Intersubjektive Nachvollziehbarkeit ist beim Glauben nicht gefordert (Wallner, 1998Wb).

Aberglaube ist eine Form des Glaubens ohne standardisierte Argumentation, die *ad hoc* Überzeugungen einführt (das muss aber nicht auf alle Formen des

Aberglaubens zutreffen). Aberglaube hat oft etwas Zwanghaftes, Glaube etwas Freilassendes. Gewisse Formen der Wundergläubigkeit im Christentum sind abergläubisch, z. B. das Küssen von Reliquien – sie stehen in keinem Argumentationszusammenhang. Während z. B. ein wahrer Katholik davon überzeugt sein muss, dass Abtreibung Mord ist (Argumentationszusammenhang aus den Grundannahmen), lässt sich dasselbe für das Küssen von Ikonen etc. nicht ebenso herleiten; trotzdem wird das oft mit der Angst vor schlimmen Folgen zwanghaft vollzogen. STROTZKA sagte einmal, gewisse Formen des Rosenkranzbetens seien zwanghaft (Wallner, 1998Wb).

Habermas herrschaftsfreier Diskurs

Habermas glaubte, der herrschaftsfreie Diskurs sei der Normalfall in der Wissenschaft. Tatsächlich gibt es keinen herrschaftsfreien Diskurs. Z. B. gibt es zu wenig Geld für die Forschung, aber das will man nicht sagen, also schiebt man Rationalität vor (Wallner, 1998Wb).

Handlungen

In der europäischen Wissenschaft sind Handlungen ausgeblendet (im Unterschied zur TCM). Jedes System, das man entwickelt, blendet vieles aus und hat daher einen Preis, wenn man es anwendet. Und der Preis der europäischen Wissenschaft ist, dass das Handeln, wenn es eingebracht wird, erklärt werden muss, oder dass ethische Überlegungen ins Spiel kommen. Was Ethikkommissionen ausarbeiten müssen ist die Folge von dem, womit europäische Wissenschaft zusammenhängt. In der Traditionellen chinesischen Medizin wäre eine Ethikkommission völlig unnötig. Auch in Europa ist es die Frage, wie so eine Kommission aussieht (Wallner, 2005Wa).

In der Physik heißt es: Wir handeln zunächst (Experiment), aber dann ziehen wir uns zurück und beobachten nur noch – die Welt läuft ohne Handlung ab. Das Handeln ist *reingeschwindelt* und dann wieder *rausgeschwindelt*. Das ist auch der Unterschied zwischen klassischer Mechanik und Quantenmechanik, wo man dadurch noch ganz andere Schwierigkeiten bekommt (Unschärferelation). Nach BOHR musste alles auf die klassische Mechanik bezogen werden. Denn dem Mechaniker, der die Geräte baut, muss man das in klassischen Begriffen sagen (Wallner, 2005Wa).

In der chinesischen Medizin ist das Handeln einbezogen. In der europäischen Wissenschaft wird das Handeln „hinterrücks" eingebracht und das schafft dann die Probleme (Wallner, 2005Wa).

Hermeneutik

„Ohne Bezug auf wissenschaftliche Realitäten verkommt die Hermeneutik zur eso-
terischen Scheinwissenschaft, die sich in Deutungen ergeht, die mit der Welt nichts
zu tun haben." (Wallner, 2002a, S. 214)

Hypothese

„Der Unterschied zwischen Wahrheit und Hypothese ist von der Kirche gekommen.
Dieser berühmte Satz: ‚Das Problem des heiligen Geistes in der Heiligen Schrift ist
es, wie wir uns dem Himmel zu bewegen. Das Problem der Wissenschaft ist es, wie
die Himmel sich bewegen.' Den hat Galilei von einem Kardinal des Vatikan übernommen. D.h. diese Spaltung hat die Kirche eingeführt, und zwar wegen der not-
wendigen Kalenderreform, sie hat also zwischen Wahrheit und Hypothese einen Unterschied gemacht. Wahrheit ist Glaubenssache und Hypothesen kann jeder machen
wie er will, denn Hypothesen seien notwendigerweise falsch, weil sie auf die Wahrheit verzichten. Die Kopernikanische Lehre wurde von der Kirche niemals als Häre-
sie bezeichnet, im Gegenteil von den Jesuiten gelehrt, als Hypothese." (Pietschmann
in Wallner, 1991, S. 89)

Neue Hypothesen sind oft genauso ungeprüft wie die alten, aber die alten haben
einen Platzvorteil. So war die GALILEI'sche Beschleunigung eine Konstante, die
NEWTON'sche ist umgekehrt proportional dem Abstandsquadrat ($1/r^2$). Ist nach
NEWTON eine Hypothese unvollständig, dann ist sie nicht durch eine andere
Theorie, sondern durch mehr Daten zu untersuchen. Nach FEYERABEND sind
aber die „Tatsachen" nicht unabhängig von den Theorien. Mit einer neuen Theorie können bisher unerklärte Fakten erklärt werden, dadurch werden alternative
Theorien ausgeschlossen – aber auch deren Fakten. Die neue Theorie hat immer
bessere Argumente als die alte Theorie. Aber die besseren Argumente setzen
sich nicht notwendigerweise durch, denn es gibt keinen herrschaftsfreien Diskurs (vgl. oben: HABERMAS). Die neue Theorie setzt sich erst durch, wenn sie
zur Ideologie geworden ist (Wallner, 1998Wb).

Ich-Konzept

Manche Kulturen haben das nicht, dass sich eine Person isoliert sieht und nach
Sinn sucht. Das ist z. B. in der traditionellen Chinesischen Kultur der Fall. Die
Vorschriften des Konfuzius sind nicht ethisch; sondern sie drücken lediglich
aus, wie sich der Einzelne verhalten soll, damit die Gesellschaft oder Gemeinschaft funktioniert (Wallner, 1998Sb).

Der Verlust des Ich-Prinzips ist auch eine Krise der Demokratie: Die Sippe,
Rasse wird wichtig (Wallner, 1998Sb).

Die Ich-Philosophie kam mit AUGUSTINUS. Mit dem *Ich* entscheidet sich alles. In China wird jede politische Situation vom Funktionieren des Staates her gedacht. „Menschenrechte" sind daher kein Thema. In China und Japan beruht der Erfolg der Wirtschaft darauf, dass individuelle Wege stark unterdrückt werden (Wallner, 1998Sb).

Wie erfahre ich das *Ich* – kann ich es erfahren? Erfahrung bedeutet im Abendland: Methodologisierte Erfahrung (im Unterschied zum Buddhismus). Methodologisierte Erfahrung ist immer nachvollziehbar (Wallner, 1998Sb).

Das Ich ist für die Psychologie unabdingbar, obwohl es nach den wissenschaftlichen Standards der Psychologie nicht tragbar ist (Wallner, 1998Sb).

Der eigentliche Herrscher muss in Europa das Ich sein. Worüber herrscht es? Über das, was möglich ist. Es ist daher ein Weg zu finden, wie diese vielen *Ichs* gemeinsam herrschen können. Das führt zur Demokratie. In Afrika haben wir demgegenüber eine *Häuptlingsdemokratie*: Der Häuptling muss für seine Freunde möglichst viel herausholen (Wallner, 1998Sb).

Verfremdung ist ein zentrales Moment bei der Untersuchung des *Ich* (Wallner, 1998Sb).

Induktionsproblem

Man kann nicht von wenigen Daten auf ein allgemeines Gesetz schließen (Wallner, 1998Wb).

Kontrainduktiv vorgehen (ist auch eine Art der Verfremdung): Man verzichtet auf induktives Vorgehen, schaut sich eine Vielzahl von Fällen an, versucht aber so eine Theorie zu entwickeln, die nur eine Minderheit von Fällen abdeckt (Wallner, 1998Wb).

Instrumentalismus

Was bedeutet es, einen Satz von Regeln aus dem Kontext herauszunehmen? Es wird instrumentalistisch. Manchmal geht das gut. Der Anspruch der Wissenschaft, Einsicht in die Welt zu haben, ginge dabei verloren und würde zur Handhabung der Welt heruntergeschraubt. Ohne Einsicht keine Erkenntnis. Entweder muss man auf die Einsicht verzichten und sagen, die Wissenschaft soll uns das Leben erleichtern (impliziert: „Einsicht gibt es nicht", „Erkenntnis gibt es nur als höhere Erkenntnis – Gurus) oder die Welt wird auf den Vollzug reduziert – ohne Sinn. Leben wir reguliert durch Sozialsysteme ohne individuelle Entscheidungen. Das ist Sozialphilosophie, aber wer die Wissenschaft ändert, ändert das ganze Leben mit (Wallner, 1996W).

Instrumentalismus ist die amerikanische Ausprägung des Pragmatismus (JAMES), in dem Denken und Begriffsbildung nur Werkzeug zur Beherrschung von Menschen und Welt sind (die Politik ist größtenteils instrumentalistisch). Theorien werden nur noch der praktischen Brauchbarkeit beurteilt. Es geht nicht um ontologische Wahrheit, sondern Wissen soll anwendbar, nützlich sein (Wallner, 1998Sa).

„Instrumentalismus bedeutet davon abzusehen, dass mein Gegenüber, also mein Objekt, ein Stück Natur ist. Er bedeutet Verfügbarmachen von Phänomenen, Informationen und dergleichen, inkludiert aber nicht, dass das, was ich hier beschreibe, eine gewisse Selbständigkeit hat, also auch da ist, wenn ich nicht da bin. Hier beginnt das Gefährliche am Instrumentalismus, dass man zunächst einmal bereit ist, den Selbststand, den Eigenstand, den Kontext des Objekts auszuklammern, auszublenden und zu übersehen. Das ist eine negative Einsicht der Erlanger Schule, dass das der wesentliche Antriebsfaktor der Wissenschaft ist." (Wallner, 2002a, S. 104)

„Die Frage ist jedoch: Wenn man instrumentalisiert, was ja auch etwas Wertvolles ist, wo liegt dann die Einsicht? .... Die Einsicht kommt dadurch zustande, dass man danach fragt, was beim Instrumentalismus ausgeblendet ist. Ausgeblendet ist der Selbststand des Objekts. Ausgeblendet ist auch die Vielzahl der Beschreibungsmöglichkeiten. Kein Wissenschaftler kann ernsthaft meinen, dass die Phänomene, die er beschreibt, nur auf diese eine Weise beschreibbar sind. Um ein einfaches Beispiel zu nehmen, ist eine Blume etwas anderes als ihre biochemische Beschreibung. Selbststand heißt in diesem Zusammenhang, dass die Gegenstände, die hier beschrieben werden, nur so beschrieben werden, als ob sie Phänomene wären. Sie werden nicht so beschrieben, als wären sie Gegenstände in Kontexten. Aus diesem Grund ist die Wissenschaft analytisch und auf ihre Weise erfolgreich – zumindest die Naturwissenschaft -, aber eben auch zerstörerisch, weil vieles wegfällt, was wesentlich ist." (Wallner, 2002a, S. 105)

„Instrumentalisierung heißt, Aufbereitung der Daten ohne Rücksicht auf ihre objektiven Zusammenhänge. Jeder Statistiker weiß, dass die Korrelation nichts über die wirklichen Zusammenhänge, sondern nur über das gemeinsame Auftreten von zwei Merkmalen aussagt. Das wird sehr oft missverstanden. Wenn zwei Merkmale gemeinsam häufig auftreten, dann heißt das nicht, dass das eine aus dem anderen herleitbar ist oder dass irgendwelche kausalen Relationen zwischen diesen beiden bestehen.
Instrumentalisierung ist Verzicht auf Gegenständlichkeit und damit auch Verzicht auf Wahrheit." (Wallner, 2002a, S. 189)

„Auf Fachseminaren kann man sehen, dass hochgradige Kollegen aus verschiedenen Naturwissenschaften, die ein formales System in der formalen Sprache blendend erklären konnten, nicht fähig sind, dieses System in eine andere Sprache zu übertragen. Daran konnten wir vor etlichen Jahren erkennen, dass sich die Wissenschaft tatsächlich schon auf einem Rückzug in den Instrumentalismus befindet. Der Rückzug in den Instrumentalismus —mit oder ohne Bielefelder, die haben vielleicht keine so große Rolle gespielt— ist ein sehr gravierendes Phänomen der gegenwärtigen Wissenschaft." (Wallner, 2002a, S. 193)

„Wenn man Wissenschaft jedoch darauf reduziert, so muss man natürlich den Erkenntnisanspruch der Wissenschaft aufgeben. Das ist eine gewaltige Konsequenz, denn durch die Entfernung des Anspruchs auf Erkenntnis aus der Wissenschaft würde Erkenntnis eine Sache der Religionen, der Sekten, der Ideologien, und diese Instanzen können gewöhnlich Erkenntnis nicht als solche ausweisen." (Wallner, 2002a, S. 194)

Intelligenz, Definition

„Versteht man Intelligenz als Erklärungsprinzip intelligenten Verhaltens, wie dies die Testpsychologie weitgehend tut, so befindet man sich in einem mechanistischen Modell. Erklärt man Intelligenz phylogenetisch als die fortschreitende Abstraktion von der sinnlichen Erfahrung der Gegenstände, so bietet man ein biologistisches Modell. Piaget aber versteht Intelligenz als Abstraktion von der Erkenntnistätigkeit. Dies ergibt einen allgemeineren Begriff der Intelligenz: Sie ist Abstraktion von Handlungen wie von organismischen Regulationsprozessen (vgl. Piaget 1974a, S. 353; Piaget 1976c, S. 56). D.h., wegen desselben Modells in Biologie wie in Psychologie lässt sich ersteres als letzteres – Handeln als organismischer Regulationsprozess – verstehen, ohne dass man dadurch einem Reduktionismus aufsitzt. Der Begriff ‚Intelligenz' ist damit in eine allgemeine Fassung gebracht, welche ihn auf Mensch und Tier anwendbar macht, ohne dass tierische Hervorbringungen mit menschlichen Leistungen in einen – letztlich doch nicht überzeugenden oder das Humane als im Grunde unwesentlich entlarvenden – Vergleich gebracht werden (z. B. den Vergleich des Nestbaues mit architektonischen Leistungen)." (Wallner, 2008, S. 349)

„Wir haben ja ganz gute Intelligenztests, schon seit 30 Jahren mindesten. Nun haben früher engagierte Lehrer und Schulpsychologen Tests verwendet, um die Begabtenauslese in den Schulen zu regulieren. Ich selbst habe das auch getan. Ich spreche hier aus eigener Erfahrung. Ich habe es dann aber nach ein oder zwei Jahren Aufgegeben. Es ist mir schwer gefallen, andere Schulpsychologen zu überzeugen, es auch aufzugeben. Ich kann mich erinnern, dass ich mit einer jahrelang gestritten habe. Denn – das war meine erste Beobachtung nach einigen Versuchen – es war so, dass zum Teil Leute, die hoch begabt waren, die jenseits von 130 waren, dem sogenannten IQ, doch trotzdem sehr oft die Matura nicht geschafft haben und sehr viele, die beim Intelligenztest zwischen 80 und 100 waren, das Gymnasium geschafft haben. Warum? Weil eben der Intelligenztest ein ganz bestimmtes Konstrukt von Intelligenz vorstellt, das nicht in der Lage ist, die Schulintelligenz zu ersetzen. Die Schulintelligenz ist eine, könnte man jetzt sagen, konstruktionistische Intelligenz. Wenn Sie einen Schüler beobachten, der, sagen wir, nach dem Intelligenztest relativ dumm ist, so hat er oft Fähigkeiten, die ihm das Überleben in der Schule garantieren. Eine solche Eigenschaft ist der Fleiß, dann »sich beliebt machen« bei den Professoren, in der Klasse ein gute soziale Stellung haben und dann noch Eltern zu haben, die für ihn intervenieren. Im Hinblick auf die Schulintelligenz ist das ein hochintelligenter Knabe. Beim Intelligenztest kriegt er vielleicht nur 90. Man müsste seinen Eltern sagen: Um Gottes willen, quälen Sie das Kind doch nicht ins Gymnasium!" (Wallner, 2003, 52f).

Interdisziplinarität

Wallner führt vier Arten der Interdisziplinarität an:
1. Instrumentalistische Interdisziplinarität (man übernimmt einfach die Methode).
2. Universalisierende Interdisziplinarität: Es muss eine für alle Gebiete gültige wissenschaftliche Methodik geben (z. B. sind die Lehrpläne so geschrieben, dass der Schüler verschiedene Methoden kennenlernt. Bildung ist nicht additiv mit nur einer Methode zu erlangen.).
3. Erklärende Interdisziplinarität: Methode einer Wissenschaft wird von einer anderen Wissenschaft ausgelegt.
4. Verfremdende Interdisziplinarität (Wallner, 1998Sa).

Mehrere Wissensgebiete zu vereinen geht nicht:
a) Aus qu**antitativen Gründen – wer weiß schon alles über 2 Gebiete?**
b) Aus theoretischen Gründen (Wallner, 1998Wd).

Interpretation

Konstruktivismus setzt Entscheidungen und Alternativen voraus, sonst führt die Konstruktion zu keinem Erkenntnisgewinn. Eine nicht interpretierte Mikrowelt hat keinen Erkenntnisanspruch (Wallner, 1998Sb).

Wissenschaftliche Resultate können nicht von sich aus einen Erkenntnisanspruch stellen, sondern müssen interpretiert werden. Veranschaulichung ist ein Mittel der Wissenschaftlichkeit. Der Kraftbegriff der Physik ist eine Analogie aufgrund der 1:1-Beziehung und keine Metapher (Heute ist der Kraftbegriff unnötig in der Physik). Ohne Analogien kann man in weiten Bereichen gar nicht wissenschaftlich denken (es wird wenig deduziert). Ist die Psychologie in einem „advanced state", wird sie auf viele ihrer Analogien verzichten können. Wenn man interpretieren will, müssen die Konstrukte der Psychologie auf die Lebenswelt bezogen sein. Das geht leichter mit Analogien (Wallner, 1998Sc).

EINSTEIN: Der Weltraum ist begrenzt ohne Grenzen: Nur eine philosophisch interpretierte Theorie hat einen Erkenntnisanspruch (Wallner, 1998Sc).

Die Analytiker glauben, dass bei erfolgreicher Interpretation eines Satzes Einsicht resultiert. So ist es nicht. Interpretieren heißt: Den Kontext verändern. Nach der Interpretation kennt man den Text nicht in der Tiefenstruktur (im Unterschied zur Oberflächenstruktur), sondern *anders. Dem Verbrecher wird emp-fohlen, verständnisvolle Richter zu haben* (Wallner, 1998Sc).

Die Phänomenologie macht unbrauchbare Unterschiede zwischen ursprüng-lichem Erleben und Erleben (HUSSERL). Dieses Erbe haben die Dekonstruktivis-ten übernommen. Es gibt das normale Sprechen (des Alltags) und Aussagen, Satzzusammenhänge, die der Interpretation bedürfen (Wallner, 1998Sc).

Der Standpunkt des absoluten Geistes (als Beobachter, Gott), der die Struk-turen von allem schon kennt, führt zur Fehlannahme, dass die Eindeutigkeit des Objekts da ist, sobald ich interpretiert habe. Es gibt keine Grenze zwischen rich-tiger und falscher Interpretation, Interpretation und Nicht-Interpretation. Alle unsere Denkvorgänge sind begleitet vom *Richtigkeitshintergrund* (wahr – falsch). Pragmatisten haben andere Annahme (Wallner, 1998Sc).

Wenn B etwas anders versteht, als A es gemeint (gesagt) hat, dann wurde in-terpretiert. Ist die Welt ohne Interpretation zugänglich? Ja, aber nur selten (Intui-tion). Interpretation ist nur zulässig – dann aber zugleich Pflicht -, wenn Zweifel bestehen (vgl. WITTGENSTEIN: wo die Räder der Sprache blockieren). Sonst darf man nicht interpretieren (z. B. wenn wer im Gasthaus sagt: „Bitte einen G'spritzten" – so sollte der Ober nicht mit Interpretationsversuchen beginnen) (Wallner, 1998Sa).

Der CR will nicht direkt in die Wissenschaft eingreifen, sonder will Hilfe bei der Art der Interpretation geben (Wallner, 1998Sa).

Satzsysteme können hierarchisch und kulturabhängig interpretiert werden. Man kann nicht sagen, die eine Interpretation ist richtig oder falsch, sondern das sind jeweils verschiedenen Sichtweisen (Wallner, 1998Sa).

Intuition

Intuition führt zu Einsicht in eine Form der Wirklichkeit. „Einsicht" bedeutet in diesem Zusammenhang weder „Vorstellung", „Gedanke" oder „Wahrheit" (Wallner, 1998Sc).

„Verstehen" kann wie alle anderen zentralen Begriffe der Sprache nicht völ-lig erklärt werden (Wallner, 1998Sc).

Die Liebe kann man nicht erkennen im prinzipiellen Sinn, sondern nur als Realität, und dann ist sie verloren. Die Reflexion kann zu Widersprüchen füh-ren, kann auch zu etwas führen, was man als Realität nicht handhaben kann und nicht versteht. „Jetzt weiß ich, was du meinst" spricht über eine Realität, oder aber ich bin bereit, die Intentionen der Sätze nicht mehr zu hinterfragen (z. B. ein Satzsystem, das eine Mikrowelt darstellt, das Anweisungen gibt) (Wallner, 1998Sc).

Intuitionismus

Intuitionismus bedeutet nicht Beliebigkeit. Ethisch ist das, was zu mehr Handlungsmöglichkeiten führt (Wallner, 1999Sa).

Irrational

„Was sucht also Törleß? Anders gewandt könnten wir fragen: Was verbindet das Vergehen Basinis mit den imaginären Zahlen? Die Antwort muss lauten: Wenn Rationalität zwischen wirklich und unwirklich entscheidet, lassen sich in der so konstituierten Wirklichkeit weder die imaginären Zahlen noch Basinis Vergehen begreifen. Beides muss dem so genannten Irrationalen überantwortet werden. An dieser Stelle spüren wir die köstliche Ironie unseres Dichters: das Irrationale würde in diesem Fall nicht nur das aus der Tiefe des Seelischen emporsteigende Fehlverhalten eines Menschen, sondern auch etwas Mathematisches umfassen. Musil will damit wohl sagen: Eine solche Auffassung des Irrationalen ist eine intellektuelle Missgeburt. Dadurch würde mit dem menschlichen Verhalten zugleich auch die Mathematik unverständlich. Eine solche Auffassung müsste mit der Vernunft auch die Rationalität, welche sich – so ein Erbe des 19. Jahrhunderts – mit dem Irrationalen durch Bereichsteilung scheinbar gut arrangieren kann, zerstören. Eine solche Haltung des „divide et impera!" zerstört mit der Humanität auch zugleich die Wissenschaft." (Wallner, 2008, S. 174)

Irrtum

KANT strukturiert auch die Erscheinungen gemäß den Strukturen des Denkens. „Das universelle Ich kann nicht irren" Das Prinzip der Einheit des Geistes wird hier stillschweigend vorausgesetzt. KANT sprach nicht darüber, weil er nicht Metaphysiker sein wollte (Wallner, 1998Sa).

Kausalität

KANT meinte dann, dass wir die Kategorie der Kausalität von uns aus an die Realität herantragen. Das heißt, das Naturgesetz der Kausalität wird auf einen Verstandesbegriff zurückgeführt, den wir dann als „Naturgesetz" wieder an die Wahrnehmung herantragen. Hans JONAS (1990, 1994, 1996) beschrieb im Anschluss an KANT die Kausalität als subjektive Ordnungsfunktion, weil man auf visuelle Erfahrungen reduziert. Würde man mehr auf haptische Erfahrungen gehen, könnte man die Kausalität unmittelbar erleben (FRAUNLOB in Wallner 1999Wb).

Wenn man alles auf Einzelfälle reduziert, braucht man keine Kausalität. Aber man hat dann auch keine europäische Wissenschaft mehr. Die Traditionel-

44

le chinesische Medizin hat diesen Begriff der Allgemeinheit nicht, wirkt daher auf viele recht willkürlich, da immer Einzelfälle behandelt werden. Es gibt keine „Krankheit" als Allgemeines, sondern immer nur den besonderen Fall (Wallner, 2005Wa).

„Kausalität" ist eine spezialisierte Form von regelmäßigem Weltverlauf. Kausalität sind Versuche, den Alltagseindruck der Regelmäßigkeit der Welt zugänglich zu machen. Es geht um Kriterien, die für Kausalität spezifisch sind. Kausalität in einer Spezialform meint, dass die Phänomene der höheren Ebene durch die Elemente der niederen Ebene verursacht, hervorgerufen werden. Ist das ein Vorgang, den wir auf verschiedene Weise beschreiben, oder ist da eine Verursachungsbeziehung (Leib-Seele)? Es wird keine „richtige" Lösung geben, gleichgültig, ob man Kausalität einführt oder vermeidet. Man muss sich entscheiden, was es für das System für Vor- und Nachteile bringt. Nach RUSSEL kann man viele Naturgesetze ohne Kausalität beibehalten, aber wird dadurch die Welt (Physik) begreifbarer, verständlicher? Kann man die Unzulänglichkeit (der Mangel an Vorstellungsmöglichkeit) der Quantenphysik überwinden durch die Einführung einer neuen Logik. Man erkennt nur das, was intellektuell zugänglich ist (Wallner, 2005Wa).

Welche Kriterien gibt es für Kausalität? WRIGHT versuchte die Kausalitätsproblematik nicht ontologisch, sondern methodisch zu diskutieren, um von der ontologischen Ebene wegzukommen. Hinter den Funktionsgleichungen von RUSSEL steckt ja die metaphysische Vorstellung, dass es eine allergrundlegendste physische Ebene gibt, die alle Erscheinungen der Welt verursachen. Eine atomistische Ontologie steckt hinter diesem Kausalitätsbegriff. Es könnte sein, dass die ganze Welt einem Gott als Einheit erscheint – aber wir sehen die Details, wie die Kugeln bei Billard gegen die Wand stoßen, wie aus A B folgt. Die Handlung, der Vorgang, der uns zugänglich ist, tun wir; das andere Ereignis heben wir hervor, weil es uns wichtig ist. Die Ursache für das Zerplatzen des fallengelassenen Eis ist nicht das Fallenlassen – das ist genauso die Schwerkraft, wie die Härte des Untergrundes, die Härte der Schale, das physikalische Verhalten des Inneren, etc. etc. Wir heben aus all den Phänomenen jene hervor, die uns wichtig erscheinen. Für einen Gott ist das möglicherweise alles eine ungetrennte Einheit. Und so könnte es auch beim Leib-Seele-Problem sein: Da wirkt nicht das eine auf das andere kausal, sondern es ist ein einheitlicher Vorgang. Das finden wir schon bei SPINOZA mit seiner Aspektenlehre: *Uns* fällt der Geist auf, aber in Wirklichkeit ist das *eine* Erscheinung (Wallner, 2005Wa).

Für die empirisch-positivistische Position ist Kausalität etwas Obszönes. Das Obszöne der Kausalität ist, dass man sehr schnell dadurch verlockt wird, der Natur einen eigenen Willen zuzuschreiben (Wallner, 2005Wa).

Bei Einzelfällen braucht man keine Kausalität. „Krankheit" ist in Europa etwas Allgemeines; im klassischen China nicht. Veranschaulicht wird dies beispielsweise bei KAPTCHUK[7], der anhand einer klinischen Studie die unterschiedliche Wahrnehmungsweise anspricht: Während der westliche Arzt bei den sechs Patienten der Studie jeweils ein Magengeschwür diagnostizieren, führt der chinesische Arzt die Magenschmerzen der Patienten auf jeweils unterschiedliche Disharmoniemuster zurück, wobei sich im Endeffekt sechs von einander unterscheide Diagnosen ergeben (Wallner, 2005Wa).

„Dass wir diese dritte Welt in unser System integrieren sollten, geht aus den Büchern des Soziologen Alfred Schütz hervor. Neben der gegebenen und der konstruierten Welt gibt es eine weitere Welt, die in gewissem Sinn zwar auch konstruiert ist, die wir aber so nehmen, als ob sie gegeben wäre. Diese Welt nennen Schütz und Husserl ‚Lebenswelt' (siehe Thumher, 1995). Husserl hat den Begriff Lebenswelt zunächst im erkenntnistheoretischen Sinn geprägt (siehe dazu einführend Husserl, 1986/1936, S. 220-292), während er später von Schütz soziologisch interpretiert wurde (siehe Schütz, 1979 und 1983). Die Lebenswelt ist jene Welt, mit der wir uns im Alltag auseinandersetzen, wobei der Begriff des Auseinandersetzens hier wesentlich ist, denn mit der Wirklichkeit setzen wir uns nicht auseinander, die ist sozusagen unser biologisches Schicksal (siehe Waliner, 1995). Diese Wirklichkeit, die unkonstruierte Welt, bleibt uns unverständlich. Wir sind ihr ausgeliefert, nicht im Sinn von Heidegger, sondern in einem ganz trivialen biologischen Sinn, da wir den Vorgängen in unserem Körper ausgeliefert sind. Wir können natürlich die Wirklichkeit bis zu einem gewissen Grad zur Realität transformieren. Das heißt konkret, aus den Herzbeschwerden, die Menschen haben, können Wissenschaftler ein Datensystem entwickeln, damit eine Mikrowelt konstruieren und auf diese Weise das Herz als natürliches Organ durch ein künstliches ersetzen. Sobald wir etwas Natürliches zu einer Mikrowelt machen, ersetzen wir es durch diese, und die Natur verliert ihre Naturhaftigkeit. Das Herz, das medizinisch erforscht und betreut wird, ist nicht mehr Natur, sondern eine medizinische Mikrowelt. Mit dieser wurde viel erreicht, es werden aber auch Effekte erzeugt, die nicht vorhergesehen waren. Das heißt, es bleibt um diese Mikrowelt herum noch immer Natur, weil die Mikrowelten bloß einzelne Aspekte der Natur ersetzen. Die Mikrowelt bildet nichts ab, sie ersetzt. Wo Mikrowelten sind, ist die Wirklichkeit nicht mehr! Eine Konsequenz der Naturwissenschaften ist damit die sukzessive Umformung der Natur in Kultur." (Wallner, 2002a, S. 207f)

„Eine Lebenswelt ist ein System von Überzeugungen und Regeln (siehe Wallner, 1995). Dazu gehören die medizinischen Überlegungen der Menschen jenseits der wissenschaftlichen Medizin, wenn zum Beispiel die Großmutter mit verschiedenen Tees, die ihre spezifischen Wirkungen haben, Krankheiten behandelt. Lebensweltliche Überzeugungen stimmen bis zu einem gewissen Grad ja auch gerade deshalb, weil sie sich kulturell entwickelt haben und unter Umständen über viele Jahr-

---

7 Siehe Kaptchuk 2003, 15f.

hunderte tradiert wurden, was dafür spricht, dass sie sich bewährt haben." (Wallner, 2002a, S. 208)

„Einstein wies darauf hin, dass wissenschaftliche Entwicklungen intellektuelle Fantasien sind, die ihre Quelle jedoch sehr oft in der Lebenswelt haben. Einstein sprach allerdings nicht von ‚Lebenswelt', sondern von ‚Alltagsüberzeugung'. Die wissenschaftliche Welt, die wissenschaftliche Modelle, heißt es bei Einstein, sind Verfeinerungen unserer Alltagsüberzeugung (siehe Einstein, 1953)!" (Wallner, 2002a, S. 209)

Kinderphilosophie

„So erkennen wir in der *philosophischen Tugend der Betroffenheit eine kinderphilosophische Leistung*. Das durch kulturelle Techniken noch nicht geschützte Ich erlebt die Fremdheit des jeweiligen objektiven Geistes. Daraus ergibt sich meines Erachtens eine wichtige *Aufgabe* für die *professionelle* Kinderphilosophie: Sie soll ein Gegengewicht zur normalen intellektuellen Erziehung sein. Während diese die *Eingliederung* des Kindes in die vorgegebenen kulturellen Strukturen betreibt, soll die Kinderphilosophie die *Selbständigkeit* des Kindes, seine Eigenwelt, im Auge haben." (Wallner, 2008, S. 311)

„Ein Beispiel für kindliche Verfremdungen der Alltagssprache ist: ‚Dieser Morgen war so lange wie der Amazonas' (Lipman 1986, 45)" (Wallner, 2008, S. 312).

Kognitionswissenschaftlicher Ansatz

Geht von wenigen Grundannahmen aus. Begriffe haben einen klaren Modellstatus; sie haben keinen Anspruch auf Wahrheit, sondern lediglich auf pragmatische Tauglichkeit. Es wird allerdings angenommen, dass alle Theorien Empirieabhängig sind (Wallner, 1999Sa).

Kognitive Strukturen

Es gibt keine kognitiven Strukturen, die präexistent alles Denken prägen. Wir müssen nicht irgendwelchen Strukturen gehorchen (Wallner, 1997S).

Kommunikationstheorie

SHANNON und WEAVER 1949. Besteht die Kommunikation – so wie die beiden glaubten – aus einem Sender, einem Empfänger und einem Kanal dazwischen, so hat so ein Modell Implikationen: Man wird z. B. bei Kommunikationsproblemen lauter, da wir oft unreflektiert glauben, dass der Code eine vorgegebene Bedeutung hat (Edlinger/Wallner 1999Sa).

Konstrukt

Konstrukte beschreiben nicht die Wirklichkeit, sondern ersetzen sie. Dort, wo sie nicht funktionieren (an der Wirklichkeit scheitern) wird es interessant (Wallner, 1998Wb).

Konstrukte sind nicht Abbild von Objekten, aber sie müssen systematisch und gedeutet sein (Wallner, 1998Wd).

Konstruktionen sind keine Illusionen, sondern sind das einzig Wirkliche, das wir haben (Wallner, 1999Sb).

Konstruktion

Konstruktionen beschreiben nicht die Wirklichkeit, beeinflussen sie aber (Wallner, 1998Sa).

Was konstruiert wird sind Satzsysteme (= Mikrowelten). Diese Konstrukte müssen gedeutet, interpretiert werden (Wallner, 1998Sa).

Wer konstruiert, muss es sich gefallen lassen, dass sein Konstrukt in anderen Kontexten interpretiert wird (Wallner, 1999Sb).

1. Naturkonstruktion: Setzt keine Einsicht voraus.
2. Soziale Konstruktion: Alles, (Wissenschaft, Gesellschaft) wird durch Konstruktion erklärt. Unklar ist, wer konstruiert.
3. Wissenschaftliche Konstruktion: Freiwillig gewählte und begründete Konstruktionen. Die Forschergruppen entscheiden sich für ein Paradigma und bauen darauf ihre Konstrukte. Die Wissenschaft ist folglich beliebig in ihren Paradigmen (Wallner, 1998Sb).

Konstruktionismus

„Unter Konstruktionismus verstehen wir vor allem zwei Strömungen, und zwar den Sozialkonstruktionismus und den Biokonstruktionismus. Der Sozialkonstruktionismus ist mit einem berühmten Buch in Verbindung zu bringen. Die soziale Konstruktion der Wirklichkeit von Berger und Luckmann, das zu Beginn der 1970er Jahre erschienen ist (siehe Berger/Luckmann, 1970). Die Autoren hatten keine andere Intention als zu zeigen, dass in den Sozialwissenschaften das soziale Konstruieren die zentrale Methodologie sein sollte. ... Berger und Luckmann aber haben einen Konstruktivismus vorgestellt, der die Konstellationen auf der Objektebene erklärt, und einen solchen Konstruktivismus, der die Objektebene betrifft, nenne ich Konstruktionismus. Unter diesem verstehe ich also eine konstruktivistische Auffassung der Konstituierung der Welt auf der Objektebene, die keinen Anspruch auf Erklärung hat." (Wallner, 2002a, S. 134)

„[...] die Eigenschaften, die sie dem Lehrer geben, sind natürlich Konstrukte, nicht seine wirklichen Eigenschaften. Das ist ein Beispiel für Sozialkonstruktivismus, wie Berger und Luckmann es genannt haben. In Wirklichkeit ist es Konstruktionismus, bei dem man die Objektebene nicht verlässt. Nicht die wissenschaftliche Erklärung ist das Ziel, sondern die Strukturierung. Berger und Luckmann wollen keine Erklärung über den Anspruch wissenschaftlicher Aussagensysteme geben, sondern wollen zeigen, wie sich die soziale Welt artikuliert und formiert. Dass konstruktionistische Vorgehen keinen Erkenntnisanspruch haben, sieht man eindrücklich am Biokonstruktionismus. Der Biokonstruktionismus meint, dass ein Lebewesen sich seine Umwelt selbst schafft. Ein Gedanke der Biologie, der zweifellos auch viel Richtiges in sich hat. Das ist eben Konstruktionismus und nicht Konstruktivismus. Man unterstellt hier oft missverständlich, dass das Lebewesen seine Umwelt und deren Zusammenhänge erkennt. Es erkennt natürlich nicht, es schafft sich lediglich durch Vollzüge von Aktionen ein Umfeld, mit dem es zurechtkommt. Das ist Konstruktionismus und nicht Konstruktivismus, weil es nicht um Erkenntnis geht und weil hier die Objektebene nicht verlassen wird. Der Konstruktivismus aber stellt Beziehungen zwischen verschiedenen Ebenen her, zwischen der Ebene des Aussagensystems, der Ebene des menschlichen Handelns und der Objektebene. Der Konstruktionismus verbleibt auf einer Ebene. Oberflächlich betrachtet ähnelt er dem Konstruktivismus. Man sagt von einem Tier auch, es tut das und jenes, und meint natürlich nicht, dass es handelt – aber es tut etwas, was dem menschlichen Handeln vergleichbar erscheint." (Wallner, 2002a, S. 162)

„Diese Form des Konstruktivismus als Oberbegriff genommen, gibt eine Anleitung, wie Sozialwissenschaften methodisch aufgebaut werden sollen, sie gibt aber keine Antwort auf die Frage der Verbindlichkeit von Wissenschaft. Der Konstruktionismus ist eine Sache der Einzelwissenschaften, keine der Epistemologie." (Wallner, 2002a, S. 135)

„Reflexion ist konstruktionistisch, wogegen das Konstruieren mit Reflexion konstruktivistisch ist. Das sind die wesentlichen Unterscheidungen."(Wallner, 2002a, S. 164)

„Der Mensch hat die prinzipielle Möglichkeit, sich Weltkonstruktionen zu machen ohne Wahrheitsanspruch. Dann ist er ein Konstruktionist. Er hat aber auch die Möglichkeit, Weltkonstruktionen zu machen oder zu übernehmen von anderen unter dem Anspruch der Wahrheit. Dann ist er ein Konstruktivist. Der Mensch ist im Prinzip immer beides: Konstruktionist und Konstruktivist. Und die Bildung besteht nun darin, wie weit jemand das Zusammenspiel dieser beiden Möglichkeiten beherrscht und durchschaut. Bildung ist der Weg von der Unklarheit zur Klarheit. Solange wir Konstruktionisten sind und glauben, wir sind Konstruktivisten, sind wir ungebildet. Ein Mensch, der annimmt, dass irgendein Phantasiegebilde, ein schönes, die Wahrheit ist, muss als ungebildet gelten und wird unter Umständen ja auch Schiffbruch erleiden. Wer einer Ideologie nachhängt, ohne sie zu überprüfen, der ist ein ungebildeter Mensch." (Wallner, 2003, S. 48)

Konstruktivismus

Es ist nicht so, dass wir an den Sinnen zweifeln, wir zweifeln am Denken – daher sind wir Konstruktivisten (Wallner, 1997S).

MATURANA/VARELA (radikale Konstruktivisten): Alles wissen ist Konstruktion und daher nicht legitimierbar. Entspricht in etwa der Bielefelder und Siegener Schule und führt zum Solipsismus. Lebende Systeme sind „autopoietisch". Ein lebendes System kann man erst identifizieren, wenn man weiß, wie es beschaffen ist (Wallner, 1999Sa).

Erkenntnis als Erkenntnis *begründen* kann auch der Konstruktivismus nicht. Wenn ich einsehe, dass Erkenntnis als Erkenntnis nicht *begründet*, aber *ausgewiesen* werden kann, dann bin ich Konstruktivist (Wallner, 1999Sd).

Erkenntnis über Erkenntnis gewinnen ist etwas anderes als andere Objekte des täglichen Lebens erkennen. Der Versuch, Erkenntnis als Erkenntnis zu begründen bedeutet einen Rückgriff auf die Zeit vor dem Konstruktivismus z. B. auf Urtypen wie bei PLATON, auf Metaphysik, auf die Metaphysik der evolutionären Erkenntnistheorie (als Konrad LORENZ merkte, dass der Rückbezug auf die Phylogenese nicht reicht, um „Entwicklung" zu erklären, ließ er sich „Emergenz" einfallen), reine Wahrnehmung, etc. Die Metaphysik bedient sich bestimmter wissenschaftlicher Erkenntnisse um damit bestimmte Erkenntnisse zu begründen; aber Erkenntnis ist nicht begründbar (Wallner, 1999Wa).

Konstruktivismus, Erlanger / Marburger Schule („Methodischer Kulturalismus")

Jenseits von Europa gibt es keinen Konstruktivismus. Hugo DINGLER, Mathematiker, lieferte den ersten konstruktivistischen Versuch. Blieb völlig einflusslos, bis 1963 Prof Paul LORENZEN in Erlangen darauf aufmerksam wurde. Das scheuchte die aufkeimende analytische Richtung auf. Die Idee der konstruktiven Wende war, dass wissenschaftliche Systeme keine beschreibenden Systeme, sondern Ausdruck von Handlungssystemen sind (Wallner, 1998Se).

Die Erlanger Schule (sitzen fast alle in Marburg; Vertreter: Hugo DINGLER, Peter JANICH) sagt dagegen: Wissenschaftliche Sätze sind deduzierbar (lehnen daher EINSTEINs Relativitätstheorie ab, da sie meinen, alles Wissen müsse sich an dem menschlichen Körper orientieren). Nach JANICH ist die „Zeit" eine Handlungsanweisung zur Konstruktion von Uhren. „Ideation": Wie man von einem gegebenen Körper zum abstrakten Punkt kommt: Zuerst Herstellen einer ebenen Fläche (durch Reiben zweier Steine) → Kante → Ecke. „Methodische Reihe": ist ebenfalls aus dem Handwerklichen entliehen. Man muss eine Statue zuerst schnitzen, dann bemalen: Material und Zweck zwingt uns eine bestimmte Vorgangsweise auf (Edlinger/Wallner 1999Sa).

„Die Erlanger/Marburger Schule meint, dass durch Konstruktionshandlungen die Gegebenheit der Welt nachkonstruiert wird. Das konstruktive Handeln stellt eine Form des methodischen Wiederaufbaus der Welt dar (siehe Janich, 1992a). Deshalb wollten Vertreter dieser Richtung immer wieder auf die methodische Vorgangsweise der Wissenschaftler Einfluss nehmen. Dies ist insbesondere im Bereich der Physik geschehen; hier wurde seitens der Erlanger versucht, eine grundlegende Struktur der Physik darzustellen, die als methodische Richtlinie für die praktische wissenschaftliche Arbeit dienen sollte (siehe Janich, 1997). Die Kernidee ist eine transzendental-philosophische Rekonstruktion der Welt durch Handlungen, die die ontologische Dimension ernst nimmt. Es wird stillschweigend die starke Voraussetzung gemacht, dass es durch methodische Vorgansweisen, durch überlegtes Handeln möglich ist, den Spielraum der Natur einzuengen beziehungsweise die Naturvorgänge im Aufbau des Handelns nachzuvollziehen." (Wallner, 2002a, S. 141)

„DINGLERs zentraler Gedanke ist, dass die Geometrie und, davon abgeleitet, alle menschliche Erkenntnis auf einem Herstellungsprozess beruht. Die menschliche Erkenntnis ist also eine Aufeinanderfolge von Herstellungsverfahren. Erkenntnis ist nicht, was man durch die Sinnesorgane aufnimmt (siehe DINGLER, 1931/1926). Das ist ein Gegensatz zur klassischen empiristischen Tradition, gemäß derer ich zuerst etwas durch die Sinnesorgane aufnehme, das ich dann zur Erkenntnis ordne. DINGLER hat anhand der Geometrie, an formalen Gegenständen, gezeigt, dass Erkenntnis das Ergebnis von Herstellungsverfahren ist. Das heißt, Erkenntnis ist kein Naturprodukt, Erkenntnis ist kein Produkt der Gehirnfunktionen." (Wallner, 2002a, S. 177)

„Die Erlanger Schule besteht also aus zwei Schritten. Aus dem einen, den man den Antinaturalismus nennt. Damit hat sie ein Erbe begründet, mit dem wir Konstruktive Realisten mit ihr übereinstimmen. Das heißt, dass Erkenntnis kein Produkt des Gehirns oder des Nervensystems ist, sondern dass Erkenntnis auf willentlichen Entscheidungen beruht. Der zweite Schritt, dass man durch Normierung diese Herstellungsprozesse des Erkenntnisprozesses festlegen und damit bestimmte Wege des Erkenntnisgewinns ausschließen könnte, ist unseres Erachtens ein Missgriff. . Das hat mit der Physik nicht funktioniert (siehe Janich, 1997) und letztendlich zur Wende der Erlanger Schule, zum Kulturalismus, geführt, welcher die Willensentscheidung des Menschen an den Beginn des logischen Prozesses stellt (siehe Hartmann/Janich, 1998)." (Wallner, 2002a, S. 178)

„Die willentliche Entscheidung ist eine Entscheidung, die man im Nachhinein natürlich soziokulturell motivieren könnte. Sie ist aber als Entscheidung nicht voraussagbar. Eine solche willentliche Entscheidung ist zum Beispiel, dass Einstein die Lichtgeschwindigkeit als Fundamentalgeschwindigkeit annimmt, was jedoch nicht sein muss. Willentlich hat hier nicht die gleiche Bedeutung wie im Lebensprozess. Willentlich ist hier die Entscheidung, welche Konstellation, welche Methode als fundamental eingesetzt wird. Das kann natürlich auch schief gehen. Es hätte passieren können, dass Einstein ein Außenseiter geblieben wäre und sich kein Physiker seinen Theorien angeschlossen hätte. Natürlich verlangen diese Entscheidungen ein Gefühl, was mit der Natur getan werden kann. Diese Entscheidungen verlangen eine gewisse intuitive Einsicht in die Struktur einer Wissenschaft.

Der besondere Willkürcharakter der Wissenschaft besagt nicht, dass Wissenschaft ähnlich willkürlich ist wie die Wahl von Eissorten. Wissenschaft hat zwar ein willkürliches Element, welches ohne Willensentscheidung gar nicht denkbar ist, aber aus diesen Willensentscheidungen entstehen Konsequenzen, die vorher nicht absehbar sind. Deshalb ist der methodologisch korrekte Weg, im Vorhinein den Anspruch der Wissenschaft unter der Voraussetzung zu durchdenken, dass ein willkürlicher Akt am Anfang steht. Das ist der konstruktivistische Ansatz. Wer sagt, dass es am Anfang keine Willkür gibt, dass irgendetwas zwangsläufig erfolgte, der widerspricht zunächst einmal der Wissenschaftsgeschichte. Es war absolut nicht zwingend, dass es zur Relativitätstheorie kam, obwohl es bestimmte Wege gibt, die in der Physik des 19. Jahrhunderts zur Relativitätstheorie geführt haben."(Wallner, 2002a, S. 179)

Bei der *empirischen* Widerlegung der Theorie könnte theoretisch auch ein Fehler gemacht worden sein, das ist daher nicht wirklich überzeugend. Aber die *theoretische* Widerlegung ist überzeugend: Die Bedingungen des Konstruktivismus lauten: Die europäische Wissenschaft lässt es ihrem Geist nach nicht zu, ihre Tätigkeit als Weltbeschreibung zu sehen, sondern muss als etwas gesehen werden, was immer wieder neue, überraschende, nicht vorhersehbaren Möglichkeiten findet. Was vorhersehbar ist, ist nicht Wissenschaft in diesem Sinn. Die Dialogspiele der Erlanger reduzierten Wissenschaft aber auf ein festes Konzept. Damit standen sie im Widerspruch zu den Bedingungen und Erfordernissen des Konstruktivismus. Konstruktivismus entsteht aus dem Dilemma, dass die europäische Wissenschaft verlangt, dass alle Wege zunächst prinzipiell gleichberechtigt sind. Europäische Wissenschaft ist zutiefst mit demokratischem Geist verbunden. Nichts kann vorweggenommen, nichts ausgeschlossen werden. Dagegen verstieß das Erlanger Konzept (Wallner, 2006Wa).

Die Erlanger Schule hat sich empirisch widerlegt. Konstruktivisten sind keine Transzendentalphilosophen, die den Standpunkt vertreten, dass alles, was mit dem Gedankenkonstrukt nicht übereinstimmt, falsch ist. Konstruktivisten sagen nicht: Was sich nicht so verhält, wie es die Theorie verlangt, ist keine Wissenschaft (Wallner, 2006Wa).

Die Erlanger Schule des Konstruktivismus wird die These vertreten, dass Konstruktionen begründet sein können: Es kann Anweisungen geben, wie zu konstruieren ist. Auch evolutionäre Epistemologen lieben das: Ein von vornherein erklärter Konstruktivismus. Aber es gibt keine absolute Instanz, die ein für alle Mal sagen kann, was richtig ist. Die Erlanger Schule hat den Konstruktivismus nicht ernst genommen, sondern ihn durch Regeln, die sie durch die Hintertür wieder einführte, gebändigt. Zwar würde Wissenschaft nicht die Welt beschreiben [...] Aber insofern hängen die Konstruktionen wieder vom Handeln ab. Somit wurde das Programm nicht erfüllt, und wer das Programm nicht erfüllt, den bestraft die Geschichte. Peter JANICH, ehemaliger Erlanger, jetzt der Wiener Schule nahe stehend, sagt: Wissenschaft ist eine Kulturleistung – aber es sagt noch immer nicht, welchen Stellenwert, welche Struktur Konstruktionen haben und was sie sind und wie man sich verhält gegenüber Konstrukten aus anderen Kulturkreisen (Wallner, 2006Wa).

Konstruktivismus, Bielefelder Schule; („Radikaler Konstruktivismus")

In der Bielefelder Schule (radikal) ist alles Konstruktion – aber wenn alles Konstrukt ist, verliert „Konstruktion" seine Bedeutung. Wer sagt, es gibt keine Wirklichkeit, wird hart argumentieren müssen und letztlich scheitern (Wallner, 1998Sb).

„Alles ist Konstruktion" – der Satz ist ein Widerspruch in sich selbst, denn dann wird eben doch etwas, z. B. die Natur selbst, als nicht konstruiert vorausgesetzt[8] (Wallner, 1999b).

> „Sie betonen immer wieder, dass die ontologische Dimension vernachlässigt wird, und tatsächlich wird das in manchen Formen des Konstruktivismus getan, wie zum Beispiel in der Bielefelder Schule, welche die Ansicht vertritt, dass die ontologische Fragestellung überhaupt ersatzlos gestrichen werden könne (siehe Leopold 1997). Hier wird unter dem Motto, alles sei Konstruktion, die Frage nach der Struktur, der Gegebenheit und die Bezugnahme auf die Gegebenheit der Welt als überflüssig bezeichnet. Diese Kernidee der Bielefelder Schule, des so genannten Radikalen Konstruktivismus, eignet sich höchstens als Klammer zwischen verschiedenen Möglichkeiten der konstruktivistischen Weltdeutung. Das ist eher eine Devise, die Aufmunterung zu einem bestimmten Verhalten, eine Aufforderung, zu konstruieren oder konstruktivistische Erklärungen zu liefern." (Wallner, 2002a, S. 140)

> „Die radikale These, dass alles Konstruktion ist, ist ideologisch. Wenn ich sage, dass alles Konstruktion ist, sagt das so viel aus, wie wenn ich sage, dass alles Liebe ist. Es ist möglich, sich etwas darunter vorzustellen, aber aussagen tut das nichts. Eine ideologische Aussage ist eine Aussage, die nichts sagt, weil sie so allgemein ist, dass alles darunter verstanden werden kann. So ähnlich – und in der Struktur genauso -- ist es mit dem Radikalen Konstruktivismus. Wenn Sie sagen, dass alles Konstruktion ist, so sagen Sie damit gar nichts, sondern glauben nur, dass Sie eine tiefe Wahrheit formulieren. Der Satz „Alles ist Konstruktion" kann nicht nachvollzogen werden, denn wenn er konkretisiert wird, führt er zum Naturalismus zurück." (Wallner, 2002a, S. 183)

---

8   Das gilt allgemein für konstruktivistische Ansätze: Der Konstruierende wird vergessen [Anm. d. Verf.].

Konstruktivismus, Wiener Schule („Konstruktiver Realismus")

Begründet von Friedrich WALLNER. Auch in deutschen Texten wird nach der englischen Schreibweise der „Konstruktive Realismus" mit „CR" (von ‚Constructive Realism' hergeleitet) abgekürzt.

> „Die Geschichte des konstruktiven Realismus – um Ihnen es kurz zu sagen – war eine Schockgeschichte. Als wir, meine Freunde und ich, die früher oder später am Wiener Kreis interessiert waren – manche in den Siebziger Jahren wie ich, manche in den Achziger Jahren – entdeckten, daß das Modell der Wissenschaft, wie es bisher von uns geglaubt wurde, nicht haltbar ist. Daß Wissenschaft nicht in der Weise funktioniert, und Wissenschaft nicht den Anspruch auf Objektivität, Wahrheit und Gültigkeit hat, den wir ihr bisher immer zugesprochen haben, so waren wir alle sehr enttäuscht – ja verzweifelt." (Wallner, 1999, S. 18)

Der CR geht von tatsächlich existierender Wirklichkeit aus, die der Mensch durch Konstruktion zur Realität macht. Realitäten sind strukturell von der Wirklichkeit beeinflusst, und deshalb können wir etwas über die Wirklichkeit erfahren. Aber auch die „Strukturen" sind Konstrukte (Wallner, 1998Sb).

Der Unterschied zwischen dem CR und anderen Wissenschaftsphilosophien: Es wird nicht behauptet, eine bestimmte Ontologie könnte nicht anders sein. Wir bieten lediglich bestimmte Methoden an. Wer keinen Zugang zu WITTGENSTEIN und dem Wiener Kreis hat, der wird viele Probleme gar nicht sehen. Der CR hat den zusätzlichen Aspekt, dass er die Realität nicht nur als konstruiert sieht, sondern sie auch interpretiert. Un-interpretiert haben die Daten auch einen Wert, aber das ist noch kein CR. Nach FEYERABEND handelt es sich um Relativismus, wenn unterschiedliche Sichten nebeneinander bestehen; aber der CR überwindet den Relativismus, denn er erhebt den Anspruch, durch Deutung der Mikrowelt die Wirklichkeit partiell zu ersetzen (Wallner, 1999Sa).

Meine eigenen Theorien machen mich so nervös, dass ich ein Lehrbuch – CR, seine Idee und seine Grenzen – nicht schreiben kann (Wallner, 1999Sa).

> „Die dritte konstruktivistische Schule, der Konstruktive Realismus, ist die jüngste, die zu Beginn der 1990er Jahre entstanden ist. Das Neue daran ist, dass hier zwei Ebenen unterschieden werden, die im Hinblick auf die Wissenschaft zusammengehören können, die aber auch ganz verschieden sind. Es sind dies die instrumentalistische Ebene und die Deutungsebene." (Wallner, 2002a, S. 211)

Konstruktivismus, soziologischer

> „Ähnliches lässt sich bezüglich des in den USA weit verbreiteten und sehr populären soziologischen Konstruktivismus sagen, der wissenschaftliche Aussagensysteme als Resultate sozialer Prozesse interpretiert. Das ist natürlich nicht falsch, allerdings

in der Ausschließlichkeit, mit der diese Argumentation geführt wird, gelangt man auch hier dorthin, dass Wissenschaft ihre Verbindlichkeit verliert. Konsequenter Weise ließe sich unter den Vorzeichen des soziologischen Konstruktivismus nur aufgrund konventionalisierter Vorgehensweisen bestimmte konzeptualisiere Weltanschauungen per Proklamation als Wissenschaft definieren. Da wäre zumindest der Anspruch der europäischen Wissenschaft verschwunden, auf so etwas wie Wahrheit zu stoßen und Erkenntnis zu gewinnen." (Wallner, 2010a, S. 274)

Konstruktivismus vs. Konstruktionismus

Wenn wir wissen wollen, was der Mensch ist, dann müssen wir uns auf seine Kultur beziehen, nicht auf seine Biologie. Es besteht immer die Gefahr, in der Biologie harte Fakten zu sehen: Wir tun immer so, als würde es eine von uns unabhängige Welt geben. Der Biokonstruktionismus ist kein richtiger Konstruktivismus (Wallner, 1998Wd).

POPPER schreckte wegen der Gefahr des Sozialkonstruktionismus vor dem Konstruktivismus zurück. Er befürchtete, wir würden darüber abstimmen, was wahr ist – aber so ist das natürlich nicht gemeint (Wallner, 1998Wb).

Sozialkonstruktionismus – BERGER und LUCKMANN: Die soziale Konstruktion der Wirklichkeit. Sie meinen, dass man in der Sozialwissenschaft als zentrale Methode das Konstruieren hat (Die Objekte der Soziologie werden nicht vorgefunden, sondern durch diese Wissenschaft erst geschaffen, z. B. „soziale Schicht" etc.). Da die konstruktivistischen Vorstellungen sich auf die Objekte beziehen ohne einen Erklärungsanspruch zu erheben, sprechen wir von einem Konstruktionismus. Er erhebt keinen Anspruch, die Voraussetzungen zu bestimmen. Er gibt keine Antwort auf Verbindlichkeit, Wirklichkeit, Wahrheitsanspruch der Wissenschaft, sondern ist nur Anleitung für eine bestimmte Einzelwissenschaft (Wallner, 1998Wc).

Konstruktivismus vs. Konstruktivem Realismus

„Der Konstruktivist erhebt den Anspruch, dass durch Konstruktion Erkenntnis gewonnen werden kann. Der Konstruktive Realist hingegen meint, dass Erkenntnis dadurch gewonnen wird, dass die Grenzen der Konstruktionsleistung erkannt werden." (Wallner, 2002a, S. 126)

Kosmologie

Die Kosmologie zeigt unbefriedigende Resultate – aber nicht wegen der Grenzen der Wissbarkeit, denn die Kosmologie hat einen Methodenbestand, der sie daran hindert, bessere Konstrukte zu schaffen (Wallner, 1998Sb).

Krankheit – konstruktivistisch

Ich mache Therapeuten immer darauf aufmerksam, dass sie Patienten erzeugen, indem sie sich Therapeuten nennen. Würden sich Therapeuten nicht mehr Therapeuten nennen, wären 20 Millionen gesund (USA) (Heinz v. Förster, 1996-11-15).

BATESON hatte einen 14-jährigen Patienten, der mit Tintengläsern um sich warf. BATESON ließ die Familie und die Lehrer kommen und stellte fest: Der einzig Gesunde ist der Bub (Heinz v. Förster, 1996-11-15).

In DSM-III war Homosexualität als Krankheit aufgeführt, in DSM-IV nicht mehr. Mit einem Streich der Feder wurden 40 Millionen gesund (Heinz v. Förster, 1996-11-15)[9].

Kulturabhängigkeit

Man kann andere Kulturen unterschiedlich wissenschaftlich betrachten:
a) Systematische Datensammlung (STEINKELLNER, THIRRING). So kann man auch im Alltag vorgehen: quasi-wissenschaftlich. Man bildet ein Konstrukt

---

9 Der Physiker und Konstruktivist Heinz von Foerster (geb. Förster) führte in Wien 1996-11-15 anlässlich eines Vortrags (vermutlich zum Thema „Systemische Familientherapie" im Institut für Sozialtherapie in der Castellig. 17, Wien) aus, dass sein Hund nicht nur denkt, sondern sich sogar wie ein Konstruktivist verhält: Jeden Morgen würde er in den Garten laufen, bei einem Baum das Bein heben und dann in die Küche laufen, wo eine Schale mit Milch für ihn bereit steht. Als eines Tages auf die Milch vergessen wurde, lief der Hund zurück in den Garten und hob ein zweites Mal sein Bein bei dem besagten Baum. Offensichtlich bilde der Hund Hypothesen über den Zusammenhang von Beinheben und Milch in der Küche Vorfinden. – Eine Schulkollegin äußerte sich mir gegenüber, dass sie nun wüsste, wie Größenwahn zustande kommt: Ihr Haus läge an einer Straße, die des Öfteren von Lastwägen frequentiert wird. Ihr Hund würde beim Herannahen eines Lastwagens laut kläffend in den Garten stürmen. Der Lastwagen fährt unbeeindruckt vom Gekläff des Hundes seinen Weg, der Hund jedoch sei überzeugt, durch sein drohendes Gekläff den Lastwagen verbellt zu haben und kehre – sichtlich befriedigt – ins Haus zurück (zit. nach Klünger, Gerhard. (2010). Versuche über die Freiheit – eine Wissenschaftskritik. Baustein zu einer Metatheorie der Pädagogik. Dissertation Universität Wien).

und schaut, ob das Konstrukt durch die Daten abgedeckt wird (Europäer kommen irgendwo hin, machen sich Gedanken, etc.). So erzielt man kein Verständnis anderer Kulturen gegenüber, sondern gewinnt Handhaben, um mit anderen Kulturen umzugehen. Verständnis würde bedeuten, aus dem Horizont dieser Kultur urteilen zu können (was gelingt, wenn man beispielsweise dort aufgewachsen ist).

b) Man sammelt keine Daten, sondern geht davon aus, dass man nicht verstehen kann. Dann handelt man behavioristisch: Man passt sich ohne Theorienbildung an. Man lernt die eigene Kultur besser zu verstehen, man lernt Dinge zu hinterfragen, die selbstverständlich sind. Z. B. ist für Europäer der Erfolg wichtig. Für Buddhisten ist der Erfolg unwichtig – Erleben ist wichtiger als das Resultat. Das merkt man, wenn man mit Buddhisten gemeinsam publizieren will.

c) Es ist eventuell erfolgreicher, eine Verhaltenssequenz zu übernehmen, zu perfektionieren und des Kontexts zu entkleiden.

Wenn man zwischen Kulturen nur Ähnlichkeiten sucht, verwässert man sie (Wallner, 1998Wd).

Fremde Kulturen kann man nicht „verstehen"; man soll sie auf sich wirken lassen und dadurch die Konturen der eigenen Kultur sehen, die man vorher nicht gesehen hat. Wenn man andere Kulturen aus dem Blickwinkel der europäischen Wissenschaft analysiert, so ist das problematisch. Man kann andere Kulturen nicht verstehen. Jedoch soll man andere Kulturen wie einen Partner, mit dem man Zeichen tauscht, nehmen (WITTGENSTEIN: „Wie kann ich die Zeichen eines anderen verstehen?" – Wie kann ich meine eigenen Zeichen verstehen??). Wenn man nicht kommunizierend sprachhandelt, kommt man nicht zum Verstehen. Die auftretenden Reaktionen helfen, die eigenen Reaktionsmöglichkeiten zu differenzieren. Wichtig ist, dass man in der anderen Kultur den Unterschied findet (nicht die Übereinstimmung) – diesen dann auch gelten lässt. Man kann Kommunikation durch das Placebo der Anerkennung des Anderen ersetzen. Aber man muss die Andersheit des Anderen klar sehen und akzeptieren. Der Fehler ist, dass man für ein gemeinsames Zusammenleben Gemeinsamkeiten sucht. Erkenntnistheoretisch ist das anders. Kultur kann sich nur in ständiger Auseinandersetzung mit anderen Kulturen erhalten (Wallner, 1999Sa).

Kunst

Für HEGEL waren Kunst, Religion und Philosophie die drei Wahrheiten. Kunst war früher die einzige Möglichkeit um zu zeigen, dass man die Realität braucht (Wallner, 1998Sa).

Lebenswelt

Lebenswelt ist umfassender als Realität. Die menschliche Lebenswelt ist die Bedingung für die Wahrheitsfindung der Wissenschaft. Die Lebenswelt ist ein soziales Konstrukt, eine Funktion der Kulturgeschichte und anderer Einflüsse. Von dort her wird Sinn und Absicht gemessen. Was *funktioniert* sind technische Zusammenhänge (Wallner, 1998Sb).

- Es gibt unterschiedliche Lebenswelten: Die Lebenswelt des Chinesen im 2. Jahrtausend ist anders als unsere.
- Lebenswelten bestehen aus Überzeugungen und Regeln, z. B. dem Glauben der Großmutter an bestimmte Heilmethoden.
- Lebenswelten erleichtern den Entscheidungsdruck.
- Lebenswelten verbindet eine kulturelle Einheit. Was Menschen in einer Gesellschaft verbindet ist Lebenswelt.
- Lebenswelten sind – im Unterschied zur Wissenschaft – keine willkürlich erfundenen Welten, sondern wurden im Laufe einer Kulturentwicklung konstruiert (Wallner, 1996W).

Lebenswelt und Wirklichkeit sind voneinander zu trennen, das heißt aber nicht, dass sie nichts miteinander zu tun haben. Eine Lebenswelt, die reflektiert ist, ist keine Lebenswelt mehr. Lebenswelt ist eine solche, die nicht reflektiert wird (Wallner, 1997S).

Konstrukte werden für die Bedürfnisse des Lebens geschaffen. Konstrukte werden verwendet, um Handlungen und deren Konsequenzen zu verstehen (Wallner, 1998Wb).

Lebenswelt ist die Summe aller Regeln und Vorstellungen, die das soziale und biologische Überleben ermöglichen. Sie ist ein wichtiger Bestandteil für den Menschen: Sie steht am Rand der Realität. Wir versuchen uns ihr phänomenologisch zu nähern, aber nicht im Sinne HUSSERLs, sonder im Sinne SCHÜTZ (Wallner, 1998Wd).

Lebenswelt ist jener Ort, an dem Konstrukte der Weltdarstellung erschaffen werden – gedrängt von den Bedürfnissen des Lebens (Wallner, 1998Wd).

Die Lebenswelt macht uns die Welt vertraut. Die Lebenswelt ist die Welt, ist das wichtigste für den Menschen. Wenn es dort stimmt, ist alles in Ordnung. Die Lebenswelt ist alles, was man ihm Rahmen einer bestimmten Kultur aus den gegebenen Möglichkeiten gemacht hat (Wallner, 2000W).

Eine physikalisierte Lebenswelt wäre, wenn man die Welt nur noch als Konglomerat von Atomen betrachten würde (Wallner, 2000W).

Eine ideologisierte Lebenswelt war z. B. der Versuch der Arbeiterbewegung im 19. Jahrhundert, die Welt des Arbeiters zur Lebenswelt zu machen; oder der

58

Versuch des Nationalsozialismus, die Menschen nach Über- und Untermenschen einzuteilen (Wallner, 2000W).

Lebensweltliche Behandlungen bedeuten, einen Menschen zurückzunehmen aus einer Entfremdung in das Gehäuse einer Kultur. Lebensweltliche Behandlung bedeutet die Einbindung in eine Gemeinschaft zu verstärken (bei Magendurchbruch wird das wahrscheinlich nicht wirken). Die Lebenswelt ist das Angebot einer Kultur, die wir als Kind mitlernen, aber andererseits hat der Mensch immer die Versuchung, aus dieser Welt auszubrechen. Vom Standpunkt der Lebenswelt bedeutet Kranksein eine Entfremdung von der Lebenswelt (Wallner, 2000W).

Die Lebenswelt ist der *unmittelbare* Vollzug von Regeln, die zu einem kulturellen Kontext gehören. Die Lebenswelt ist eine *unreflektierte* Welt. Wer nur die Lebenswelt hat, ist vielleicht glücklich, aber man kann das Gefühl haben, dass diesem Menschen etwas zu seinem Menschsein fehlt (Wallner, 2000W).

Die Lebenswelt scheint aus dem Horizont der Wissenschaft etwas Naives zu sein, etwa so, wie man bei Verkühlung zu einem Hausmittel greift. Der Arzt beruft sich auf die wissenschaftliche Forschung, die Großmutter mit dem Hausmittel auf die Tradition (Wallner, 2000W).

„Da die Deutung einer Wissenschaft nicht selbst wieder aus der Wissenschaft erfolgen kann, kommen wir als erstes auf die Lebenswelt zu sprechen. Eine spezielle formale Sprache in einer Fachdisziplin kann man nicht aus sich selbst deuten, sondern im Hinblick auf die Lebenswelt. Die Lebenswelt ist der Gesamterklärungszusammenhang der Welt in einer Kultur, und sie ist der Horizont, hinsichtlich dessen wissenschaftliche Resultate gedeutet werden. Lässt sich ein wissenschaftliches Resultat in eine Lebenswelt deuten, dann ist es Wissenschaft (siehe Möser, in Druck). Solange sich ein wissenschaftliches Resultat in einer Lebenswelt nicht deuten lässt, ist es Technologie. Technologien muss man nicht deuten, genau so wenig wie Kochrezepte. Die Vereinheitlichung von Handlung und Deutung geschieht also in der Lebenswelt. In der Lebenswelt kommt es dazu, dass ein wissenschaftliches Konstrukt in den Handlungshorizont der jeweiligen Menschen eingebracht wird. Dadurch wird der Handlungshorizont auch erweitert oder zumindest verändert (siehe Wallner, 1995). Die Deutung kann keine Rückführung auf die Ursprünglichkeit – also die Einheit von Denken und Handeln – vor dem konstruktiven Handeln anbieten. Das Deutungsverfahren muss so vor sich gehen, dass es die Veränderungen der Lebenswelt durch ein wissenschaftliches Konstrukt sichtbar macht." (Wallner, 2002a, S. 138)

Leib-Seele-Problem

Das ist inzwischen als Scheinproblem erwiesen: Die Gegenüberstellung ist eine falsche: Es gibt auch falsche Konstrukte, Metakonstrukte, die einen falschen kategorialen Rahmen haben (Wallner, 1999Sb).

Gibt es Argumente dafür, dass das Leib-Seele-Problem prinzipiell nicht gelöst werden kann? Wallner vermutet, dass es sich um ein Scheinproblem handelt, was man aber immer nur an der konkreten Argumentation aufzeigen kann. Er vergleicht das mit CARNAP's „Fremdpsychischem". Theoretisch könnten hier unter den Studierenden drei Automaten sitzen, aber das ist unwahrscheinlich. Aber wenn man überhaupt vom „Fremdpsychischem" spricht, dann macht man einen Fehler, weil man dadurch das Psychische zu einem Objekt macht, wo es sich jedoch (nur) um einen Bezug handelt (Wallner, 2005Wa).

Logik

Reine Logik: So lange man sie nicht anwenden muss, ist die reine Logik eine feine Sache (Wallner, 2000S).

Der Wiener Kreis forderte die „Logische Prüfung", aber das ist eine naive Auffassung von Wissenschaft. Die logische Analyse bringt nicht viel, denn meist wissen die Wissenschaftler selbst sehr gut, was sie tun. Manche Fehler werden auch beibehalten. MACH, LEIBNITZ sahen schon, was an der NEWTON'schen Lehre nicht stimmt, aber strukturelle Prüfung bedeutet: Man kann demokratisch darüber diskutieren, ob eine Gesellschaft gewillt ist, gewisse Strukturen zuzulassen (Wallner, 2001W).

In der Wissenschaft geht es nicht immer logisch zu. NEWTON nahm an, dass die Schwerkraft zwischen Sonne und Erde instantan überwunden wird. Physikalisch war das ein Unsinn – LEIBNITZ und MACH wiesen wiederholt darauf hin; aber man nahm es hin, weil man keine bessere Theorie hatte und das NEWTON'sche Modell hervorragende Ergebnisse lieferte (Wallner, 2003W).

Wir müssen ein Verfahren entwickeln, bei dem man die Voraussetzungsstruktur sichtbar macht. Das ist mehr als nur die logischen Strukturen zu analysieren. Wenn nur die logische Struktur untersucht wird, dann kann man z. B. sagen: Schauschau, ein logischer Fehler! Die Annahme, dass sich die Gravitation zwischen den Gestirnen ohne Zeitdifferenz auswirkt („Instantane Gravitation") war ein logischer Fehler, der sich 200 Jahre in der Physik hielt. Schon LEIBNITZ und später Ernst MACH wiesen auf diesen Fehler hin – aber er hielt sich dennoch 200 Jahre, weil man nicht wusste, wie man damit umgehen soll – führte aber andererseits zur Entwicklung der Relativitätstheorie (Wallner, 2005Wb).

„'Nicht nur muss ein Satz der Logik durch keine mögliche Erfahrung widerlegt werden können, sondern er darf auch nicht durch eine solche bestätigt werden können' (TLP 6.1222)." (Wittgenstein Traktat, nach Wallner 2008, S. 28)

„Denn unlogisch denkt man – nach dem Konzept des Traktats – nicht infolge eines Verstoßes gegen ein ewig gültiges Denkgesetz, sondern weil man sich wegen mangelhafter Formalisierung von der Sprache anführen ließ." (Wallner, 2008, S. 29)

„Denn ein unabdingbares Kriterium des Letzteren [des sinnvollen Satzes, der Sachverhalte abbildet, die Welt beschreibt; Anm. d. Verf.] ist, dass er wahr oder falsch sein kann bzw. sein muss, dass er sich also durch die Erfahrung widerlegen lassen muss bzw. bestätigen lassen kann." (Wallner, 2008, S. 31)

Materialismus

Man rettet sich in den Materialismus, um wissenschaftlicher zu erscheinen und um nicht in den Dualismus zu verfallen (Wallner, 1998Sb).

Der eliminative Materialismus bestreitet den Geist (Wallner, 1998Sb).

Bewusstsein ist eine emergente Eigenschaft des Gehirns. Dass es etwas Geistiges gibt ist nicht davon unabhängig, dass es etwas Materielles gibt. Die Tradition, dass etwas Physisches nicht geistig sein kann, ist falsch (Wallner, 1998Sb).

Wenn man das Leib-Seele-Problem nicht so stellt, wie ist es wirklich? Diese Frage ist falsch gestellt, sie ist unbeantwortbar. Die Wirklichkeit ist nicht beschreibbar. Die Wirklichkeit erzeugt Konstrukte, die Kontakt zur Wirklichkeit haben (Wallner, 1998Sb).

Mathematik

Mathematik, Logik waren keine Wissenschaften im vollwertigen Sinn. WITTGENSTEIN sagte: *Logische Sätze sind sinnlos.* Er meinte: sinn-leer, sie sagen nichts. Mathematik kann nicht platonisch verstanden werden, sie stellt nicht Urtypen des menschlichen Denkens dar, sie stellt nicht allgemeinste Ideen in formaler Sprache dar. Der Wiener Kreis merkte auch schon, dass Mathematik auch etwas Konstruierendes ist. Ausgesprochen hat das dann BROUWER (ein Mathematiker): *Mathematische Sätze sind Konstruktionen des menschlichen Geistes.* Das löste vor 60 Jahren großen Widerstand aus. Er nannte seine Richtung „Intuitionismus": *Mathematische Gegenstände und Methoden sind willkürliche Erfindungen.* Die Folge für die Zeit nach 1930 war, dass alle Wissenschaften, die sich der Mathematik bedienen, konstruierend sind. Der mathematische Denkweg ist ein systematisch, aus einer Vielzahl von Denkwegen Ausgewählter (Wallner, 1999Wb).

„Brouwer war ein niederländischer Mathematiker und Logiker, welchem man den konstruktivistischen Ansatz nicht gleich zuordnen würde. Er vertrat die These, dass die mathematischen Sätze Konstruktionen des menschlichen Geistes sind. Er selbst nannte seine Auffassung ‚Intuitionismus'. Dies ist insofern eine konstruktivistische Auffassung, weil mathematische Gegenstände, also beispielsweise mathematische Symbole oder mathematische Methoden, als willkürliche Erfindungen gelten. Die Mathematik hat demnach nichts, was von sich aus Ewigkeitsanspruch hat, und das ist ein revolutionärer Gedanke." (Wallner, 2002a, S. 170)

Materie

„‚In unserer Denkweise ist Materie aber nichts als die Möglichkeit der empirischen Entscheidung von Alternativen. Hier ist ein sie entscheidendes Subjekt vorausgesetzt' (Weizsäcker 1971, 365)[10]" (Wallner, 2008, S. 323).

Metaphysik

Ich habe eine Aggression gegen Metaphysik, denn das ist ein Betrug am Leser. Der metaphysische Traum von der total gleichen Gesellschaft hat zu Katastrophen geführt[11]. In manchen Kontexten ist die Metaphysik notwendig, sie ist eine großartige Verfremdungsinstanz. Sie gibt einen Fingerzeig, wie wissenschaftliche Aussagesystem interpretiert werden müssen, um sie verständlich zu machen. Der übliche Metaphysiker dieses Jahrhunderts schreibt Bücher, die den Leuten die Hoffnung geben, durch die Strukturen, die sie anbieten, Einsicht in die Struktur der Welt zu geben. Das ist Quatsch, aber man kann das benutzen, um die Dinge einmal anders zu sehen. „Alles ist Geist" ist eine metaphysische Aussage, die Unsinn ist (Wallner, 1998Sc).

Die Metaphysik ist noch gefährlicher (als die Idee vom „absoluten Geist"). Es orientiert sich niemand mehr daran, aber die Strukturen des Denkens sind noch immer so. Die Referenz auf den Geist wird durch die Demokratie ersetzt: Missbrauch der Demokratie durch Verzicht auf Argumente, stattdessen wird abgestimmt (Wallner, 1998Sb).

Die Metaphysik bedient sich bestimmter wissenschaftlicher Erkenntnisse um damit bestimmte Erkenntnisse zu begründen, aber Erkenntnis ist nicht begründbar (Wallner, 1999Wa).

„Die Ontologie des Konstruktiven Realismus ist keine Ontologie im Sinne einer Metaphysik. Das wäre ein fundamentales Missverständnis. Eine Metaphysik beansprucht, Einsichten in die Struktur der Welt zu vermitteln. Wir beanspruchen das

---

10   Gemeint ist hier Weizsäcker, C. F. v.: Die Einheit der Natur. München: Hanser 1971.
11   Carnap war gläubiger Marxist, ein gläubiger Metaphysiker (Wallner, 1998c).

nicht, weil es solche Einsichten nicht gibt. Was wir aber beanspruchen, sind Einsichten in das Funktionieren der Wissenschaften." (Wallner, 2002a, S. 209)

"Contrary to the declared position of most of the Vienna Circle's members, however, Constructive Realism does not struggle against metaphysics. I appreciated very much the example of Erwin SCHRÖDINGER because it has wonderfully shown in which degree a scientist is influenced by his metaphysical background. Checking the background of scientific doing one is getting a lot of impressions about metaphysical world concepts, metaphysical concepts of knowledge etc. If we lay aside our apprehension to touch metaphysics, science can even be pushed forward by it. In fact we should have many metaphysics. They are offering unusual perspectives and this is exactly what science needs to progress. The real use of metaphysics is that they make excellent sparring partners for what we call strangification (see below)." (Wallner, o. J., Internetquelle)

„Wer aber von der Sinnhaftigkeit solcher klassischen Welt- Entdeckungs-Intentionen fest überzeugt ist, der wird garantiert weiterhin damit rechnen, dass ein »busy working hard scientist« a la Welt-Formel- Forscher HAWKING doch noch irgendwann den ontologischen Quantensprung aus seiner konstruierten Erfahrungs-Welt heraus in die metaphysische Seins-Welt hinein schaffen kann. Mit konstruktivistischer Argumentation lässt sich aber nicht nur die prinzipielle Problematik traditionell-ontologischen Denkens belegen, mit ihr lässt sich darüberhinaus auch zeigen, dass dieses alte Fundamental-Paradigma ganz und gar unbrauchbar und unnütz, unnötig und überflüssig ist. Wir können auf das Postulat einer »vorgegebenen«, »vorstrukturierten«, »beobachterunabhängigen« und »außerhalb-liegenden« metaphysischen Seins-Welt durchaus verzichten, denn es reicht vollkommen, wenn wir unsere Erfahrungs-Welt soweit funktional organisieren und viabel konstruieren, um im Umgang mit unseren Erfahrungen einigermaßen erfolgreich sein zu können im Bezug auf unsere selbstgesetzten Ziele und Zwecke. Übrigens muss jede »Seins-Welt« stets als Produkt von »Erfahrungs-Welt« aufgefaßt werden — also: Erfahrung als Ursache und Welt als Folge, nicht umgekehrt. Schließlich ist das, was wir gewöhnlich als die »Wirklichkeit«, die »Realität« oder eben die »Welt« bezeichnen, »der Bereich der relativ dauerhaften perzeptuellen und begrifflichen Strukturen, die wir im Strom unserer alltäglichen Erfahrung herstellen, benutzen und aufrechterhalten können.« (30) Diese Überlegungen findet man detailliert ausgearbeitet z.B. hei Ernst von GLASERSFELD, der sich wiederum vor allem auf Jean PIAGETs Konzept einer »genetischen Erkenntnistheorie« bezieht.

Es darf also die Sinnhaftigkeit am Festhalten traditionell-ontologischer Intentionen oder Desiderate in Frage gestellt werden, wenn erkannt wurde, dass der ontologische Quantensprung in die metaphysische Seins-Welt nicht nur nicht annäherungsweise (»asymptotisch-approximativ«) gelingen kann, sondern auch als Ideal ganz und gar überflüssig ist." (Wallner & Greiner, 2003, S. 77f)

Methode

Gewissen Methoden sind dem Gegenstand nicht angemessen. Die mathematische Methode passt für die grobkörnige Psychologie. Analogien sind methodologische Notlösungen, Substitute, in Ermangelung besserer Methoden (Wallner, 1998Sb).

Als MITTENECKER Professor und PAWLIK und FISCHER noch Assistenten waren, gab es große Erwartungen an die Psychomathematik. Das war eine methodische Verhexung: Sie ist eine Methode, die der Aufgabe nicht angemessen ist; aber man hat das nicht durchschaut (Wallner, 1998Sc).

DUHEM hat durchschaut, dass wissenschaftliche Satzsysteme keine Beschreibung der Natur sind, sondern Anweisungen was zu tun ist. Wenn sie Handlungsanweisungscharakter haben (wie Kochrezepte), so sind Sätze, die Analogien verwenden, wesentlich schlechter auf der funktionalistischen Ebene. (Wissenschaft ist das Herstellen von Konstrukten, die in jenen Eigenschaften funktionieren, die man ihnen zusagt.) Auf höherer Ebene hat die Analogie keinen Erkenntnisanspruch, sondern nur einen technischen Anspruch (Wallner, 1998Sc).

„Der Raum ist nicht Euklidisch" – das ist eine methodologische, keine ontologische Aussage. POPPER hingegen glaubte, die Wissenschaft beschreibe die Wirklichkeit nur ungenau, aber mit der Zeit würde es immer genauer werden. (Beispiel mit dem Pfahl, der endlich doch einmal auf festen Boden kommt) (Wallner, 1998Sb).

Ich wollte etwas studieren, was sicher ist: Physik, denn das ist methodologisch klar. Die Botanik dagegen hat ja ihre Gegenstände vor sich. Das KANT'sche „Ding an Sich" ist ein ontologisches Argument, während meines ein epistemologisches Argument (die Klarheit der Methode) ist (Wallner, 1998Sb).

Alle Wissenschaftler lassen immer einige Fragen unberührt, nämlich jene, die der Methode zugrunde liegen (Wallner, 1998Wb).

Paul FEYERABEND: Die Auswahl, was Wissenschaft ist, ist wie im Alltagsleben. Es werden dabei irreversible Entscheidungen getroffen: Wenn ich mich entscheide, in einem anderen Land zu leben, kann ich nicht gleichzeitig schauen, welche Erfahrungen ich machen würde, wenn ich im Land geblieben wäre. Wenn man bei wissenschaftlichen Theorien sagt, die beste setzt sich durch, könnte man das mit einem Pferderennen vergleichen: Kein System kann voraussagen, welches Pferd gewinnen wird. Aber noch gravierender: Wenn man einem Pferd gar keine Chance gibt, zu gewinnen, und es nicht füttert, dann erreicht es überhaupt nicht das Ziel. Vielleicht wäre es aber das Beste gewesen. Man kann Wissenschaft als Erkenntnispolizei verwenden (was wahr und was falsch ist) oder als Forschungsinstrument. In diesem Fall sollten daher die Bürger entscheiden, was geforscht werden soll. Der einzige Grundsatz, der die Entwicklung nicht behindert, ist: *Anything goes* (Wallner, 1998Wb – Referat Gabriele Zeiler).

„Es stellt sich hier jedoch die Frage nach den Methoden. Wie aus der Geschichte der Wissenschaftstheorie ersichtlich, kann man verschiedene Methoden anwenden. Man kann eine spekulative Methode verwenden. Spekulativ würde man eine Methode bezeichnen, die sich nicht an der gegebenen Welt orientiert, sondern die diese aus einer besonderen Einsicht heraus beurteilt. Weiteres sind die transzendentale Methode, mittels der man alles auf die Grundlagen der Erkenntnis bezieht, oder die phänomenologische Methode, die alles auf die unmittelbare Einsicht bezieht, zu nennen. Wir haben hier also eine ganze Palette von Methoden, aber nach welchem Prinzip oder nach welchen Kriterien wählt man eine aus?

Um das Ganze nun zu fixieren und zu komprimieren, könnte man sagen, dass der naive Standpunkt den Fehler hat, dass er Wissenschaft mit Reflexion über die Wissenschaft verwechselt. Er grenzt die Selbstreflexion der Wissenschaft gegenüber der wissenschaftlichen Tätigkeit nicht genügend ab. Der naive Standpunkt meint, die Wissenschaft, die Theorie und die Reflexion über die Wissenschaft seien identisch. Der elaborierte, aber ebenfalls falsche Standpunkt ist nun der, dass wir auf der Metaebene zwar über die Wissenschaft reden können – so wie wir auch über die Sprache auf der Metaebene reden -, aber wenn wir das tun, so müssen wir antworten und einwenden, dass wir schließlich Methoden auszuwählen haben. Welche Methoden wir wählen sollen, bleibt unklar." (Wallner, 2002a, S. 57)

Mikrowelt

„Um die oben genannte Differenz von Mikrowelt und Lebenswelt und die Frage, was denn nun die „wirkliche" Welt sei, zu umgehen, haben sich sehr viele, auch bedeutende Physiker stillschweigend darauf geeinigt, das, was wir die Mikrowelten nennen, als „wahre" Welten oder als Wahrheiten zu bezeichnen. Wir sehen von dem Begriff der Wahrheit in Hinblick auf physikalische Konstruktionen schon deshalb ab, weil dadurch der Begriff der Wahrheit in einer unzulässigen Weise relativiert würde, ist es doch eben möglich, von ganz verschiedenen Mikrowelten auszugehen und zu den gleichen Handlungskonsequenzen in der Lebenswelt zu gelangen." (Wallner und Pietschmann, 1995, S. 28)

„Unter Mikrowelt versteht der Konstruktive Realismus frei erfundene, in sich widerspruchsfreie Satzsysteme, deren Aufgabe es ist, die wissenschaftlichen Daten in je spezifischer Weise zu strukturieren." (Wallner und Pietschmann, 1995, S. 25)

Sobald wir etwas Natürliches durch die Mikrowelt ersetzen (z. B. die Welt der Gravitation und der Fallgesetze), verliert es seine Natürlichkeit. Mikrowelten *ersetzen* einige Aspekte der Natur. Modelle bilden nicht etwas ab, Mikrowelten haben keine Beziehung zur Wirklichkeit, die man Beschreibung nennen könnte, sondern sie *ersetzen* die Welt. Die Naturwissenschaft ersetzt daher die Natur durch Kultur (Wallner, 1996W).

Mikrowelten sind Welten mit wenigen Eigenschaften im Vergleich zur gegebenen Welt. Die NEWTON'sche Mechanik ist so eine Mikrowelt. Diese Mikrowelt kann nicht beanspruchen, alles zu erklären, was Bewegung bedeutet (z. B. den „Prager Fenstersturz"). NEWTON musste irrationale Zugeständnisse machen: Die Anziehung zwischen den Planeten dachte er sich instantan – das hatte ihm schon LEIBNITZ vorgeworfen: Eine Wirkung ohne Zeitdifferenz (Wallner, 1998Sb).

Die Relativitätstheorie verzichtet auf die Gravitation, ersetzt NEWTON'sche Mikrowelt durch eine andere. Diese ist *nicht wahrer*, sondern *geeigneter*. Sie hat ebenfalls etwas Willkürliches: Die Konstanz der Lichtgeschwindigkeit (Wallner, 1998Sb).

Die Mikrowelt hat dieselbe Struktur wie technische Konstrukte: Sie beschreibt nicht, sondern ersetzt. Die Weltraumfahrt wäre unmöglich zu berechnen, wenn man alle Bewegungen in die Berechnungen einbezöge (Drei- und Mehrkörperproblem) (Wallner, 1998Sb).

Das PTOLEMÄISCHE Weltbild ist heute auch nicht mehr gefragt, hatte aber den Vorteil, dass es geometrisch-anschaulich ist. Es wurde nicht widerlegt. Wo ist da der Wahrheitsanspruch? Die Mikrowelt des KOPERNIKANISCHEN Weltbildes funktioniert nicht wie die gegebene Welt, sondern ist für gewissen Zwecke einfach geeigneter (Wallner, 1998Sb).

Relativisten sagen: Wir brauchen keinen Wahrheitsanspruch. Durch die Mikrowelten lernen wir nichts über die Welt. Alle Verbindungen zur Welt sind spekulativ und nicht argumentierbar (Wallner, 1998Sb).

Mikrowelt ist, was Wissenschaftler an funktionierenden Konstrukten vorlegen. Ein Weltkonstrukt, das nur wenige Eigenschaften hat (z. B. die Botanik, die NEWTON'sche Mechanik, etc.). Die wissenschaftlichen Konstrukte sind willkürlich erfunden (das sah auch schon EINSTEIN). Interessanter Weise funktionieren die Konstrukte (Wallner, 1998Sb).

Ideologien machen oft Konstruktionen, die von woanders hergeleitet sind. Auch LANGES Hohlwelttheorie ist nichts Originales, sonder hergeleitet aus der bekannten Welt durch Projektion an einer Kugelschale (Wallner, 1998Sb).

Auch die Fallgesetze sind eine Mikrowelt, weil alles auf zwei, drei Gesetze reduziert wird (Wallner, 1998Sa).

Mikrowelten entstehen, wenn man durch Konstruktion Datenmengen auseinanderlegt (Wallner, 1998Wd).

Mikrowelt ist ein frei erfundenes, in sich widerspruchsfreies Satzsystem, das wissenschaftliche Daten in spezifischer Weise strukturiert (Wallner, 1998Wd).

Es ist sehr fruchtbar, vom Alltagsleben auszugehen und zu schauen, was in der Mikrowelt der Wissenschaft alles weggelassen wurde. Mikrowelten sind willkürliche Datenreduktionen. Die Fruchtbarkeit der Mikrowelt kommt nur durch die Datenverarmung zustande. Die Welt der Physik entfernt sich immer mehr von der Lebenswelt. Empirie ist Mikrowelt, nicht Alltag (Wallner, 1999Sa).

„Wir sagen lediglich, dass Datensysteme nicht mit der gegebenen Welt (Wirklichkeit) identifiziert werden dürfen. Datensysteme sind künstliche Welten, Teile der Realität. Wir nennen solche Welten ‚Mikrowelten'. Dieser Terminus hat übrigens nichts mit Mikro- und Makro-Kosmos zu tun. Mikrowelt bezeichnet ein Datensystem, das durch ein wissenschaftliches Satzsystem beschrieben wird. Eine solche Mikrowelt ist zum Beispiel die Welt der fallenden Dinge, die Welt der Bewegung nach NEWTON (siehe Newton, 1988/1723). Die Welt der Bewegung nach ARISTOTELES ist eine andere Mikrowelt. Die Vorstellung der Mikrowelten braucht man, um verschiedene wissenschaftliche Konzeptualisierungen vergleichen zu können. Es geht hier vor allem um eine saubere Sprachregelung im Hinblick auf die Wissenschaft." (Wallner, 2002a, S. 203f)

„Eine Mikrowelt ist eine strukturierte Menge von Daten, die bestimmte Eigenschaften aufweist – Eigenschaften, wie auch die Welt Eigenschaften hat. Im Unterschied zur Welt hat diese Mikrowelt eine eingeschränkte Anzahl von Eigenschaften, deshalb nennen wir sie Mikrowelt. Mikrowelten sind künstliche Weltgebilde mit einigen wenigen Eigenschaften. Diese können beispielsweise anschaulich oder rein formal sein. Wenn man sagt, dass eine Mikrowelt die Eigenschaft der Raumkrümmung hat, dann ist das eine formale Eigenschaft, die man nur formal vermitteln, formal diskutieren kann. Eine andere Mikrowelt, etwa eine in der Botanik, kann ihren Bereich in sehr anschaulicher Weise herstellen, zum Beispiel durch eine Abbildung." (Wallner, 2002a, S. 212)

„Mechanik NEWTONs (siehe Newton, 1988/1723). Diese Mechanik ist eine Mikrowelt, die Informationen einarbeitet, die mit den Bewegungen auf der Erde und mit den Bewegungen der Gestirne zu tun haben, die also sehr viel von der gegebenen Welt ersetzen, aber nach bestimmten Prinzipien. Die Mechanik NEWTONs funktioniert, weil sie von der Annahme der Gravitation ausgeht. Die Gravitation jedoch ist eine Erfindung. Die Gravitation gibt es nicht. Sie ist eine Erfindung, die dazu dient, Zusammenhänge zwischen Bewegungen herzustellen. Dass die Gravitation eine Erfindung ist, kann man aus der Allgemeinen Relativitätstheorie leicht ersehen, denn dort kann man Bewegungen erklären, ohne Gravitation vorauszusetzen." (Wallner, 2002a, S. 212f)

„Raum und Zeit sind insofern Erfindungen, als wir sie auf die gegebene, auf die wirkliche Welt anwenden. Natürlich hat im Alltag ein Objekt eine bestimmte Distanz von mir, die unserer räumlichen Strukturierung des Raumes entspricht. Wir müssen uns jedoch klar darüber sein, dass das Strukturierungen sind, die nicht vom Ding selbst herkommen und dass der Raum nicht diese Eigenschaften hat. Mikrowelten sind technische Entitäten." (Wallner, 2002a, S. 213)

„Das hier zugrunde gelegte Wissenschaftskonzept des Konstruktiven Realismus integriert die Frage der Verantwortlichkeit des Wissenschaftlers in den Forschungsprozess, denn im Unterschied zu traditionellen Auffassungen wird im Konstruktiven Realismus nicht auf eine prinzipiell vorgegebene Wahrheit (und sei es auch nur im normativen Sinn) rekurriert. Vielmehr wird klar gemacht, dass Mikrowelten Erfindungen von Wissenschaftlern bzw. Wissenschaftlergruppen darstellen, weshalb die betreffenden Wissenschaftler für ihr Produkt verantwortlich sind." (Wallner, 2010a, S. 85)

Modelle

Konstruktivistisch ist jedes Modell zulässig, wenn es etwas bringt. Ein Modell kann sich nur soweit bewähren, wie Vorannahmen hineingesteckt wurden (Wallner, 1999Sa).

Moral

Moralität ist vorher da, nachher kommt der intellektuelle Überbau (Wallner, 1998Wd).

Natur

Stillschweigende Voraussetzung ist die Einheit zwischen dem menschlichen Denken und der Natur („strukturelle Affinität"). Man begründet das in der christlichen Tradition so: Die Natur ist von einem vernünftigen Wesen geschaffen, und daher für den Menschen nachvollziehbar. Solche Gedanken findet man noch heute, auch bei WEIZSÄCKER, aber das ist heute nicht mehr haltbar. (Manche wenden sich, sobald sie zur Überzeugung gelangt sind, dass es keine rationale Weltbewegung gibt, der unmittelbaren Weltbegegnung zu – ohne zu wissen, wohin der Zug fährt) (Wallner, 1998Sb).

Natur ist das, was durch das menschliche Handeln nicht in seinem Wesen (Struktur) verändert wird. Verfremdungsvorschlag: Zusammenhänge, die nicht ganz klar sind, in technologischen Zusammenhang stellen und schauen, was dort herauskommt. Was sich der technologischen Einwirkung entzieht, was spontan ist, ist natürlich (Wallner, 1998Wd).

„Natur" ist das vor dem Menschen Vorhandene und dem Menschen Begegnende, aber auch das, was irgendeinmal geschaffen wurde (Wallner, 1998Wa).

Naturalismus

Erlaubter Naturalismus: Ein Denkschema (z. B. das der Biologie) zur Beschreibung einer anderen Situation zu verwenden. Der CR erlaubt das; man muss aber wissen, was man damit tut (Wallner, 1999Sa).

„Mit dieser Unterscheidung kann der Naturalismus vermieden werden. Konstruktionsbegriffe können in der Biologie wie auch in der Sozialwissenschaft benutzt werden, ohne naturalistisch zu sein. Naturalistisch sind wir erst dann, wenn wir meinen, damit hätten wir einen Erkenntnisanspruch geschaffen, hätten gesagt, wie die Welt wirklich ist. Damit wären wir in eine Form des naiven Realismus zurückgefallen. Biokonstruktionisten sind sehr oft naive Realisten und behaupten, dass die Welt wirklich so ist, wie sie mit konstruktionistischen Beschreibungen dargestellt wird." (Wallner, 2002a, S. 163)

„Naturalismus hat unmittelbar nichts mit Biologie, wie das oft fälschlicherweise angenommen wird, zu tun, obwohl biologische Positionen manches Mal naturalistisch sind. Naturalismus bedeutet generell die Herleitung aus dem Gegebenen, seien es die sozialen Gegebenheiten oder die physiologischen Gegebenheiten." (Wallner, 2002a, S. 182f)

Naturwissenschaft

Nach JANICH besteht die Naturwissenschaft aus Anweisungen zum Messen und zum Apparatebau. Wie die Frage aussieht, was für Prämissen eingehen, wird aus den Handlungsanweisungen sichtbar (Wallner, 1999Sa).

„Die naturwissenschaftliche Wahrheit bezieht sich nicht auf die unmittelbar gegebene Welt. Sie strukturiert nicht die Unmittelbarkeit, sondern sie verändert die lebensweltlich interpretierte Welt in einem Zusammenhang, der logisch überblickbar ist. Während die Lebenswelt voller Widersprüche sein kann und oft auch ist, ist die wissenschaftliche Welt eine überblickbare. Die wissenschaftliche Welt ist die lebensweltliche Welt, überblickbar gemacht. Das bedeutet, der Erkenntnisanspruch der Naturwissenschaften richtet sich darauf, die lebensweltliche Welt überblickbar gemacht zu haben (siehe Wallner, 1995)." (Wallner, 2002a, S. 253)

„Es ist ein gewaltiger Irrtum, ernsthaft zu glauben, der gut ausgebildete Naturwissenschaftler würde, wenn er methodisch korrekt vorgeht, die objektive Wirklichkeit entdecken und damit erkenntnisbezogen der naturgesetzlichen Wahrheit schrittweise immer näher kommen. Der übliche ‚Scientific Point of View', der ‚Naturgesetze' als fixe Repräsentationen der ‚einen', ‚einzigen' also homogenen Wirklichkeit versteht, muss vielmehr als ‚naiv-realistisch' interpretiert werden, da er auf dem metaphysischen Fundament einer prinzipiell säkularisierungs-resistenten, also notwendig und wesentlich christlich-theologisch-verwurzelten Ontologie fußt." (Wallner, 2011a, S. 245f)

Neurologie

Die Wissenschaft beschreibt nicht die Natur, sondern reduziert sie auf wenige Eigenschaften und deshalb weiß man, wie es dort funktioniert. Selbst wenn ROTH mit seinen elektrophysiologischen Experimenten Recht hat und man Gefühle auf Elektronenprozesse reduzieren kann, gibt das noch kein Recht darauf, sie mit den Elektronenprozessen zu identifizieren (Wallner, 2005Wa).

Die Begriffe, die wir benützen, entsprechen unserer Lebenswelt. Elektronenprozesse entsprechen nicht unserer Erlebniswelt. Man darf daher nicht einfach elektrophysiologische Prozesse mit Bewusstseinsvorgängen gleichsetzen. Sollte es einmal einen Lebenswelt geben, in der Neuronenprozesse und Erlebnisprozesse ohne Erstaunen gleichgesetzt werden, dann wäre das Problem des Physikalismus gelöst. Wenn ein Chirurg etwas herausschneidet und ihnen das zeigt und sagt: „Das war ihr Schmerz", dann würden sie sagen, der redet metaphorisch, der hat mir nie den Schmerz herausoperiert. Solange wir metaphorisch reden müssen, verstehen wir es nicht, und solange wir es nicht verstehen, können wir es nicht behaupten. Es ist eine Frage des korrekten Ich kann eine Gruppe von Menschen konditionieren, dass sie immer, wenn sie gewisse Neuronenprozesse sehen, sagen: „Ah, Freude!" oder „Ah, Kummer!" Das kann man nur auf der Basis der sprachlichen Möglichkeiten des Menschen. Man könnte eine Sprache entwickeln, wo alles rückwärts ausgesprochen wird, statt „Freude" hieße es dann „Eduerf". Wer das weiß, wüsste, was gemeint ist, andere würden nichts verstehen. So ähnlich ist es mit der Sozialisation der Hirnforscher und Neurowissenschaftler: Um in diesen Kreisen akzeptiert zu werden, muss man geradezu solche Identifizierungen anstreben. Aber auch der Neurowissenschaftler geht heim und hat vielleicht Probleme mit seiner Frau. Er würde dann wohl nicht behaupten, er hätte es jetzt nur mit Neuronenproblemen zu tun. Es ist durchaus möglich, dass es eine Gesellschaft gibt, in der Bewusstseinsprozesse mit Neuronenprozessen identifiziert werden. Die Chinesen identifizieren Gefühle mit Organen. Das westliche Denken macht die strenge Unterscheidung zwischen den physischen und psychischen Prozessen. Diese Unterscheidung ist nicht unbedingt nötig. In der Kyoto-Schule gibt es das Beispiel einer kulturellen Differenz: Die japanische Liebeserklärung geht nicht auf die Subjektivität „Ich liebe dich", sondern „Siehst du wie hell der Mond heute ist?" Der Japaner erlebt die Zuneigung als Veränderung in der Natur. Bei uns würde so jemand zurechtgewiesen werden, wenn er so einen Sprachgebrauch hätte (Wallner, 2005Wa).

Beim Wasser wissen wir, was für ein Sprachspiel wir treiben. Wenn wir sagen würde: „Ich trinke H_2O" so würden die Zuhörer reagieren: „Der redet heute blöd daher!" Warum? Weil das Sprachspiel des Chemikers in der Alltagssituation nicht angemessen ist. Manche sagen: „Der Hund ist treu." Der ist zweifellos *nicht* treu, sondern folgt einem bestimmten Instinkt. Hier wird ein Sprachspiel, das für den Menschen gemacht ist, auf das Tier übertragen. So kann man es natürlich auch bei den Neuronen und den Erlebnissen machen, aber man muss sich im Klaren darüber sein, dass das nur eine Übertragung ist, die nicht identifiziert; dass das nicht das gleiche ist; die wir nur machen, um uns verständlich zu machen; dass wir beim Hundebeispiel darauf verzichten, nachzuforschen, was wir beim Hund als „treu" beschreiben. Was da wirklich mit dem Hund geschieht, ist unromantisch. Das eine Sprachspiel leistet was anderes wie das andere, man kann es trotzdem nicht identifizieren (Wallner, 2005Wa).

Wallner bringt sein Hundebeispiel: Er wird in Kolumbien von Hunden bedroht. Zuerst versucht er zu flüchten, entschließt sich aber dann weiterzugehen und auch zu bellen. WITTGENSTEIN würde sagen: „Wenn der lacht, wissen wir, dass er sich freut (unter normalen Umständen). Es gibt keinen guten Grund daran zu zweifeln." Ist dies für den Physikalismus eine geeignete Konzeptualisierung, um mit Problemen der Neurowissenschaft umzugehen? Eher nicht, denn er reduziert. Es ist eine Notlösung: Es ist dasselbe, als würde man sagen: „Gebt eine Ruhe, redet nicht von Bewusstsein, *gusch*". Ähnlich hat einmal FEYERABEND gegen die Kopenhagener Deutung der Quantenphysik argumentiert und gemeint, sie sei ein Dogmatismus, die eine Neuentwicklung verhindert; denn da setzt man sich hin und sagt: Jetzt wissen wir, wie das funktioniert, also brauchen wir da nicht mehr zu forschen (Wallner, 2005Wa).

Unsere Wissenssysteme sind darauf konzentriert, physische Phänomene zu erklären. Andere Phänomene können mit diesen Methoden nicht erklärt werden. Aber damit muss man sich abfinden. Daraus den Schluss zu ziehen, andere Phänomene gibt es deshalb nicht, ist eine unberechtigte Schlussfolgerung (Wallner, 2005Wa).

Normativer Anspruch

„Der normative Anspruch Poppers benützt die scharfe Trennung von Sein und Sollen im Positivismus in originell abgewandelter Weise. Während im Wiener Kreis Sollenssätze als der Lebenswelt zugehörig angesehen werden und deshalb als wissenschaftlich nicht erfassbar, aber auch als für die Wissenschaft irrelevant gelten, erlangt bei Popper der zentrale Sollenssatz seiner Wissenschaftstheorie – nämlich die wissenschaftlichen Aussagen falsifizierbar zu machen – eine grundlegende Bedeutung: Er scheidet Wissenschaft von nicht-wissenschaftlichen Bereichen (z. B. Metaphysik)." (Wallner, 2008, S. 356)

Normativität

„Unsere Überlegungen zielen nicht auf das erzieherische Prinzip, die dem Kind abverlangten Verhaltensregulierungen einsichtig zu machen. Dies ist nämlich auch von der Theorie her – die Schwierigkeiten seiner Anwendung besprechen wir hier nicht – nicht unproblematisch: Es setzt einheitliche Vernunft voraus, an der teilzuhaben dem Kind angeboten wird.

Diese problematische Voraussetzung verschwindet oder wird zumindest entschärft, wenn normative Zusammenhänge durch Dialogspiele festgelegt werden. Denn dadurch werden die Bedingtheit der Norm – d.h. ihre Bezogenheit auf die beteiligten Personen und die Situation – sowie ihr Festlegungscharakter einsichtig. Wenn man schon einheitliche Vernunft voraussetzen muss, dann zumindest nicht monolithische." (Wallner, 2008, S. 313)

Objektivität

Man muss sich davor hüten:
1. Zu glauben, dass es in der Wissenschaft objektiv zugeht.
2. Sich einschüchtern zu lassen (Wallner, 1997S).

Es gibt noch immer Leute die glauben, es müsse etwas Objektives geben. Wissenschaft ist jedoch kulturabhängig. Die Analogien der Wissenschaft kommen aus der Lebenswelt (Wallner, 1998Sc).

Ontologie

Ontologie ist ein Vehikel, um Reflexionsprozesse darzustellen (Wallner, 1998Wb).

Bei der Ontologie kann man alles unterbringen; nicht nur die Materie und die Zeit, sondern auch den absoluten Geist (Wallner, 1999Sb).

Ontologisieren

Bei vielen Satzsystemen weiß man nicht mehr, worauf sie sich beziehen (z. B. Quantenphysik). Ontologisieren bedeutet, ein Satzsystem aus seinem Aufforderungscharakter in den Beschreibungscharakter zurückzuführen, die Beziehung zwischen Mikrowelt und Lebenswelt herzustellen (Wallner, 1998Sc).

Der Mensch ontologisiert ständig – muss es auch tun. Aber das menschliche Bedürfnis nach Metaphysik und Ontologie ist kein Argument für die Strukturiertheit der Wirklichkeit. (Aber wir können mit einem Vergleich zu Kreisky sagen: „Ich bin Agnostiker, aber ich lasse mir die Möglichkeit offen, etwas anderes zu erleben.") (Wallner, 1998Sc).

Es kann auf die Ontologie verzichtet werden ohne Folgerungen (Diese Aussage bedeutet nicht: „Die Natur hat eine andere Struktur als das menschliche Denken"). Man verzichtet auf die ontologischen Voraussetzungen, weil man sie weder beantworten kann noch beantworten muss. Die üblichen Philosophien glauben, dass unser Kategoriensystem ein unvermeidliches ist. Aber in anderen Kulturen gibt es ganz andere (Wallner, 1998Sc).

Ontologisches Missverständnis

Der Laie glaubt, dass das, was die Physiker über die Welt sagen, alles ist, was über die Welt zu sagen ist (Fraunlob in Wallner 1999Wb).

Ontologisches Vorverständnis

Wissenschaft verlangt generell ein ontologisches Vorverständnis: Man muss ein Vorverständnis des Objektbereichs haben, sonst kann man kein Experiment planen (Wallner, 1998Sc).

Auch für die wissenschaftliche Reflexion gibt es ontologische Vorannahmen. Wenn man sagt: „Zuerst gab es die Alchemie, dann die Chemie", so vergleicht man das mit dem Satz: „Zuerst ist man ein Kind, dann ein Erwachsener". Das ist methodologisch falsch. Die Wissenschaft entwickelt sich nicht analog zur Biologie. Die Annahme, dass etwas, was früher stattfand, weniger entwickelt sein muss, stimmt nicht in allen Bereichen (Wallner, 1998Sc).

Der kritische Philosoph ist in die europäische Kultur eingemauert. Selbst als kritischer setzt er Dinge als unverzichtbar voraus, z. B. dass es ohne Struktur nicht geht. Andere Kulturen kommen auch ohne Struktur der Wirklichkeit zu einem einheitlichen Weltbild (Wallner, 1998Sc).

Paradigma

Thomas KUHN (1967), einer der Großväter der Epistemologie, versuchte als Chemiker das Vorgehen der Wissenschaft zu standardisieren. Er stellte dar, wie in Chemie und Physik eine Theorie zustande kommt. Was er damals vorschlug, lässt sich so nicht halten. Er wurde von seiner eigenen Schülerin Margaret MASTERMAN zerlegt. Sie konnte zeigen, dass „Paradigma" in 21 Bedeutungen vorkommt: Für die Strenge der Untersuchung ist das nicht geeignet. Das war so abschreckend, dass man sich im Anschluss daran nicht mehr traute, ein Regelwerk vorzuschlagen, das die Wissenschaftstheorie bedient, denn bei einem wissenschaftstheoretischen Werk muss man am Punkt bleiben. MUSGRAVE (ca. 1971), Sammelband „Erkenntnisfortschritt" – das Buch ist köstlich zu lesen. Es gibt eine Diskussion zwischen KUHN und POPPER wieder. (KUHN scheint immer auf POPPER zu schimpfen; in Wahrheit war er der einzige, den er noch ernst nahm). KUHN konnte POPPER nicht überzeugen. POPPER konnte die Kulturabhängigkeit nicht sehen: „Mich interessiert die Kulturabhängigkeit nicht, ich will wissen, woran man einen wissenschaftlichen Satz erkennt!" (Wallner, 1998Wb)

Philosophie

Nach ARISTOTELES kümmert sich die Philosophie um das Allgemeine und das Verhältnis des Allgemeinen zum Besonderen. Die Philosophie ist keine Wissenschaft, besteht aber aus Satzsystemen (Wallner, 1997S).

In der Philosophie gelten alle Aussagensysteme als gleichberechtigt („Liberalitätsprinzip" zum Unterschied zu CARNAP). Es gibt jedoch mindestens ein Aussagensystem, welches bevorzugt ist: Das optimale Aussagensystem. Optimal wofür? Optimal für das, was beabsichtigt ist: Das nennt sich „Normativer Realismus", ist eine Erweiterung des Konstruktiven Realismus. Normen können allerdings leicht zu Ideologien führen (Wallner, 1997S).

Wer eine Philosophie verlangt, die alles klarmacht, missversteht die Philosophie (Wallner, 1998Sb).

Philosophie wird nur als Therapie eingesetzt. In der übrigen Philosophie wird die unanständige Illusion gegeben, dass man von der Wissenschaft näher an die Wirklichkeit herankommt, wenn man sich auf die Philosophie einlässt. Das ist auch der Grund, warum die – übrige – Philosophie so bedeutungslos ist. Was die Philosophie sonst macht, hat schon Sinn, aber nicht den, den sie zu haben glaubt. Tatsächlich aber verfremdet sie (Wallner, 1998Sc).

Philosophie ist immer ein unsinniges Reden. Es ist keine inhaltliche Anweisung, sondern eine Anleitung zum Umgang mit Sprache (Wallner, 1998Se).

Leute wenden sich an die Philosophie, weil sie tiefere Aufschlüsse wollen (Wallner, 1998Wb).

Philosophie ist eine Verfremdung, weil sie sich immer auf Materialien beziehen muss, die sich außerhalb ihrer selbst befinden. Die Philosophie fragt nach den Bedingungen der Möglichkeit (Wallner, 1998Wd).

WITTGENSTEIN: Was die Philosophie für die Wissenschaft tun kann, ist nicht, der Wissenschaft vorzuschreiben, wie sie zu funktionieren hat. Man muss die Wissenschaft wachsen und wuchern lassen. Man kann aber die Wissenschaftler zur Blickwendung veranlassen, um z. B. zu bemerken, dass andere auch etwas leisten (Wallner, 1999Sa).

„Die Philosophie beansprucht seit jeher, die grundlegenden Erkenntnisse, die grundlegenden Einsichten zu geben, also jene Einsichten, die von den *Abstraktionen*, welche die Einzelwissenschaften kennzeichnen, frei sind, die von den bestimmten – für Einzelwissenschaften typischen – *methodischen Beschränkungen* frei sind. Und dieses Versprechen hat die Philosophie bisher nicht richtig eingelöst. Wenn wir auf die Geschichte der Philosophie zurückblicken, so muss man fragen. Wo gibt es denn wirklich eine Einsicht, die frei ist von Abstraktionen, also eine Einsicht, von der man im Nachhinein nicht sagen kann: ‚Aha, auf diesem Hintergrund beruht diese Einsicht!'?" (Wallner, 2008, S. 296)

„Das Ergebnis dieser Überlegungen besteht darin, dass die Philosophie *keine Wissenschaft* ist, dass philosophische Sätze vom Horizont der Wissenschaft durchaus *unsinnige Sätze* sind, dass diese unsinnigen Sätze aber keine andere Funktion haben, als *durch Verfremdung* der normalen oder wissenschaftlichen Sprache *Einsicht* in diese Sprache zu gewähren, und dass eben Philosophie als Therapie heißt: Die Philosophie *normiert nicht*, sondern die Philosophie *greift nur dort ein, wo es Probleme gibt.*" (Wallner, 2008, S. 298f)

„(ad 1) Die *Legitimationsphilosophie* beansprucht, die Wissenschaftlichkeit der Wissenschaft zu erweisen und dadurch Wissenschaft von Nichtwissenschaft abzugrenzen (der Neukantianismus; in gewissem Sinne aber auch CARNAP und seine Schüler). Sie nimmt – implizit – Überwissenschaftlichkeit und Endgültigkeit ihrer Ergebnisse für sich in Anspruch.

(ad 2) Demgegenüber sind die Ansprüche der *hermeneutischen Philosophie* im Hinblick auf die Wissenschaften wesentlich bescheidener. Sie bemüht sich um die Eingliederung der wissenschaftlichen Aktivitäten und Ergebnisse in den Lebenshorizont. D.h., sie bemüht sich um ihre historisch-kulturanthropologische Aufbereitung (HEIDEGGER, GADAMER u.a.).

(ad 3) Eine dritte Vorgangsweise ist diejenige der *Verfremdung.* Wir finden sie beim späten WITTGENSTEIN sowie bei FEYERABEND und RORTY. Sie spielt weder Wissenschaft gegen Unwissenschaftlichkeit noch Lebenshorizont gegen Wissenschaft aus. Vielmehr ordnet sie die wissenschaftlichen Verfahrensweisen in die Vielzahl der Strategien ein, welche uns die Sprache bietet. Aus dieser Sicht scheint es weder möglich, spezifische Strategien angesichts der Logik zu rechtfertigen, noch auch nötig, sie vom Lebenshorizont her zu deuten. Das erstere führte – bestenfalls – zu tautologischen Formulierungen; das letztere zu Verzerrungen und Verfälschungen, die sich aus der Absolutsetzung einer bestimmten Betrachtungsweise ergeben." (Wallner, 2008, S. 310)

„Philosophieren bedeutet hier: *Sich Übersicht verschaffen* über das *Funktionieren der Sprache* in seiner *unvorwegnehmbaren Vielfalt.* Diese Übersicht kann nicht ein für allemal gewonnen werden, sondern nur jeweils für eine bestimmte Situation des Lebens: Der Anspruch von Allgemeingültigkeit kann nicht nur nicht erfüllt werden, sondern er stellt sich gar nicht, da er ein *Übersteigen des Funktionierens der Sprache* erfordern würde. Diese Vorgehensweise hat nicht die Frage-Antwort-Struktur, wie sie KANT für die exakte Naturwissenschaft aufgezeigt hat. Deshalb entsteht hier gar nicht das Problem einer Abgrenzung gegenüber einer sich naturwissenschaftlich verstehenden Psychologie." (Wallner, 2008, S. 359)

„Philosophische Theorien lassen sich nicht empirisch widerlegen." (Wallner, 2008, S. 363)

„Philosophie ist hier als via negativa in einem dreifachen Sinne zu verstehen: *analytisch, destruktiv* und *therapeutisch.* Dies bedeutet im Einzelnen: Es soll die *Voraussetzungsstruktur* wissenschaftlicher Thesen aufgezeigt werden, es sollen *Ideologeme* aufgelöst werden, es sollen *Vorschläge für Alternativen* gemacht werden." (Wallner, 2008, S. 364)

Philosophische Wurzeln abendländischer Wissenschaft: Parmenides von Elea

Von ihm sind nur Fragmente vorhanden (...) daher muss man immer schauen, was er wirklich gedacht hat. PARMENIDES schrieb ein Lehrgedicht, indem ihn eine Göttin erleuchtet und ihn dazu führt, was wirkliches Wissen ist. Dies ist ein Topos: Erleuchtung kann in der Wissenschaft stattfinden, der Wissenschaftler hat höhere Einsicht als der gewöhnliche Mensch. Hätte man die volle Einsicht, dann würde man das nicht aushalten. PARMENIDES wird infolge der Erleuchtung sprachlos (Wallner, 2005Wa).

Nur was gleich bleibt ist Ausdruck des Wissens – „ewige Wahrheit"

Die Einsicht: Alles, was sich verändert, kann nicht Wissen sein; nur was gleich bleibt („ewige Wahrheit") ist Ausdruck des Wissens. Das Gleichbleibende ist Ausdruck der Wissenshaftigkeit des Wissens. Wenn ich heute der Meinung bin, die Kartoffel sind heute zu teuer, kann ich morgen die Meinung haben, sie sind ihren Preis wert. Diese Ideen sind für die Soziologie wegen der Vorurteilsforschung besonders wichtig (Wallner, 2005Wa).

Das Wissen bezieht sich auf das Denken und nicht auf das Wahrnehmen

Das Wahrnehmen ist Veränderungen ausgesetzt, aber das Denken kann die Unveränderlichkeit garantieren. Wie kann das Denken Wissen sein, wenn man die Wahrnehmung ausklammern muss? (Wallner, 2005Wa).

Sein und Denken müssen identisch sein

PARMENIDES bezieht sich auf das Sein – auf das, was ist. „Einai". Das Sein und das Denken müssen identisch sein, denn sonst kann man nicht von Wissen sprechen. Berühmter Satz der Europäischen Wissensphilosophie.

Einai kai noen tauton. „Denken und Sein ist dasselbe". Diese Einsicht geht unter die Haut. Alles, was wir so meinen, ist dann kein Wissen.

Wenn wir den Anspruch der Wissenschaft so radikalisieren, zerstören wir die Wissenschaft. Das ist ein nihilistischer Zug der abendländischen Wissenschaft. Das Nichts wird dabei immer auch als Möglichkeit dargestellt[12].

Es besteht eine Bezugnahme auf die Unveränderlichkeit, auf das Denken und auf das Sein. Das Wissen bezieht sich nicht auf das Handeln. Wissen ist am

---

12 Ein anderer Fehler, den die Sprache unserem Denken nahelegt, ist die Hypostasierung (Verdinglichung) von Zuständen oder Eigenschaften. So wird aus dem Verbum „sein" „das Sein", aus dem Adverb „nichts" (= nicht etwas) „das Nichts", und mit diesen Ausdrücken wird dann wie mit Dingbezeichnungen umgegangen (Reutterer, 1985, Philosophie, S. 13) [Anm. d. Verf.].

Ende ein unerreichbarer Zustand, etwas Unmögliches. Es ist ein nihilistischer Ansatz und führt zur Zerstörung von sich selbst: Zuerst wird so viel an Überlegung hineinstecken, um draufzukommen, was Wissen ist, um letztlich festzustellen, dass es Wissen gibt nicht. Dies ist mit ein Grund, warum abendländische Wissenschaft oft so destruktiv ist (Wallner, 2005Wa).

Physik

PIETSCHMANN sagte: *Physik ist das, was Physiker machen* (Wallner, 1997S).

Die Physik ist nicht die Lehre von der unbelebten Natur, sondern wie der Mensch mit der unbelebten Natur umgeht und sie betrachtet (Wallner, 1999Sb).

Die Theorien um den „Big Bang" sind in anderen Kulturen undenkbar, sind nur infolge des Einflusses des Christentums denkbar, denn die christliche Zeit fängt an und endet auch (Wallner, 1999Sb).

Solange man Physik rein technologisch versteht, hat man kein Problem, aber man hat dann den Erkenntnisanspruch aufgegeben (Wallner, 1999Sb).

In der Physik ist es akzeptiert: Wer sich habilitieren will, muss neben der Relativitätstheorie auch die klassische Physik beherrschen. Man erkennt deren Gleichberechtigung und unterschiedliche Nützlichkeit je nach Fragestellung. Es wird kein Urteil darüber abgegeben, dass die eine wahr und die andere falsch sei (Wallner, 1998Se).

„Deswegen scheint es ein gangbarer Weg zu sein, die Physik nach *Verfahren* und *Ziel* zu bestimmen. Unter diesem Gesichtspunkt hat die Physik keinen vorgegebenen, fest umgrenzten Gegenstand, sondern metaphysikalische (und damit philosophische) Überlegungen bestimmen, was Physik jeweils ist. In diesem Sinn hat die Physik bereits mannigfache Teil-Einheiten, die aber bis in die Gegenwart nie das Gesamtgebiet möglicher physikalischer Forschung umschlossen, durchschritten." (Wallner, 2008, S. 317)

„Die gegenwärtige Situation der Physik (nach WEIZSÄCKER 1971, S. 233ff) ist durch fünf Fundamentaltheorien gekennzeichnet, die zum Teil bereits ausgearbeitet sind, zum Teil einer endgültigen Ausarbeitung noch bedürfen:
1. Eine Theorie der *Raum-Zeit-Struktur*.
2. Eine allgemeine Mechanik.
3. Eine Theorie der möglichen Arten von Objekten (Elementarteilchentheorie).
4. Eine Theorie der *Irreversibilität* (Unumkehrbarkeit von Vorgängen).
5. Eine Kosmologie.
   Die erste, zweite und vierte Theorie liegen in der Relativitätstheorie, der Quantentheorie und der statistischen Thermodynamik in einem einigermaßen zufrieden stellenden Zustand vor. Die dritte und die fünfte Theorie stellen für die Forschung noch große, ungelöste Probleme dar." (Wallner, 2008, S. 317f).

Physikalismus

[„Physikalismus" wird hier nicht im Sinne des Wiener Kreises behandelt. Anm. d. Verf.] Behauptet die Identität von Bewusstseinsvorgängen und Hirnprozessen. Ist jedoch logisch unhaltbar, weil es sich bestenfalls um sprachliche Metaphern handelt Das Sprachinstrument der Metapher wird mit der sprachlichen Identifizierung verwechselt. Die Folge: Wenn man das nicht sieht und sagt, man kann aufgrund der Befunde der Neurowissenschaft diese Identifizierung feststellen, so ist man zu einer Scheinlösung gekommen. Das wäre eine schwere Irreleitung. Metapher ist hier so gemeint: *Er kämpfte wie ein Löwe.* Keiner hat hier ein Problem zu verstehen, dass der Mensch jetzt nicht für eine Stunde lang ein Löwe war. Wenn man sagt: Dieser Neuroprozess *korreliert* mit Angst – damit hat man kein Problem. Wenn man sagt: Dieser Neuroprozess *ist* die Angst – dann hat man ein Problem, nämlich wie man sich dies denken soll. Es ist eigentlich metaphorisch, da es von einem Kontext in einen anderen übergeht. Das Ansprechen von Bewusstseinsprozessen als Neuroprozessen ist ein Kontextwechsel, und aus dem Kontextwechsel eine Identifizierung zu machen ist logisch falsch (Fehler der „Äquivokation" in der Schullogik). Bei der Aussage „Materie ist Energie" – insofern ich das nicht bloß als Weltanschauung betrachte (ontologisch gesehen), sondern wenn ich die Relativitätstheorie kenne, dann weiß ich, was das bedeutet. Es ist ein Kontext, in dem sowohl Materie als auch Energie als Begriff, der ganz klar physikalisch definiert ist, reduziert ist – der Rest ist ein empirisches Problem. Das funktioniert beim Leib-Seele-Problem nicht, denn dort muss man ja zumindest wissen, wie die Neuroprozesse in Bewusstseinsprozesse übergehen. Jeder, der die Relativitätstheorie kennt, weiß was das bedeutet. Keiner von uns weiß, was es bedeutet, wenn jemand sagt: „Angst ist ein Neuronenprozess" (Wallner, 2005Wa).

Felix ANNERL: In der Entwicklung der abendländischen Physik wurden die Standards von Wissenschaft entwickelt. Aber schon beim Ausdruck: „Angst korreliert mit einem physiologischen Prozess" sind diese Grundstandards nicht eingehalten. Wir können Angst nicht so einfach empirisch festlegen, sodass auch die Korrelation sich nicht leicht bilden lässt. Wenn es eine Kausalkorrelation zwischen A und B gibt, sodass für A und B bestimmte Kriterien gelten müssen, dann sind die nur sehr schwer auf so einen Begriff wie „Angst" zu übertragen (wie z. B. intersubjektive Feststellbarkeit, gewisse Objektivität, Messbarkeit). Wallner: Die Situation ist wie bei PLATONs Höhlenbeispiel: Die Gefesselten machen auch solche Identifikationen, aber wir wissen, wie unsinnig die sind. So unsinnig kann es sein, wenn wir die Neuroprozesse mit den Gefühlen identifizieren. ANNERL: Eine Grundbedingung einer kausalen Beziehung ist, dass beide Zustände generische Zustände, das heißt, unabhängig voneinander definiert und feststellbar sind. [ANNERL leicht erregt wegen des Einwandes einer Teilnehmerin, dass die Versuche von ROTH zeigen, wie der neuronale Prozess – am Bildschirm beobachtbar – der Versuchsperson als Angst bewusst wird]: Hier wird jedoch mit dem einen das andere festgestellt, aber genau das soll bei einer kausalen Beziehung nicht der Fall sein. Wie kann man Angst unabhängig von den neuronalen Prozessen feststellen? Herzklopfen? – das ist nicht die Angst. Auch wenn die Versuchsperson sagt: „Ich habe Angst" so ist das genauso, wie wenn man bei einem Gerichtsprozess nicht den Unterschied merkt, wenn der Richter sagt: „Erzählen Sie nicht, was Sie gehört haben, sondern erzählen Sie, was Sie selbst gesehen haben". Für die Versuchsperson sieht das anders aus, da sie ja Zugang zu ihren Gefühlen hat (Wallner, 2005Wa).

Politik

Die politischen Parteien haben weitgehend ihren ideologischen Gehalt verloren und sind Interessensgemeinschaften geworden. Die Leute sind nicht so blöd, wie man immer glaubt; sie spüren zwar, dass was nicht stimmt, aber sie reagieren oft falsch. Wissenschaftliche Systeme sind nicht human oder inhuman per se. Weltanschauungen sind sinnstiftende Konstrukte – nicht Aussagen darüber, wie die Welt ist, sondern Aussagen darüber, wie sie sein sollte. Es gibt keine Methode, um zwischen Weltanschauungen zu vermitteln (vgl. Abtreibungsdebatte: „Der Bauch gehört mir" vs. „Abtreibung ist Mord") (Wallner, 1998Se).

Alles was strukturell falsch läuft, überfordert die Politiker – z. B., soll man etwas wegen des Ozonlochs unternehmen? Politiker sind keine Schwächlinge, sondern ihr Handeln verläuft innerhalb fehlerhafter Strukturen (Wallner, 1998Se).

Oft tritt anstelle der Diskussion die Autorität der Wissenschaft. Oft reicht andererseits die Fachkompetenz nicht aus. Z. B. machte Konrad LORENZ Aussagen über Aggression, die in ihrer Allgemeinheit falsch sind. Das kann zu falschen Handlungsanleitungen für Politiker führen – z. B. mehr Fußballspiele zu veranstalten in der Fehlannahme, dass dort die Zuschauer ihre Aggressionen gefahrlos abreagieren können (Wallner, 1998Wb).

Popper, Karl: Kritischer Rationalismus; Falsifikation

Wissenschaft funktioniert nicht mittels Falsifikation. POPPER meinte, das macht nichts, es geht ums Prinzip, auch wenn es in der Wissenschaft nicht so gemacht wird.

Kritischer Rationalismus: POPPER wurde gefragt, ob man seiner Ansicht nach, den Kritischen Rationalismus auch falsifizieren kann. POPPER hat geantwortet: Das habe ich selbst schon so oft gemacht, das brauchen Sie nicht mehr! (Wallner, 2006Wa).

Bei der Analyse von Gedanken und Gefühlen geht es um Interpretationen. Diese kann man nicht in derselben Weise falsifizieren wie den Satz: „Heute regnet es". Man interpretiert z. B. Phobie als Ausdruck einer sexuellen Desorientierung. Es würden dadurch interessante Entwicklungen aus der Wissenschaft ausgeschlossen, wenn alles verboten wäre, was man nicht falsifizieren kann (Wallner, 2006Wa).

POPPERs Vorstellung ist so: Da haben wir die Welt – da haben wir das Denken. So wie man Pfähle in sumpfigen Grund schlägt bis man auf festen Boden kommt, so arbeitet sich das Denken in die Welt. Das ist aber eine metaphysische Vorstellung, in der man sich die Welt als logisches Konzept vorstellen kann, dem man durch geschickte Aktionen der Fragestellung, des Falsifizierens usw. näher kommen kann (Wallner, 2006Wa).

„Hier wird wohl auch die Zirkelhaftigkeit von Poppers wissenschaftstheoretischem Entwurf klar. Das Kriterium für Wissenschaftlichkeit ist aus einem bestimmten Prototyp von Wissenschaft abstrahiert. Diese – unreflektiert zugrunde gelegte – Spezies von Wissenschaft ist durch Voraussagen gekennzeichnet, die durch Abstraktion aus einem Phänomenbereich (z.B. unbelebte Gegenstände, menschliche Verhaltensweisen, usw.) in die Alternative ‚Ja/Nein' gebracht wurden. Die Entscheidung durch die Erfahrung ist von dem gewählten Abstraktionsmodell mitbestimmt, deshalb kann es auch keine echten Falsifikationen geben. [Hier ist im Original die Fußnote 3 eingefügt: „Nach diesen Überlegungen lässt sich die Abgrenzung der Psychoanalyse als unwissenschaftlich argumentativ nicht mehr durchhalten (es ist damit natürlich auch nicht ihre Wissenschaftlichkeit erwiesen)."]

Der Nachweis der Wissenschaftlichkeit verlangt den Nachweis, dass die dabei verwendete Argumentationsstruktur ‚wissenschaftlich' sei – dieses Unterfangen führt also in den unendlichen Regress. Darin liegt der Grund für das Versagen des Programms von R. CARNAP. Er hat ein Leben lang in einfallsreichen Variationen versucht, die Wissenschaftlichkeit der Wissenschaft zu zeigen, letztlich ohne Erfolg. Popper vermeidet zwar eine Rechtfertigungsphilosophie, bleibt aber in negativer Weise an ihrer Problematik hängen.

Will man sich in dieses Dilemma verbeißen, so lösen sich die Attribute ‚wissenschaftlich' und ‚unwissenschaftlich' in rational unbegründete Wertungen auf. Soll aber das Attribut ‚wissenschaftlich' für methodische Forschung und ihre Ergebnisse nicht bloß als Propagandamittel aufgefasst werden, um öffentliche Förderung zu erhalten, oder als gruppendynamischer Trick, um den Zusammenhalt universitärer Forschung gegenüber außeruniversitärer (eventuell konkurrierender) Forschung zu gewährleisten; bedarf es eines weiteren Kriteriums für diesen Begriff als seiner Bestimmung im Zirkel mit institutionalisierter Wissenschaft." (Wallner, 2008, S. 357)

Positivismus

Anflüge von Positivismus[13] (nicht im Sinne des Wiener Kreises, sondern im Sinne von KUHN) findet man immer dort, wo man unreflektiert eine „Selbstverständlichkeit" übernimmt und annimmt (Wallner, 1998Sc).

Positivisten haben immer geglaubt, dass es ein Ende der Wissenschaft gibt, z. B. ROHRACHER (Wallner, 2006Wa).

Pragmatik

Bei der Pragmatik ist das Handeln wissenschaftsgeleitet. Vorstellungen über die Natur des Objekts sind in das Handeln einbezogen (Wallner, 1998Wc).

Psychoanalyse

CR und Psychoanalyse: Beide haben eine therapeutische Funktion. Sie sind eine Hilfe, einerseits darauf zu verzichten, die Wirklichkeit zu erkennen und andererseits dabei zu helfen, seine Handlungen zu erkennen (Offenlegung von Voraussetzungen, die man implizit macht) (Wallner, 1998Sb).

Adolf GRÜNBAUM: Die Methode der Psychoanalyse. Genial im Missverständnis des Objekts, schrecklich, aber methodisch sauber. Die Ergebnisse sind alle schwachsinnig. Das ist ein Beispiel, wie leicht Philosophie missbräuchlich verwendet werden kann (Wallner, 1998Wc)[14].

---

13 „Comte ist der Begründer des neueren Relativismus und Positivismus (der Ausdruck stammt von ihm), d.h. einer metaphysikfreien, bloß auf Tatsachen der Erfahrung beruhenden, diese systematisch zusammenfassenden Philosophie. »Positiv« bedeutet hier tatsächlich, gewiß, objektiv gegeben. Die Philosophie in ihrem positiven Stadium ist »le système général des conceptions humaines«. Es gibt nämlich drei Stadien in der Entwicklung der Wissenschaft (»lois des trois états«; vgl. schon Turgot, St.-Simon), welche einen Fortschritt vom phantasiemäßigen zum wahrhaft wissenschaftlichen Denken darstellt. Das erste Stadium ist das theologische, in welchem die Naturvorgänge aus übernatürlichen (dämonischen, göttlichen) Willenskräften, also anthropomorphisch, erklärt werden. Im metaphysischen Stadium – das keineswegs noch überwunden ist — treten au die Stelle persönlicher Faktoren unpersönliche, abstrakte, logische Wesenheiten, Prinzipien, Kräfte, Ursachen. In der dritten Periode, der positiven, wird alles Metaphysische eliminiert; man erklärt nicht durch Rückgang auf unbekannte Faktoren (Kräfte, Ursachen), sondern beschreibt die empirisch beobachtbaren Zusammenhänge und Relationen, die Koëxistenzen und Sukzessionen, regelmäßigen, gesetzmäßigen Verbindungen der Phänomene selbst, über die wir nicht hinaus können. (Das einzige Absolute ist nach C., daß es nichts Absolutes gibt.)" (Rudolf Eisler, 1911, Philosophen-Lexikon, S. 102f)

14 Zu GRÜNBAUM siehe auch Wallner, 2008, S. 370.

FREUD hat sich selbst wiederholt widersprochen. Die Psychoanalytiker haben sich zu einer Kirche entwickelt. STROTZKA hat steril den FREUD zelebriert. Er bezog die Psychoanalyse auf die Empirie. Das war eine Geste der Offenheit im Sinne eines Weltanspruches: „So ist es". Aber dadurch ruinierte er die Psychoanalyse, denn diese Ansprüche sind Metaansprüche. Das Theoriengebäude der Psychoanalyse sagt: *Jeder hat eine Seelenstruktur, die er nicht kennt.* Traditionell entdeckt der Psychoanalytiker die Seelenstruktur und der Patient verhält sich nachher anders. Tatsächlich ist es aber so: Die Psychoanalytiker bieten eine verfremdete Struktur für das Patientenverhalten an. z. B. Ein Patient hat das Bedürfnis den Partner immer wieder zu wechseln. Der Psychoanalytiker bringt ihn dazu, einen frühkindlichen Missbrauch, eine Vergewaltigung zu fantasieren. Das hat „in Wirklichkeit" keinen Wahrheitsanspruch. Übernimmt nun der Patient diese verfremdete Struktur, dann kann es ihm helfen. Dabei darf aber die Einsicht in die Methode dem Patienten nicht preisgegeben werden. Die Psychoanalyse ist hochgradig wissenschaftlich im Unterschied zu ROGERS. Die Berufsorganisation muss die Qualitätssicherung vorschreiben. So kann das nicht gehen, dass ein Patient abbrechen will und der Therapeut sagt: „Sehen Sie, dass ist der Widerstand, wir sind auf dem richtigen Weg und sollten weitermachen" (Wallner, 1998Wd).

Es wird jetzt eine weibliche Psychoanalyse entwickelt. Dabei geht es nicht um Frauenfreundlichkeit, sondern um das Nützen aller Ressourcen. Das weibliche Denken ist ganz anders als das männliche (Wallner, 1999Sa).

„Das Schiff ist eine besondere Wissenschaft, in dem Fall nehmen wir die Psychoanalyse, das Meer ist unsere Kultur. Das Schiff Psychoanalyse kann in dieser Kultur untergehen oder kann zumindest den Status der Wissenschaftlichkeit verlieren. Die Psychotherapie hat heute für unser alltägliches Zusammenleben und für die Öffentlichkeit eine so große Bedeutung, dass sie als Institution selbst dann nicht verschwinden würde, wenn man nachweisen würde, dass sie nicht wissenschaftlich ist. Einer der jüngeren Autoren nach Popper, der das besonders nachdrücklich zeigt, ist Adolf Grünbaum (1987). Grünbaum kritisiert an der Psychoanalyse, dass sie für die Empirie nicht unbeschränkt offen ist. Dieses Argument gilt aber nur dann, wenn die Psychoanalyse als Naturwissenschaft verstanden wird. Wenn man den Anspruch der Naturwissenschaftlichkeit stellt, muss man Grünbaum zustimmen. Darum hat Grünbaum in allen Details den Beweis geliefert, dass Freud mit seinem Anspruch auf Naturwissenschaftlichkeit unrecht hatte. Psychoanalyse ist sicherlich keine Naturwissenschaft." (Wallner, 2002a, S. 250)

„Diese Vorgangswiese ist strukturell mit dem hermeneutischen Zirkel zu vergleichen, aber im Unterschied dazu ohne den Anspruch auf eine historische Wahrheit. Im Gegensatz zum hermeneutischen Zirkel kommt die Unterbrechung durch praktische Aktivitäten und Einflüsse zustande. Übertragen auf die Psychoanalyse heißt das, dass der Patient sich zum Beispiel als geheilt betrachtet oder Aktivitäten setzt, die diese zirkuläre Bewegung des Psychotherapeuten als unnötig erscheinen lassen. Die Unterbrechung der zirkulären Aktivität ist durch die Praxis gegeben, anders als beim hermeneutischen Zirkel, der eine endlose Annäherung an eine Form von Einsicht oder Wahrheit ist. Wir dürfen nicht vergessen, dass die Psychotherapie das Ziel verfolgt, das Leben des Klienten zu verbessern, was dazu führt, dass der hermeneutische Zirkel unterbrochen wird, sobald dieses Ziel erreicht ist." (Wallner, 2002a, S. 251f)

Psychologie

„Der wesentliche Unterschied zwischen Physik und Psychologie liegt nicht in dem höheren *Ausmaß an Verschiedenheit der Menschen* (verglichen mit den Objekten der anorganischen Welt), sondern in der *verschiedenen Sprachspielstruktur* der beiden Bereiche. Um es kurz (und auch ein wenig verkürzt) zu sagen: *Menschliche Verhaltensweisen verändern ihre ontologische Struktur, wenn man sie aus dem sprachlichen Kontext herausnimmt.*

Wenn es gelänge, psychologische Aussagen zu je bestimmten Sprachspielen in Beziehung zu setzen, würde sich die Struktur dieser Wissenschaft grundlegend ändern. Die Trennung zwischen *theoretischer* und *angewandter* Psychologie müsste aufgegeben werden. Psychologie verlöre den Status einer ‚reinen' Wissenschaft. Doch damit wäre nur konsequenterweise ein ohnehin bereits obsolet gewordenes Wissenschaftsideal des Abendlandes von seinen Fiktionen befreit und in ein neues Ideal der rationalen Erkenntnishandlung übergeführt. Der Gewinn wäre die *Überwindung der Kasuistik* bei der Anwendung von Ergebnissen psychologischer Forschung." (Wallner, 2008, S. 360)

„Einen interessanten Aspekt bieten uns die behavioristischen Ansätze. Sie nahmen für sich anfänglich einen streng *naturwissenschaftlichen* Objektbegriff in Anspruch. Dabei gerieten sie aber bald in ein Dilemma: nämlich dasjenige, was normal-sprachlich unter Seelenleben verstanden wird, gänzlich auszuklammern oder Deutungen zuzulassen, die mit ihrem Objektbegriff unverträglich waren. Angesichts dieser Aporien lautet mein therapeutischer Vorschlag: *Der Anspruch, das Seelenleben, seine Bedingungen oder seine Auswirkungen zu beschreiben, soll aufgegeben werden.* Dies in zweierlei Hinsicht: Die Untersuchung einer Beziehung von „Innen und Außen" – in welchem Sinne immer, sei es die quasikausale Beziehung der Erlebnispsychologie, die Schichten- Ontologie der Tiefenpsychologie oder die pseudohermeneutische Beziehung behavioristischer Ansätze – soll aufgegeben werden. Der Anspruch der Allgemeingültigkeit psychologischer Aussagen soll reformiert werden. An die Stelle einer *theoretischen Beschreibungswissenschaft* soll *praktische Wissenschaft* treten; ‚praktische Wissenschaft' hier freilich nicht im Sinne von ‚angewandter Wissenschaft', sondern im Sinne des Aristoteles." (Wallner, 2008, S. 370)

„Ein objektiviertes Substrat *ist* zwar nicht krank, *hat* aber eine Krankheit. In beiden Fällen ist der Begriff des seelischen Gegenstandes beibehalten, der Unterschied zwischen den beiden ist ein *erkenntnistheoretischer*. Nach unserem Vorschlag aber würde seelische Krankheit darin bestehen, dass *kein funktionierendes*

Sprachspiel gefunden wird. Der Unterschied zu ‚Interaktionsstörung' wäre, dass *keine Zuordnung eines Versagens* besteht." (Wallner, 2008, S. 371)

Psychotherapie

Die Psychotherapie in Europa entstand, weil man dichotomisch dachte: Zweiteilung von Körper und Seele. Das ist eine ontologische Fiktion (Wallner, 1998Wc).

Radikaler Subjektivismus

„Der radikale Subjektivismus geht aber gegenüber der traditionellen Philosophie einen anderen Weg höchst anspruchsvoller Art: Es wird mit der schon vielfach behaupteten Abhängigkeit der Realitätsauffassung von der Sprache ernst gemacht, und zwar so, dass die Realität – in ihrem vollen Wortsinn als *strukturierte Wirklichkeit* – selbst durch Sprachhandlungen erzeugt wird. Dadurch muss sich aber der *Status der Sprache* ändern: Sie verliert die Rolle einer der individuellen Selbstverwirklichung vorgegebenen Instanz. Andernfalls wäre die individuelle Realitätskonstruktion nur Schein, da sie durch allgemeine Vorgaben – z.B. stammesgeschichtlicher Art – gelenkt wäre." [Hier im Original Hinweis auf Fußnote 2:] „Gelingt es MATURANA nicht, die Sprache aus diesem Zirkel heraus zu halten, schrumpft der Ansatz der Autopoiese zu einem Erklärungsversuch neurophysiologischer Vorgänge zusammen." (Wallner, 2008, S. 390)

Rationalismus

„Ein Vertreter des dogmatischen Rationalismus hätte im Trotz gegen die ‚Kritik der reinen Vernunft' solcherart reagieren können. Er hätte dann so argumentieren können: Auf den Rationalismus in ontologischer Hinsicht können wir nicht verzichten, sonst bricht die Wissenschaft zusammen. Aber die menschliche Subjektivität ist kein Garant der Rationalität, wir müssen sie deshalb auszuschalten trachten." (Wallner, 2008, S. 336)

Rationalität

Spätestens seit dem Wiener Kreis weiß man, dass Werte rational nicht begründet werden können. Daraus folgt jedoch *kein* Relativismus (im Sinne von „alles ist wurscht"). Es geht um den richtigen Gebrauch der Rationalität (Wallner, 1997S).

Wenn es *möglich* ist, etwas rational zu machen, dann soll man es auch rational machen. Wenn medizinische Maßnahmen nicht begründet werden können, dann werden die Entscheidungen letztlich anders getroffen: ökonomische, politische etc. Gründe (Wallner, 1998Wc).

Restrationalität

Restrationalität ist eine technische Einschränkung der Rationalität, die sich vom Erfolg her definiert (Wallner, 1998Wa).

„Restrationalität herrscht überall dort, wo es strukturierte Zusammenhänge gibt, die momentan nicht zur Diskussion gestellt werden können. Tatsächlich spielt das im Leben eine große Rolle. Restrationalität setzt voraus, dass bestimmte Dinge einfach nicht möglich sind, dass es Regeln gibt, und sie stellt diese momentan nicht in Frage (siehe Wallner, 1996). Die Restrationalität kann natürlich zur Diskussion gestellt werden. Dann kommt sie in den Zustand der reasonableness. Es kann überprüft werden, ob rationale Strukturen reasonable sind. Die Rationalität kann nicht rational überprüft werden, denn das wäre ein Vorgriff auf den ‚Super-Beobachter' oder absoluten Geist. Wenn Sie die Rationalität der Rationalität überprüfen wollen, dann setzen Sie voraus, dass es ein einheitliches Bewusstsein der Menschheit gibt. Das ist aber eine Fiktion." (Wallner, 2002a, S. 148)

„Normalerweise aber garantiert Restrationalität den Unterschied zwischen rational und irrational und ist insofern eine wichtige Institution, die man nicht unterschätzen sollte. Restrationalität bedeutet, wir setzen gewisse Formen der Strukturierung kulturell voraus." (Wallner, 2002a, S. 149)

Reduktionsrationalität

„[...] meint nach Habermas eine Form der Rationalität, die sich durch das Anstreben eines Zieles definiert: Wenn ich ein Sehr gut auf eine Prüfung bekommen will, dann werde ich viel lernen. Wenn ich eine Beziehung zu einem Menschen will, dann werde ich bestimmte Aktionen setzen. Wenn man Komplimente macht, so heißt das manchmal nicht, dass man die Wahrheit sagt, sondern dass man bestimmte Ziele erreichen will. Das ist die instrumentelle Rationalität. Wir nennen sie deshalb Reduktionsrationalität, weil man hier methodisch rationale Zusammenhänge auf einen bestimmten Bereich reduziert. Reduktionsrationalität spielt in vielen technischen Disziplinen, aber auch in der Medizin eine alltägliche Rolle. Wenn der Chirurg eine Herzklappe operiert, so ist das Reduktionsrationalität. Dann konzentriert er sich völlig auf diese Herzklappe, und alles andere an diesem Menschen ist zwar nicht vollkommen egal, aber in diesem Moment ohne Relevanz. Es wird nicht in Erwägung gezogen, ob der Patient eine unsterbliche Seele hat oder an einem bedeutenden wissenschaftlichen Buch arbeitet. Das ist Reduktionsrationalität, Rationalität auf ein bestimmtes Ziel, auf einen bestimmten Bereich zu beschränken. Es ist hier durchaus sinnvoll, von Rationalität zu sprechen. Der Gegensatz zu rational ist hier nicht irrational, sondern dilettantisch. Der Gegensatz zu Restrationalität ist Irrationalität, der Gegensatz zu Reduktionsrationalität ist Dilettantismus." (Wallner, 2002a, S. 150)

Rationalisten

Rationalisten sagen: Anschauungen ohne Begriffe sind blind. Empiristen sagen: Begriffe ohne Anschauung sind leer (HUME: Der Mensch ist die Summe seiner Sinneseindrücke) (Wallner, 1998Sa).

Realismus, konstruktiver (CR)

(Siehe auch Konstruktivismus, Wiener Schule)

Der CR versteht sich als therapeutische Philosophie, die der Scientific Community zum Selbstverständnis helfen will.

Beschreibt die Wissenschaft die Welt? Bilden wir etwas von der Welt ab? Ersetzt die Abbildung die Transformation? Wir beginnen mit Basiswissen, bevor wir überhaupt anfangen können.

Konstruktiver Realismus beansprucht nicht, Einsicht in die Welt, sondern Einsicht in das Funktionieren der Wissenschaft zu haben. Prüfinstanz ist das Verhalten der Wissenschaftler. Machen wir das nicht, so besteht die Gefahr, immer wieder in den Versuch zurück zu verfallen, Wissenschaft zu beschreiben (Wallner, 1996W).

Es ist nie nur alles konstruiert, es ist auch immer ein Gegebenes dabei (Wallner, 1997S).

Nicht alles, was konstruiert werden kann, ist Konstruktivismus. Auch ein Tier konstruiert seine Umwelt. Konstruktivismus setzt Entscheidungen und Alternativen voraus, denn sonst führt die Konstruktion zu keinem Erkenntnisgewinn (das verstehen die Evolutionären Erkenntnistheoretiker nicht) (Wallner, 1998Sc).

Der Wiener Kreis ist der illegitime Vater des Konstruktivismus, denn er zeigte das Versagen des Deskriptivismus. Die konstruktivistische Sprechweise kommt ihrer Wirklichkeit viel näher als die deskriptive (Wallner, 1998Sc).

Bielefelder Schule (jetzt in Siegen): „Alles ist konstruiert." Wenn alles konstruiert ist, so zerstört das den Gedanken, welche Konsequenzen sich aus dem Konstruieren auf das Resultat ergeben. Es ist ein typischer Philosophenfehler: Einen Begriff nehmen und generalisieren und schauen, was herauskommt, wenn man ihn auf alles anwendet. Z. B. die Hermeneutik: Das Verständnis für das Verstehen geht verloren, wenn alles Hermeneutik ist (Wallner, 1998Sc).

Es wird nicht zwischen Realität und Wirklichkeit unterschieden – daher gibt es auch keine Realität. Sie bieten eine ontologische Lösung an: Wir haben die Welt so konstruiert, dass sich der andere so verhält, wie wir es erwarten (Wallner, 1998Sb).

Erlanger Schule: Die Welt muss nachgezeichnet werden (Wallner, 1998Sa).

Wiener Schule des CR: Die Einsicht, dass man in der Wissenschaft konstruiert, allein genügt nicht: Es muss sowohl die instrumentalistische Ebene als auch die Interpretationsebene berücksichtigt werden (Wallner, 1998Sa).

Der CR versteht sich als therapeutische Philosophie, die der Scientific Community zum Selbstverständnis helfen will (Wallner, 1998Sb).

CARNAP: Es scheint, dass einer, der sich gewöhnt hat, bei jedem Donnergrollen sich einen zürnenden Zeus vorzustellen, sich irgendwann einmal fragt, wie es zu erklären sei, dass bei Zeus Zürnen der Donner immer gleichzeitig auftritt – *Science is a process of deanthropomorphization* (Zitiert nach Guttmann 1998Sc).

(Beispiel für frühkindlichen Animismus?) Wasser siedet bei 100°C. – Wie weiß das Wasser, dass es bei 100° angelangt ist? (Wallner, 1998Sb).

Der CR verlangt:

- Motivationshinterfragung
- Offenheit
- Wahrheitsanspruch im Hinblick auf interpretierte Satzsysteme
- Verfremdung
- Interdisziplinarität
- Methodenhinterfragung (Wallner, 1998Sa).

Man kann nicht eindeutig Wissenschaft von nicht-Wissenschaft abtrennen. Manche Konstruktivisten versuchen, doch noch zwischen beidem unterscheiden zu können. Wir wollen Wissenschaft sein lassen, wie sie ist, aber ihr Selbstverständnis korrigieren (Wallner, 1998Sa).

Widerspruch wird im CR vorläufig zugelassen, weil er die Kreativität fördert (Wallner, 1998Sa). PIETSCHMANN war einmal in China und sprach dort mit einem Politiker, der aus PIETSCHMANNs Sicht Widersprüche von sich gab. Darauf angesprochen sagte der Politiker: „Mit diesen Widersprüchen leben wir". Bei uns in Europa würde es jemand nicht durchhalten, wenn dieser soeben darauf aufmerksam gemacht worden wäre, dass er sich gerade in Widersprüchlichkeit verwickelt hätte (Wallner, 2005Wa).

Der Unterschied zum ganzheitlichen Realismus besteht darin, dass dieser die Wirklichkeit in einer systemisch vernetzten Struktur sieht, von der wir nur Teilausschnitte besitzen, während im CR die Wirklichkeit unbekannt ist und wir uns Realitäten konstruieren (Wallner, 1998Sa).

Der CR steht dem Buddhismus viel näher als dem Kant'schen Ding an sich. Die Wirklichkeit ist nicht das Ding an sich, sondern buddhistisch: Das Unstrukturierte Kommen und Vergehen. Die unmittelbare Erfahrung der Wirklichkeit ist Erkenntnis im Buddhismus. Im CR ist die unmittelbare Erfahrung nicht Erkenntnis. Im Abendland ist nur strukturierte Erfahrung Erkenntnis (Wallner, 1998Sa).

Der CR bleibt im wissenschaftlichen Bereich, beobachtet die Methoden der Wissenschaftler, geht nicht wie die Metaphysiker zu unbewiesenen Annahmen (Wallner, 1998Sb).

Es ist ein Anliegen des CR, alle Instrumentalisierung des Menschen, die vermeidbar ist, vermeidbar zu machen (Wallner, 1998Se).

Im CR geht es um die Inbezugsetzung von Konstrukten und Handlungen[15] (Wallner, 1998Wb).

Umberto MATURANA, chilenischer Biologe, entdeckte am Frosch, dass dessen Nervensystem gar nicht in der Lage ist, Bilder der Umwelt zu übernehmen, sondern dass der Frosch aus unstrukturierten(!) Reizen Bilder aufbaut. Verallgemeinert: Wie kommt die Wissenschaft dazu, von sicheren Erkenntnissen zu sprechen? Die Bielefelder und Siegener Schule vertreten (daher) einen radikalen Konstruktivismus: Alles ist konstruiert. Das ist nicht haltbar, weil dann keiner mehr da ist, der konstruiert, wenn alles Konstrukt ist (Wallner, 1998Wc).

Der CR säkularisiert den Gedanken, dass Gott die Welt geschaffen hat. Der CR ist keine Theorie, die uns zu einer „das ist"-Aussage zwingt („so ist es"), er nimmt auch keine Entscheidungen ab. Der CR steht auch in einer Tradition. Wer die Grenzen des Empirismus (des Wiener Kreises) nicht kennt, wird manches aus dem CR nicht verstehen. Die Marburger Kulturalisten (z. B. Peter JANICH) stehen dem CR vielleicht näher als die radikalen Konstruktivisten, die keine Beziehung zur Lebenswelt herstellen können. Der CR beansprucht nur, ein Denksystem vorzustellen, welches den Anspruch der Wissenschaft unter der Voraussetzung ihrer kulturellen Bedingungen aufrecht erhalten kann. Wittgenstein PU 143-315 ist eine Voraussetzung für den CR (Wallner, 1998Wd).

Wissenschaftsreflexion, wie sie Wallner (2005Wa) versteht, kann viele Fragen als Scheinkomplexe auflösen.

Realität

Realitäten werden von der Wissenschaft in Mikrowelten unterteilt, erheben Anspruch auf Wirklichkeit, sind aber kein Abbild. Realität ist die Summe der Mikrowelten und hängt immer von der Situation der Wissenschaften ab (Wallner, 1996W).

Die Annahme der Isomorphie stellt eine Beziehung zwischen Satzsystem und Objektsystem her. Man muss einsehen, dass die Vorannahmen jeder Wissenschaft willkürlich sind (Wallner, 1998Sb).

---

15 Eine Handlung, die nicht rational ist, ist keine Handlung (Wallner SE2005W).

„Wir würden heute natürlich — konstruktiv-realistisch geschult -- statt Wahrheit ‚Realität' sagen und damit die neuen komplexeren und adäquateren Modelle meinen!" (Wallner, 1999, S. 107)

„Die Realität ist im Konstruktiven Realismus ja definiert als die Summe aller wissenschaftlichen Konstrukte. Im weiteren Sinn ist Realität als eine spezielle Form der Lebenswelt vorstellbar. Realität ist jene Lebenswelt, die systematisch aufgebaut, die wissenschaftlich begründet ist und somit den Output der gedeuteten Wissenschaftsresultate darstellt (siehe Wallner, 1995). Der Glaube an die Wirksamkeit verschiedener Kräuter gehört zur Lebenswelt vieler Menschen. Die Pharmakologie hingegen stellt Realität dar, wenn sie auf unsere Lebenswelt bezogen ist, das heißt, wenn wir sie so betreiben, dass wir sie in den Kontext der Physiologie, der Chemie und anderer Disziplinen stellen." (Wallner, 2002a, S. 139)

„Der Wegfall der objektiven Realität als Bezugspunkt der Wahrheit bzw. der Erkenntnis führt zu einer Neubestimmung der Beziehung zwischen Geistes- und Naturwissenschaften. Es kommt nun nicht mehr darauf an, für die Geisteswissenschaften Objektivität zu definieren, die in irgendeiner Weise gegenüber der naturwissenschaftlichen Objektivität Bestand hat, sondern es geht nun darum, eine große Vielfalt verschiedenartigster Methoden zueinander in Beziehung zu bringen." (Wallner, 2010a, S. 17)

Realität und Wirklichkeit

Wenn man sagt: „Realität, das sind nur Gedanken, das ist nur fiktiv" so wäre das falsch im Sinne des CR. Zu Realität kommt es erst durch die Interpretation: Das ist nichts Sprachliches, sondern die „Inbeziehungsetzung" zur Lebenswelt. Die Unterscheidung Wirklichkeit – Fiktion ist zu kurz gegriffen (Wallner, 1998Sa).

Wallner trifft folgende Unterscheidungen:

- Die reale Welt = Mikrowelt plus Interpretation
- Künstliche Umwelt = Mikrowelt ohne Interpretation
- Fiktive Welt = Interpretation ohne Mikrowelt (Wallner, 1998Sa).

Die Realität ist eine konstruierte Welt. Die Welt eines Komatösen ist die wirkliche Welt, nicht die Realität. Realität ist die Art und Weise, wie wir uns die Wirklichkeit zum Gegenstand machen (Wallner, 1998Sb).

Realität ist die Welt, die wir geschaffen haben. Die Realität ist das Konstrukt einer Gesellschaft und einer Kultur. Für manche afrikanischen Stämme sind die Geister wirklich da (kann eine Hexe fliegen? – In Afrika schon!). In allen Kulturen gibt es Bestrebungen, die Realität zu konkretisieren; das betreibt z. B. die Wissenschaft. In Europa hat die Wissenschaft eine zentrale Rolle erlangt. Realität im Sinn der europäischen Wissenschaft ist das, was Wissenschaftler an funktionierenden Konstrukten vorlegt (Wallner, 1998Sb).

Das KANT'sche „Ding an sich" ist ein Scheinbegriff. Die Beziehung zwischen Wirklichkeit und Realität ist eine indirekte Beziehung, die über Handlungen hergestellt wird. KANT stellte die Frage: „Was hat Anspruch auf eine unabhängige Existenz außerhalb des Bewusstseins?" – Das Ding an sich. Die Welt der Erscheinung ist ein Konstrukt, es gibt keine Erscheinung ohne Ding. Es ist ein falscher Gedanke wenn man sagt: „Wenn es nicht erkannt wird, dann ist es nicht da." Es ist unmittelbar einsichtig, dass das Leben von etwas getragen sein muss: Das ist die Wirklichkeit (Wallner, 1998Sb).

Warum werden bestimmte Theorien in der Wissenschaft angewandt? Es taucht der Wunsch nach einer Metatheorie auf – der CR möchte das vermeiden.

KUHN: Soziale Strukturen haben mehr Einfluss als kognitive. Ein logischer Vergleich zwischen konkurrierenden Ideen ist nicht möglich, da Komponenten unterschiedlichen Weltbildern angehören und sich daher nicht auf dieselbe Sprache berufen (Wallner, 1998Sb).

Realität ist nicht reine Fiktion, sondern Lebensprozesse werden manipulierbar (nicht aber beherrschbar). Realität eignet sich, um Lebensvorgänge überblickbar zu machen. (Popper sprach fälschlich von „Wahrheitsnähe", wenn es mehrfach gelingt, Lebensvorgänge überblickbar zu machen. Der Begriff „Wahrheitsnähe" wurde allerdings von POPPER wieder zurückgezogen) (Wallner, 1998Wc).

Reasonableness

Objektive Vernunft in der relativen Perspektive verschiedener „Bewusstseine". Reasonableness ist ins Gebiet der Hermeneutik zu setzen. Die einfachste Form von Strukturierung ist schwarz/weiß, ja/nein. Es wäre falsch zu sagen: „Reasonableness gehört ins Gebiet der Geisteswissenschaft, Rationalität ins Gebiet der Naturwissenschaft." Reasonableness ist die Vernunftmäßigkeit, die man durch Deutung erreicht (Wallner, 1998Wc).

Reduktionismus

Z. B.: Fester Körper = eine Funktion der Moleküle; rot = Licht einer bestimmten Wellenlänge. Führt oft zu ontologischem Reduktionismus. Bezüglich des Bewusstseins ist keine ontologische Reduktion möglich. Die Dualisten sehen hier den Beweis für ihre Anschauungen (Wallner, 1998Sb).

Ein System, das „funktioniert" ist immer zu wenig; in der Psychologie ist es auffallend zu wenig. Die Reduktion der Wissenschaft auf ihre technische Anwendung führt in der Psychologie zur „Kognitiven Psychologie" (Wallner, 1998Sb)

Bei den Materialisten wird das Bewusstsein auf die Materie zurückgeführt. SEARLS will die „Unzurückführbarkeit" zeigen: Neuroprozesse sind nicht dasselbe wie der persönlich erlebter Schmerz. Er wehrt sich aber gegen einen psychophysischen Parallelismus. Ein Merkmal des Gehirns ist das Bewusstsein, genauso, wie es eine Eigenschaft des Wassers ist, flüssig zu sein. Wallner: SEARLS arbeitet mit einem Philosophentrick: *Substanzen haben Eigenschaften.* Die Frage ist aber: *Was ist bei Substanz substanziell und was ist accidentell?* (Wallner, 1998Sb).

Den Prager Fenstersturz nach den Fallgesetzen zu beurteilen ist nicht sinnvoll (Wallner, 1998Sa).

> „Wenn Sie als Historiker ein Werk schreiben wollen, sagen wir über den so genannten Vormärz, so müssen Sie hundert andere Bücher und vielleicht fünfhundert andere Publikationen lesen. Wenn Sie aber zu den Quellen zurückgehen, so kommt es sehr darauf an, wie Sie den Vormärz beschreiben wollen, ob Sie ihn als kulturelle Entwicklung, als soziale Entwicklung oder im Sinne der Machtpolitik verschiedener Staaten beschreiben wollen. Davon wird es abhängen, welches Datensystem Sie bilden, welche Daten Sie erheben und welche Sie weglassen. Im Prinzip ist es in den Naturwissenschaften nicht anders, denn es hängt auch hier von Apparaturen und Zielsetzungen ab, welche Daten erhoben werden, welche überhaupt bemerkt werden und welche als unwesentlich zur Seite geschoben werden. Sozusagen objektive Daten gibt es nie. Schon Kuhn machte darauf aufmerksam (und er war nicht der erste), dass es keine reinen Daten gibt, sondern dass sie immer theoriegeladen sind. Diese Theoriengeladenheit der Daten ist heute eine Standardformulierung der Wissenschaftstheorie. Wenn Sie Daten erheben, haben Sie bereits eine Theorie im Hinterkopf, und gerade diese manchmal unbewussten Voraussetzungen sind viel problematischer als die ausformulierten Theorien." (Wallner, 2002a, S. 201)
>
> „Das Objekt der Naturwissenschaften ist nicht die Natur. Gewisse Daten kommen zwar von der Natur, aber sie sind in ihrer Selektion, in ihrer Trennung vom natürlichen Ursprung künstlich erzeugt. Es ist sinnlos zu glauben, die Natur bestehe aus Atomen oder Molekülen. Diese Daten wurden gemäß verschiedener Theorien mittels technischer Geräte erhoben und systematisiert." (Wallner, 2002a, S. 202)

Wenn jemand von der Gischt des Meeres spricht und ein anderer kommt und sagt: „Ach, das ist ja nur H_2O", so verzichtet er auf Möglichkeiten, die Welt zu strukturieren (Wallner, 2005Wa).

Relativismus

In den 70er Jahren kam der Relativismus (FEYERABEND war der prominenteste Vertreter). Das hängt mit dem Zusammenbrechen der Versprechungen des Wiener Kreises zusammen. Das war ein großer Schreck. Der Relativismus hatte zunächst auch etwas Positives – vergleichbar mit der Ringparabel in *Nathan, der Weise* (LESSING) – er schien tolerant zu sein. Für die Wissenschaft hatte es jedoch furchtbare Kämpfe zur Folge: BUHNKE, ein POPPER-Schüler, dreht bei

Konstruktivisten durch. Er hält Konstruktivisten für Relativisten, und Relativisten lösen seiner Ansicht nach die Wissenschaft auf, was die Zukunft der Menschheit gefährde (Wallner, 1998Se).

Relativismus ist nicht „wischi-waschi", sondern ein methodischer Relativismus, der nichts auflöst, sondern erklärt (Wallner, 1998Sb).

Der Relativismus der 80er Jahre war ein Scheinproblem, denn die Wissenschaft kann gar nicht anders, als Daten zu reduzieren. Das stört nur den, der in der Illusion lebt, dass die Wissenschaft die Welt beschreibt. Eine der wichtigsten Leistungen des CR ist der Nachweise des Relativismus als Scheinproblem (Wallner, 1999Sa).

Nach FEYERABEND handelt es sich um Relativismus, wenn unterschiedliche Sichten nebeneinander bestehen; aber der CR überwindet den Relativismus, denn er erhebt den Anspruch, durch Deutung der Mikrowelt die Wirklichkeit partiell zu ersetzen. POPPER meinte, man soll es jeder Gruppe anheimstellen, eine eigene Ansicht zu entwickeln. Die Mikrowelt ist aber nie Beschreibung der Wirklichkeit, sondern ein Konstrukt. Würde man hier von Relativismus sprechen, verkennt man, dass gar kein Anspruch besteht, etwas über die Wirklichkeit zu sagen. Die Interpretation unterstellt ebenfalls nicht, die Mikrowelt sei die Wirklichkeit, sondern die Interpretation hat einen Aspekt, der die Wirklichkeit ersetzt und damit Lebensweltaspekt hat. Den Relativismus kann man nur aufrechterhalten, wenn man a) die Mikrowelt missversteht b) die Interpretation missversteht (Wallner, 1999Sa).

„Die Berührung des Seienden in seinem absoluten Grund tritt als metaphysische Implikation noch deutlicher als beim Skeptizismus wohl beim Relativismus zutage. Denn eben die relativistische Behauptung, daß alles nur ‚für dich' oder ‚für mich' gilt, soll selbst ja nicht nur ‚für dich' oder ‚für mich', in Abhängigkeit von einem menschlichen Subjekt, sondern ‚absolut' wahr sein. Im Hinblick auf *Wittgenstein* formuliert: Die Aussage, daß Sinn und Wahrheit nur Funktion eines Sprachspiels sind, soll selbst nicht ebenfalls als bloße Funktion eines bestimmten, beliebig auswechselbaren Sprachspiels gelten; sie will vielmehr eine Aussage über prinzipiell allen möglichen Sinn sein, sie geht auf alles und stellt sich über alles. Das heißt doch wohl: Eine absolute Wahrheit. wird als letzter Grund behauptet.

Und ebenso: Die historistische These Heideggers, das Sein sei nichts anderes als ein immer wieder anders in der Zeit Erscheinen, versteht sich selbst zwangsläufig als ewige Wahrheit. Dies wird freilich erst in einem nachträglichen, in der Zeit und Geschichte sich ereignenden Reflexionsprozeß ausdrücklich bewußt, und auch dies vielleicht nicht allen; darin liegt gewiß eine Relativität und Historizität. Diese betrifft aber nicht die Wahrheit selbst, sondern nur deren Erkenntnis und Bewußtwerdung. Das heißt: Der Historismus ist selbst zu historisieren; jeder Relativismus relativiert sich selbst, sobald er sich ins Auge blickt." (Wallner, 1999, S. 10f)

„Der Relativismus, von dem ich spreche, bestimmt die wissenschaftliche Wahrheit relativ zu Bedingungen, die meistens sozialer und kultureller Natur sind.

Denkt man diese Position zu Ende, würde es keine wissenschaftliche Wahrheit geben. Denn das, was als Wahrheit bezeichnet wird, ist relativ oder abhängig von ganz bestimmten Voraussetzungen, was ja eben den Wahrheitsbegriff korrumpiert." (Wallner, 2006a, S. 28)

Religion und Philosophie

In einer Religion ist der Glaube nur etwas wert, wenn er gelebt wird. Philosophie ist oft Selbsttherapie, Kompensation für Schwächen, die man hat; Philosophie muss man nicht leben (Wallner, 1998Wb).

Richtigkeit

Wir sprechen von Richtigkeit (im Unterschied zu Wahrheit), wenn ein Satz den Regeln entspricht (Wallner, 1998Sc).

Ein wissenschaftliches Satzsystem, wenn es funktioniert, ist richtig – formalwissenschaftlich richtig (Wallner, 1998Sa).

Scheinproblem

Die Wissenschaft sucht zu einem Phänomen die zugehörigen Strukturen, und diese sind davon abhängig, wie weit man abstrahiert. Man kann zu jedem Phänomen eine Entsprechung finden, wenn man fleißig genug ist. So würde die Frage, wie das Gehirn es macht, Bewusstsein zu erzeugen, ein Scheinproblem sein: Das Gehirn erzeugt nicht Bewusstsein, sondern das Gehirn bot nach intensiver Vorerforschung von Strukturen die Möglichkeit an, Strukturen zu finden, die mit den Strukturen der Bewusstseinsvorgänge korrespondieren (Wallner, 2005Wb).

Scientismus

Es gibt unterschiedliche Erkenntnisse. Wenn man das entdeckt und Fundamentalist ist, dann führt das zu Dogmatismus und in der Wissenschaft zu Scientismus (Wallner, 1999Sb).

Wer Scientismus und Wissenschaftsforschung für dasselbe hält, verwechselt die Ebenen. Wissenschaftsforschung nimmt eine Metaebene ein (Wallner, 1999Wa).

Von der Soziologie her wurde die Wissenschaftsforschung begründet. Falsch verstanden ist die Wissenschaftsforschung ein Scientismus, ein Hochjubeln der Wissenschaft (Wallner, 2004W).

Sinn

Wenn etwas nachweisbar falsch ist, kann es nicht sinnstiftend sein. Das gilt auch für Ideologien (Wallner, 1998Se).

> „Eine furchtbare Vorstellung, wenn das Leben seinen Sinn verliert, wenn das Leben nur noch vollzogen wird. Das heißt, dass das Leben total reguliert wird. Das ist die Alternative, und das ist die Gefahr für die Zukunft, dass wir in ein Sozialsystem hineinschlittern, in dem es keine individuellen Entscheidungen mehr gibt." (Wallner, 2002a, S. 198)

Skeptizismus

Der Konstruktivismus erhebt im Normalfall den Anspruch, Erkenntnis als Erkenntnis auszuweisen. Der Skeptizismus behauptet, der Anspruch auf Erkenntnis ist ein fragwürdiger Ansatz. Erkenntnis als Erkenntnis auszuweisen ist Wissenschaftstheorie (WT). Erkenntnis von vornherein zu bezweifeln ist eher nicht WT (Wallner, 1999Wb).

Skeptizismus ist im Sinne des Konstruktivismus eine Position, die nach der Verfremdung kommt, die eine ganz andere Funktion hat als der konstruktivistische Ansatz (Wallner, 1999Wa).

> „Der Unterschied zwischen Konstruktivismus und Skeptizismus ist, dass der Konstruktivismus – zumindest im Normalfall – den Anspruch erhebt, Erkenntnis als Erkenntnis auszuweisen. Der Skeptizismus hingegen geht im Vorhinein davon aus, dass der Anspruch der Erkenntnis fragwürdig ist." (Wallner, 2002a, S. 175)

Sprache, Sprachlichkeit, Linguaggio

Linguaggio bedeutet: Isomorphe Übersetzung der Welt in Sprache. Man nimmt für die Welt an, was man für die Sprache annehmen muss. Daher ist auch das Universum offen. Das Weltall ist offen: Selbst wenn es physikalisch geschlossen ist, so ist es deshalb offen, weil es kein Ende der Wissenschaft gibt (Wallner, 1998Sb).

Der Wiener Kreis ist am Weg zur Linguaggio. Linguaggio ist unverzichtbar, aber sie funktioniert nicht so, wie der Wiener Kreis sich das mit den Protokollsätzen vorstellte (Wallner, 1998Sb).

> „[...] Linguaggio umschreibt – Versprachlichung. Versprachlichung bedeutet, dass die Rationalität von der Sprache auf die Welt übertragen wird. Es ist ein Kulturphänomen, dass wir die Welt so strukturieren, wie es uns unsere Sprache, die kulturabhängig ist, vorgibt. Wenn Menschen beispielsweise in einer Kultur leben, die Substanz nicht oder fast nicht kennt, die alles relational, im Sinne eines Flusses versteht, so werden sie natürlich eine ganz andere Sprache sprechen und ein ganz anderes

Weltbild haben als das europäische. Die Sprachstruktur bestimmt die Restrationalität der Welt. Dagegen ist die Vorstellung der einheitlichen Rationalität der Welt oder überhaupt der Rationalität der Welt, auf die alles zurückgeführt werden kann, was verständlich ist, eine undurchführbare Vorstellung. Die Vorstellung der Rationalität der Welt beruht auf dem Kategorienfehler, dass die Welt das Konstrukt eines absoluten Geistes ist." (Wallner, 2002a, S. 151f)

Was man in der Meditation erlebt, liegt vor der Linguaggio. Wenn man das, was man in der Meditation erfährt, sprachlich darzustellen versucht, ist das schon pervertiert (Wallner, 1998Sa).

Studium, Wissenschaft bedeutet: sich sprachlich sozialisieren lassen (Wallner, 1998Sb).

Die Welt kann nicht sprechen – sie schlägt uns auch keine Sprache vor, mit der wir über sie sprechen könnten. Sprache ist keine Begründung für Erkenntnis. Die „Unhintergehbarkeit" der Sprache ist ein selbstreflexives Argument. Nur im Vollzug des Sprechens kann ich zeigen, was Erkenntnis ist (Wallner, 1998Sb).

Erkenntnislogisch: Linguaggio bedeutet die „Unhintergehbarkeit" der Sprache (Wallner, 1998Sb).

Linguaggio – Versprachlichung meint, dass die Welt so strukturiert wird, wie es die kulturabhängige Sprache vorgibt. So kennt z. B. die Hopi-Kultur keinen Substanzbegriff, dort wird alles als im Fluss befindlich erlebt (Wallner, 1998Wa).

Wenn Sprache verwendet wird, dürfen wir Sprache nicht als erkenntnistheoretisches Element nehmen. CARNAP verstand WITTGENSTEIN so, dass mit der exakten Sprache keine Fehler mehr gemacht werden können, denn nach WITTGENSTEIN erzeugt Sprache gleichzeitig auch Wirklichkeit und ist nicht nur ein Verständigungsmittel. Wenn jedoch die Sprache weltkonstituierend ist, ist die Exaktheit keine Frage mehr. Vom Standpunkt der Einheit des Geistes ist der Unterschied zwischen Affe und Mensch nicht erklärlich, weil sich die Sprache nicht erklären lässt. Kausaldenken ist immer von einer Wesensphilosophie und einem Substanzdenken abhängig. Die Sprache hat uns dazu abgerichtet. Die Naivität liegt nicht darin, eine Welt anzunehmen, sondern die Annahme, dass die Sprache die Welt abbildet. Nach Merleau PONTI vollbringt die Sprache das Denken. Die meisten philosophischen Probleme sind Sprachartefakte (Wallner, 1998Wd).

„Wir gehen davon aus, dass die Sprache selbst der Horizont alles vernünftigen Denkens und Handelns für den Menschen ist; dass es nicht möglich ist, ‚hinter' die Sprache zu gehen, nämlich hinter die Sprache schlechthin. Man kann natürlich etwa die deutsche oder die englische Sprache oder auch jede andere hinterfragen. Sobald man etwa die Grammatik einer Sprache schreibt, so hinterfragt man sie natürlich. Dass man das kann, ist eine Binsenwahrheit. Carnap hat ehemals Wittgenstein vorgeworfen, dass er – Wittgenstein – behauptet, es sei nicht möglich, eine Metasprache zu finden. In seinem Werk ‚Logische Syntax der Sprache' schreibt er voll Ver-ehrung, was er Wirtgenstein verdanke, fügt jedoch hinzu, er könne nicht verstehen, dass Wittgenstein behauptet, dass es eine Metasprache nicht gibt. Danach formuliert er in einfachen Systemen eine Metasprache. Natürlich ist das möglich, aber es ist nicht möglich, für Sprachen schlechthin eine Metasprache zu finden, denn die Meta-sprache ist immer auch eine Sprache. Damit ist das Problem vom Tisch gefegt, denn es wird klar, dass eine Metasprache nie mehr Information gibt, als schon in der Sprache vorgegeben ist. Sie gibt nur eine bestimmte Information über die Sprache, d.h., sie abstrahiert von einer bestimmten Sprache dadurch, dass sie diese Sprache in ein anderes System übersetzt." (Wallner, 2008, S. 297)

„Es ist ein Irrweg, zu glauben, dass sich aus der Sprache die Normen der Wirk-lichkeit ergeben. Denn diese würden sich nur dann ergeben, wenn ich die Sprache selbst auf eine eindeutige Weise darstellen könnte." (Wallner, 2008, S. 298)

„Ein Beobachter kann die Konsequenzen des Verhaltens der interagierenden Systeme als Denotation deuten. D.h., Sprache ist ein System generativer, konsensueller Interaktionen, während Denotation eine rekursive konsensuelle Ope-ration ohne sprachliche Interaktionen ist." (Wallner, 2008, S. 391)

Struktur

Man kann auch von Kindern und Erwachsenen Begriffe gruppieren lassen. Kin-der gruppieren auch noch dort, wo Erwachsene keinen Zusammenhang mehr finden: „Nadel, Leinen, Zwirn, Arzt" (z. B. Kategorie „Spital") (Wallner, 1998Wb).

Strukturalismus

Ein klassisches Problem im Strukturalismus: Wie kommt es zur Bedeutung (dem persönlichen Bezug) bei Strukturen? CASSIRER zeigte vor 1945 in einer Metaa-nalyse ethnologischer Daten über Raumwahrnehmung, dass es manchen Fluss-schiffern nicht möglich war, eine Landkarte zu verstehen, oder dreidimensionale (perspektivische) Fotos umzusetzen. Es gibt körperliche Strukturen, die geeignet sind, anderes zu strukturieren, z. B. durch Herstellen von Kategorien. a) Land-karte mit Städten b) Klassenraum voll Kinder c) mathematische Menschen d) Topf mit Kartoffeln. Alle lassen sich als ein Kreis mit Punkten drin darstellen. Analogiebildung hat damit zu tun, dass wir aus reichhaltigen Beispielen eine Struktur herausfinden (bzw. erzeugen) und damit Ähnlichkeiten feststellen (Wallner 1999Sa).

Strukturierung

„Die erste Form der Strukturierung ist, auf theoretischer Ebene sichtbar zu machen, wie etwas verlaufen wird, ohne den Verlauf selbst beobachten zu müssen. Die zweite Art des Strukturierens bedeutet, eine Struktur herzustellen, die einsichtig ist." (Wallner, 2002a, S. 35)

Subjektivismus, radikaler (Maturana)

„MATURANA stellt eine mehrfache Herausforderung dar: an die Philosophie wegen seines konsequenten Subjektivismus, an die Erkenntnistheorie wegen seines radikalen Konstruktivismus und an die Biologie wegen seiner Beurteilung der Evolutionstheorie und seines Konzepts vom Nervensystem. Der Anspruch, der hinter seinem Ansatz steht, ist kein geringerer als eine Neubestimmung unserer Auffassung von Wirklichkeit." (Wallner, 2008, S. 385)

„Während aber für KANT die *psychologische* Unterscheidung von Spontaneität und Rezeptivität bedeutsam ist, geht MATURANA von der *Auffassung des Nervensystems* als eines geschlossenen Systems aus. Ein solches System kann zwischen intern und extern ausgelösten Veränderungen neuronaler Aktivität nicht unterscheiden. Eine solche ‚Unterscheidung gehört ausschließlich zum Beschreibungsbereich eines Beobachters, in dem Innen und Außen für das Nervensystem und den Organismus definiert werden' (Maturana 1982, S. 255)[16]." (Wallner, 2008, S. 386)

„Das kantische Konzept von *Spontaneität* und *Rezeptivität* wird durch ein Konzept von *Autopoiese* und *Allopoiese* ersetzt. Der Allopoiese bleibt allerdings die Autopoiese vorausgesetzt. Wir sehen hier die Fortführung des kantischen Ansatzes des ‚Ich denke, das alle meine Vorstellungen begleiten können muss'. Doch dieses wird als nachvollziehbarer Prozess konkretisiert. Anstelle des Faktums des Bewusstseins wird die unvorwegnehmbare Vielfalt rekursiver Prozesse gesetzt. Dadurch wird die Voraussetzungsstruktur der Welt entwirrt: Die ontologische Voraussetzung wird nicht in Frage gestellt, auf die erkenntnismäßige Voraussetzung der Welt wird verzichtet. Die ontologische Voraussetzung wird nicht als Erkenntnisproblem behandelt. Sie ist aber dennoch gewährleistet, weil sie sich am Versagen von Erkenntnishandlungen ‚zeigt'. Es gelingt also, auf das Postulat des ‚Dinges-an-sich' zu verzichten, ohne dass die Wirklichkeit der Welt gefährdet ist." (Wallner, 2008, S. 386)

„Die Evolution erfordert Fortpflanzung, und die Fortpflanzung erfordert die Existenz einer Einheit, die fortgepflanzt werden soll. Lebende Systeme als Einheiten werden aber durch Autopoiese definiert. ‚Daraus folgt, dass eine angemessene Beurteilung der Erscheinungsvielfalt lebender Systeme, ihre Fortpflanzung und Evolution eingeschlossen, ihre angemessene Analyse als autopoietische Einheiten voraussetzt' (Maturana 1982, 200)." (Wallner, 2008, S. 387)

---

16   Gemeint ist hier Maturana, H. R.: Erkennen: Die Organisation und Verkörperung von Wirklichkeit: ausgewählte Arbeiten zur biologischen Epistemologie. Braunschweig: Vieweg 1982.

„D.h., wie kommt es zu der spezifischen Leistung, die Sprachhandlungen von den nichtsprachlichen Handlungen unterscheidet? Diese bieten die rekursiven Interaktionen der Allopoiese.

Wir erkennen hier die Pointe der Sprachphilosophie Maturanas: Auch metasprachliche Konstruktionen müssen als Sprachhandlungen verstanden werden. Die Sprachhandlungen aber dürfen nicht bloß in einem metaphorischen Sinn als Handlungen aufgefasst werden, vielmehr muss auch für sie – wie für alle echten Bandlungen – ihr objektiver Aspekt, die Veränderung der Welt, aufgezeigt werden können. Die spezifische Differenz zwischen Sprache und Welt wird durch die unendliche Möglichkeit der rekursiven Interaktion deutlich (man könnte in Wittgensteins Terminologie sagen: ‚zeigt sich‘).“ (Wallner, 2008, S. 393f)

Technologisierung

Die Technologisierung der Welt greift in den Sinn des Lebens ein. Arbeit wird mehr und mehr nur zum Geldverdienen degradiert; der Sinn des Lebens wird in die Freizeit verlegt (Wallner, 1998Se).

Theorie

Die Theorie bestimmt die Erfahrung. Nicht das Gehirn bestimmt die Erfahrung, sondern umgekehrt. Aufgrund der Theorie schaut man nach (Wallner, 1997S).

Theorien sollten:

* formulierbar (gemeinsames Begriffssystem),
* falsifizierbar,
* reproduzierbar und
* relevant sein (Wallner, 1998Sa).

Besser ist jene Theorie, die die eigene kulturelle Tradition besser berücksichtigt, daher ist die Hohlwelttheorie abzulehnen, deshalb ist die Psychoanalyse besser als z. B. die Lehren der Scientologen (Wallner, 1998Wd).

Transzendentalphilosophie[17]

KANT hat ein Paradigma, das nicht offengelegt wird, und zwar, dass es unmöglich sei, aus den Daten, die die Sinne liefern, auf die Gegenstände zu schließen. WITTGENSTEIN hat nicht das synthetische à priori KANTs; aber heute gilt allgemein, dass WITTGENSTEIN auf KANT zu beziehen ist. Es ist sinnlos, die Trans-

---

17 Wer „transzendent“ und „transzendental“ verwechselt – dort lese ich gar nicht erst weiter (Wallner 2005Wa).

98

zendentalphilosophie zu widerlegen, denn das wurde schon geleistet (Wallner, 1997S).

> „'Ich nenne alle Erkenntnis *transzendental*, die sich nicht so wohl mit Gegenständen, sondern mit *unserer Erkenntnisart* von Gegenständen, *sofern diese* a priori *möglich sein soll*, überhaupt beschäftigt' (KW B 25). Wir sehen hier, dass Kants Transzendentalphilosophie eine *Zwischenstellung* zwischen *Erkenntnistheorie* und *Ontologie* einnimmt; sie fasst die *Bestimmungen der Erkenntnis* auch als *Bestimmungen der Gegenstände* auf bzw. umgekehrt." (Wallner, 2008, S. 318)

Umwelt

Umwelt ist ein Sonderfall von Welt. Der Mensch kann sich seine Umwelt aussuchen (nach GEHLEN). Die Umwelt ist vorgegeben und konstruiert. Die Folgen für die Politik sind: a) man muss die Umwelt bewahren (konservieren) oder b) verändern (konstruieren) (Wallner, 1998Sb).

Üblicherweise ist man der Auffassung, dass die Wissenschaft die Welt irgendwie beschreibt. Wird die Wissenschaft besser angewandt, bedeute sie keine Gefahr für die Umwelt. Problem dabei: Wie entscheidet man richtig? Es ist ein Standpunkt hinter der Wissenschaft erforderlich, um die Wissenschaft mit Argumenten leiten zu können. Die Philosophie ist nicht diese Instanz (Wallner, 1998Sb).

Was soll bewahrt werden? Z. B. aus ästhetischer Sicht: „Der schöne Wald"? Die Ökologie müsste sich an der realen Welt orientieren (die Welt der Wissenschaft, sobald sie interpretiert ist; nicht die wirkliche Welt). Nicht was wir bewahren wollen, ist für alle *bewahrenswert* – die Relativierung ist wichtig. Anhand der unterschiedlichen Interpretationen der Mikrowelten kann man unterschieden, wie man sich entscheiden soll (Wallner, 1998Sb).

Universität

Selbstorganisationstyp für die Uni: Man geht vom Ist-Zustand aus und versucht das zu optimieren. Z. B. gibt es schon Professoren. Verbessern: Neue Professoren einem besonders schweren Auswahlverfahren mit besonders strikt vorgegebenen Funktionen unterzeihen: Lehr- und Forschungsverpflichtung sowie einem Minimum an Mitteln. Daneben gibt es einen Pool freier Ressourcen: Das sind freie Forscher, die sich einen Professor wählen, bei dem sie arbeiten wollen. Der Professor, zu dem keiner geht, wird mittelfristig ausgeschieden (Wallner, 1998Wb).

Unmittelbarkeit

„Das bedeutet in diesem Fall, dass Unmittelbarkeit immer Verzicht auf Reflexion ist. Unmittelbarkeit und Verzicht auf Reflexion aber heißt, einen Ablauf auf Technik zu reduzieren." (Wallner, 2002a, S. 244)

„Die Unmittelbarkeit ist nicht schlichtweg gegeben. Im alltäglichen Leben hat man Unmittelbarkeitserlebnisse sehr selten, sie sind nur schwer zu erzeugen. Die konsequente Erzeugung von Unmittelbarkeit würde jede Form von Erkenntnis zerstören. Erkenntnis ist immer mit Vermittlung verbunden, mit Reflexion. Wenn wir tatsächlich in die Unmittelbarkeit der unberührten Natur zurückkehren würden, hätten wir nicht nur die Erkenntnis verloren, sondern auch den Wunsch danach." (Wallner, 2002a, S. 245)

Verantwortung

„Die Konsequenzen der Wende, wenn wir sie auf europäische Verhältnisse umlegen, betreffen die Frage der Verantwortung des Wissenschaftlers. Der Wissenschaftler traditionellen Zuschnitts berief sich immer darauf und manche tun das heute noch dass seine Ergebnisse die Wahrheit sind und dass er für die Wahrheit nicht verantwortlich ist. Diese Ablehnung von Verantwortung darf nicht akzeptiert werden, wenn offensichtlich wird, dass die Wissenschaft auf Konstruktion und Deutung beruht. Dennoch ist das eine Antwort, die man bei Ethik-Kommissionen und bei Kommissionen, welche die Wissenschaft restringieren wollen, stillschweigend voraussetzt. Es ist der falsche Weg so zu tun, als ob wissenschaftliche Ergebnisse unumgänglich sind, weil sie der Wahrheit entsprechen, man sie aber unterdrücken muss. Es sind Fantasien zu glauben, dass durch Kontrolle manche Entwicklungen der Forschung auf längere Sicht verhindert werden könnten. Tatsächlich ist es wichtig, dem Wissenschaftler klar zu machen, dass er als Konstrukteur voll verantwortlich dafür ist, was er entwickelt, und dass das wissenschaftliche Resultat eine Konsequenz seiner Konstruktionsarbeit ist. Er muss sich im Klaren darüber sein, dass er die Bedingungen dieser Konstruktionen studieren sollte (siehe Wallner, 1999b)." (Wallner, 2002a, S. 153f)

„Wenn ich mich zum Beispiel auf eine bestimmte Berufssituation einlasse, muss ich damit rechnen, dass ich sozial-darwinistischen Strategien ausgesetzt bin. Will ich mir das wirklich antun oder möchte ich lieber, jetzt im ökonomischen Sinn, ein kleines Lichtlein bleiben und ein ruhiges Leben genießen? Das ist eine Frage der eigenen Entscheidung. Das Gefährliche bei solchen wissenschaftlichen Abstraktionen ist der Glaube, das sei die Wahrheit und der, der sich dann durchsetzt, sei womöglich der bessere Mensch.

Ein einfacheres und alltägliches Beispiel sind etwa die Voraussetzungen der psychologischen Tests. Psychologische Tests sind für manche Situationen sehr brauchbar, machen aber eine Reihe von Voraussetzungen, die mit der Wirklichkeit nicht koordinierbar sind. Ich habe in den !970er Jahren als Lehrer die Erfahrung gemacht, dass auch solche Schüler die Matura bestanden, die beim Eingangstest in der 5. Klasse eines Oberstufenrealgymnasiums nur den IQ 88 erreicht hatten. Der

Schulpsychologe hatte den Eltern geraten, sie sollten die Schüler aus dem Gymnasium nehmen. Sie bestanden dann aber die Matura. Das heißt, die Bedingung der Schule ist eine solche, welche die Intelligenz nicht ins Zentrum rückt, wie das auch im Leben nicht der Fall ist. Die Intelligenz ist ein Faktor, der in manchen Berufssituationen eine Rolle spielen kann, aber für den Lebenserfolg eher sekundär ist. Wer hier voraussetzungsgläubig ist, der sagt bei diesem Testergebnis, dass das Kind eine andere Schule besuchen sollte. Das kann aber der vollkommen falsche Rat sein. Die Verantwortung des Wissenschaftlers nach dem konstruktivistischen Modell oder nach der konstruktivistischen Einsicht beruht eben darauf, dass der Wissenschaftler alles tun muss, um sich die Voraussetzungen seiner Arbeit klar und eventuell auch öffentlich zu machen." (Wallner, 2002a, S. 156f)

Verbindlichkeit der Wissenschaft

Sucht man nach einem Weg, Verbindlichkeit herzustellen, so geht das nur über die Einsicht in die Relation von Sprachsystemen (Wallner, 1998Sb).

„Aber abgesehen von dieser Fragestellung ist es ein Missverständnis der Wissenschaft, aber auch ein Missverständnis der Ziele der Wissenschaft, dass die Wissenschaft uns so etwas wie eine Strukturspiegelung der Welt bietet. Noch unsinniger ist zu glauben, dass die Wissenschaft die Welt beschreibt. Sich diesen Glauben abzugewöhnen und trotzdem die Wissenschaft nicht als etwas Relatives, etwas Unverbindliches zu verstehen, ist ein wichtiges Ziel zu zeigen, dass Verbindlichkeit auch dort Sinn hat, wo wir nicht sagen können, dass es die Endgültigkeit der wissenschaftlichen Erkenntnis gibt, die durch die Objekte der Wissenschaft bestimmt wird." (Wallner, 2002a, S. 66)

„...kann man daraus ersehen, dass die Verbindlichkeitsfrage die Philosophen hoch interessiert, die Wissenschaftler aber nicht. Der Grund dafür liegt darin, und das ist etwas sehr Wichtiges, dass die Verbindlichkeit einer Theorie im Rahmen der Wissenschaft entschieden wird, nicht außerhalb dieser. Ein ähnlicher Fall ist das Wahrheitsproblem, das man oft übertreibt. In Wirklichkeit wird das Wahrheitsproblem in der wissenschaftlichen Forschung täglich ohne alle Schwierigkeiten operational behandelt. Es ist nicht schwierig, von Wahrheit zu sprechen. Wenn ich Sie frage: ‚Waren Sie gestern im Kino?', und Sie antworten mit ‚ja' oder ‚nein', dann weiß ich auch genau, unter welchen Bedingungen Ihre Antwort wahr ist und unter welchen nicht. Dazu braucht man keine große Theorie. So verhält es sich auch bei der Verbindlichkeit, die eine Frage der Einzelwissenschaft ist. Die Verbindlichkeit zu einer philosophischen Frage zu machen, ist ein Missbrauch der Sprache." (Wallner, 2002a, S. 78)

„Man könnte nun meinen, dass wir an diesem Punkt die Wissenschaftsphilosophie bereits völlig abgebaut haben: Der Begriff der Wahrheit beruht auf Fiktionen und die Gewissheit fällt als Garant der Wahrheit weg. Denn halten wir an der Idee der Wissenschaftsphilosophie fest. Doch es ist die Interdisziplinarität, die einer Wissenschaft oder einem wissenschaftlichen Satzsystem einen gewissen Anspruch auf Gültigkeit garantiert, weil es im Verband vieler wissenschaftlicher Satzsysteme steht. Anstelle von Wahrheit und Gewissheit steht das Prinzip der Verbundenheit. Die Verbindlichkeit wissenschaftlicher Sätze wird durch ihre Verbundenheit garantiert. Die heute vorherrschende Hochschätzung der Interdisziplinarität liegt in der Unbestimmtheit von Wissenschaft. Interdisziplinarität verschafft den Wissenschaftlern eine Legitimation der Gegenseitigkeit und ersetzt die Unmöglichkeit, Wissenschaft als Wissenschaft zu legitimieren. Ein Wissenschaftler in diesem Sinn ist jemand, der mit anderen Wissenschaftlern zusammenarbeiten kann." (Wallner, 2002a, S. 90f)

Vererbung

Wenn man sagt: „Ererbtes Wissen" (bei Planarien z. B.) ist psychologisch geprüft, so ist das kein Problem, das uns schrecken muss. Aber bei der Farbwahrnehmung ist das etwas anderes. Wenn man sagt, es sind gewisse Dispositionen vererbt, dann kann man sagen, OK, mag sein, das kann man wissenschaftlich untersuchen. Aber wenn man sagt, die Farbwahrnehmung ist vererbt, so hat das einen ganz anderen Sinn. BECKERMANN beschreibt nur den traurigen Status Quo (Wallner, 2005Wa).

Verfremdung

Nimmt man ein Satzsystem aus seinem Kontext und stellt man es in einen anderen Kontext, so nennen wir das Verfremdung. Ein Satzsystem kann im eigenen System nicht verstanden, sondern nur abgeleitet werden (Wallner, 1998Sb).

Vertreter X von Fachgebiet A spricht mit Vertreter Y von Fachgebiet B. Sie sprechen nicht eine triviale Sprache. Das Begriffssystem von A versagt im Bereich B (z. B. sind „Relation" oder „Ding" keine Begriffe im Bereich der Physik). Jede wissenschaftliche Gemeinschaft macht gewisse gemeinsame (implizite) Voraussetzungen, denn sonst versteht man nichts. Die Wissenschaft funktioniert nur mit Hilfe dieser impliziten Voraussetzungen. Wissenschaftliche Erziehung ist im wesentlichen Spracherziehung (Wallner, 1998Sb).

Verstehen eines formalen Systems bedeutet, dass man es innerhalb der impliziten Voraussetzungen und deren Bedeutung in Hinblick auf die Lebenswelt (eine konstruierte Welt) kennt (Wallner, 1998Sb).

Der Begriff „Verfremdung" taucht schon in ähnlichem Sinn bei BRECHT auf. Wallner führte ihn bei seinen Acht Vorlesungen zum CR 1990 ein (Wallner, 1998Sb).

Es kann keine allgemeine, genaue Anleitung geben, wie zu verfremden ist. Es ist das ein ähnliches Problem wie: „Wie erfindet man etwas?" (Wallner, 1998Sb).

Verfremdung: Wenn die Mutter auf dem Boden krabbelt, um so die Sichtweise ihres Babys verstehen zu können (Wallner, 1997S).

Verfremdung heißt nicht, einen Kontext in einen ganz fremden zu stellen,
sondern das Satzsystem aus seinem Kontext zu nehmen und in einen anderen
Kontext zu stellen, z. B. die Sätze der Physik in eine geschichtliche Betrachtung,
oder das Leib-Seele-Problem in ein Computermodell verfremden (Wallner,
1998Sb).

FREUD fand, dass man durch Wechsel des Kontexts zu neuen Einsichten
kommt (das sind aber keine „neuen Entdeckungen"). Die Psychoanalyse ist ein
Verfahren zur Handlungsanweisung, nicht zur Erkenntnisgewinnung (Wallner,
1998Sc).

SCHRÖDINGER hatte die geniale Idee, Lebensprozesse dadurch verstehbar zu
machen, indem sie in den Kontext der Physik verfremdet werden (Wallner,
1998Sc).

Die NEWTON'sche Mechanik muss, um verstanden zu werden, einen Akteur
voraussetzen, einen, der eingreift, um die Bewegung zu erzeugen. Z. B. „Gravitation" als „Kraft" verfremdet (die heutige Physik lacht darüber; EINSTEIN
braucht keine Kraft). Wir brauchen Verfremdung, um die Gravitation als Kraft
zu verstehen (Wallner, 1998Sc).

Die Chemie interpretiert ihre Produkte schneller als die Physik. „Bindung",
„Anziehung", etc. sind Verfremdungen (Wallner, 1998Sb).

Die Versuche der Psychologie Konstrukte zu erzeugen, kann nicht funktio-
nieren, sie bleiben immer defizient in Bezug auf die Erwartung der Psychologie.
Das Seelenleben kann man nicht beschreiben, sondern nur konstruieren. Die
Psychologie hat die Methode der Verfremdung als fundamentale Methode:
Sachverhalte, die durch Verfremdung auf das Seelenleben bezogen werden. Die
Trennung zwischen angewandter und theoretischer Psychologie ist nicht mehr
zu ziehen. Die theoretische Psychologie erzeugt die Fiktion, dass sie durch Kon-
strukte Wirklichkeitsvorgänge simulieren kann; sie muss dabei aber wesentliche
Aspekte des seelischen Lebens weglassen (Wallner, 1998Sb).

Wir schauen alternative Welterklärungen an, um die eigenen Voraussetzungen zu verstehen (Wallner, 1998Sa).

Klassische Mechanik und Quantenmechanik verfremden einander gegensei-
tig (Wallner, 1998Sa).

Verfremdung geht nur dort, wo strikte Argumentation herrscht. Ethisch ist
das, was mehr Handlungsspielraum ermöglicht. Verfremdung kann nicht von
einem Metalevel her organisiert werden- daher kann man auch „jederzeit aufhö-
ren" (nach WITTGENSTEIN), denn eine vollständige Erklärung wird man ohnehin
nie geben können (Wallner, 1998Wd).

Ein Aussagensystem ist nur stabil, wenn man die Voraussetzungen akzeptiert. Wenn in einem anderen System etwas absurd erscheint, dann ist der Moment gekommen, die Vorannahmen zu überprüfen (Wallner, 1998Wd).

Bei der Verfremdung geht man von den expliziten Aussagen aus. KUHN zeigte, dass wissenschaftliche Aussagen in historischer Perspektive gesehen werden müssen. Damit verfremdet er wissenschaftliche Aussagen (Wallner, 1998Wd).

Bei der Verfremdung geht es nicht darum, wer Recht hat, sondern darum, aufzuzeigen, welche unterschiedlichen Voraussetzungen vorliegen (Wallner, 1998Wd).

Verfremdung ist wie ein Fächer von Möglichkeiten; Strategien, die oft dem Alltagsdenken nahe liegen (Wallner, 1998Wd).

Verfremdungen sind offen: Es gibt keine vorgegebene Verfremdungsmethode. Es ist sinnvoll, Verfremdung nur dort einzusetzen, wo es klar umgrenzte Entitäten gibt (sonst kommt nur „wischi-waschi" heraus). Es kann auch sein, dass es erst durch Verfremdung zu den Entitäten kommt: BOHR: Mit schmutzigem Wasser kann auch etwas rein gewaschen werden (Wallner, 1999Sa).

Derzeit ist Kinderphilosophie modern. Untersucht werden z. B. folgende Situationen: 14 Arbeiter erbauen ein Haus in zwei Wochen. Wie lange brauchen sieben Arbeiter. Der kleine Franzi rechnet, wie lange 1.000.000 Arbeiter für die Arbeit benötigen und präsentiert stolz das Ergebnis. Kann Franzi verstehen, warum alle lachen? Mathematik in die Lebenswelt versetzen ist auch eine Verfremdung. Wenn man ein Problem der Arbeitsorganisation nur mathematisch behandelt, macht man das Problem kaputt. Wenn ich in den quantitativen Kontext übertrage, sind manche Strukturen nicht mehr erkennbar. Manche Quantifizierungen haben eben Grenzen, da man dadurch solche Verfälschungen hineinbekommt, die die ganze Situation unverständlich machen (Wallner, 2005Wa).

Vermittlung vs. Unmittelbarkeit

„Es wäre die reine Unmittelbarkeit, wenn ich sagen würde, ich bin ein dermaßen extrem wissenschaftlicher Historiker, dass ich mich auf gar keine Interpretation einlasse, sondern nur Dokumente zeige. Diese darf man nicht lesen und auch nicht übersetzen. Die Dokumente, die in Latein oder Griechisch verfasst sind, müssten unübersetzt bleiben. Man dürfte sie nur herzeigen. Dieses Verfahren würde sich ad absurdum führen und wäre überhaupt der Verzicht auf Wissenschaft oder Erkenntnis. Die Geisteswissenschaften befinden sich in der schwierigeren Situation, sich auf Vermittlung beziehen zu müssen. Vermittlung ist immer bereits eine vorgegebenen geistige Leistung. Das heißt, die Geisteswissenschaften beschreiben nicht etwas Unmittelbares, sondern sie beschreiben geistige Arbeit, also Vermittlungsarbeit. Alle Quellen wurden von jemandem verfasst, Münzen geprägt, Schlösser erbaut und so weiter. Dazu kommt erschwerend die Vermittlungsarbeit der historischen Personen selbst hinzu. Ihre Überlegungen und Entscheidungen, die sie trafen, war bereits Vermittlung. Sie selbst waren wiederum beeinflusst von früheren Vermittlungsleistung, von Mythen und Weltbild. Das ist alles Vermittlung, das ist nicht Unmittelbarkeit." (Wallner, 2002a, S. 236)

Vernunft und Rationalität

„Die Entwicklung der Naturwissenschaft und Technik bemächtigte sich der abendländischen Vernunft. Die Vernunft spezialisierte sich zur Rationalität. Dies ist die Situation des abendländischen Geistes, welche Robert Musil antrifft." (Wallner, 2008, S. 173)

Verstehen

Wir verstehen nur das, was wir selbst hervorbringen (Wallner, 1999Sa).

„Unsere Art der Fragestellung ist eine epistemologische. Die Epistemologie hat eine andere Art des Fragens als die Wissenschaft. Es ist die Frage nach den Bedingungen der Möglichkeiten des Verstehens. Die Wissenschaft macht nur sichtbar, wie Verstehen physiologisch funktioniert." (Wallner, 2002a, S. 146)

Versteht man die Mikrowelten als technische Konstrukte, so muss man sie, um sie zu verstehen, interpretieren. Verstehen ist nicht dasselbe wie analysieren eines Satzsystems, sondern Beziehen auf etwas anderes. Interpretation funktioniert nur in Bezug auf bestimmte Lebenswelten (Wallner, 1998Sb).

In der Physik wird fast nie ein Satzsystem interpretiert (trotz dieses Mangels muss gesagt werden, dass die Ableitung des Satzsystems jedes Mal eine großartige Leistung ist). Ein interpretiertes physikalisches Satzsystem ist wie eine technische Anweisung des Handelns mit Voraussagen und Konsequenzen. Darin geht der Wahrheitsanspruch auf (Wallner, 1998Sb).

Wahr

„Der Begriff ‚wahr' wird dann missbraucht, wenn man ihn auf Objekte oder auf Situationen anwendet, die nicht überprüft werden können oder nicht überprüft werden müssen. Der Begriff ‚wahr' hat nur dann Sinn, wenn er auf Situationen angewandt wird, die überprüft werden können und in gewissem Sinn oder unter gewissen Umständen auch überprüft werden müssen." (Wallner, 2002a, S. 86)

Wahrheit

[Zum Thema Wahrheit verweist Wallner in seinem Werk „Traditionelle Chinesische Medizin – eine alternative Denkweise" (2006a, S. 29, Fußnote 1) auf seinen Aufsatz *Cultural Relativism and Cultural Absolutism* in seinem Buch *Structure and Relativity* (2005, S. 51 -58). Anm. d. Verf.]

„Die Ausgangssituation ist die, daß wir sagen können, daß Wahrheit in der ‚normalen' Sprache kein Problem ist. Keinem einigermaßen intelligenten Menschen macht das Adjektiv ‚wahr' im Alltag Schwierigkeiten. Wenn sich z. B. ein Mädchen für das Zuspätkommen bei einem Rendezvous entschuldigt, weil sie Überstunden machte, und ihr Freund sie fragt, ob das denn wahr sei, dann weis sie genau, welche Wahrheit gemeint ist. Der Begriff ‚Wahrheit' wird also erst in der Epistemologie, in der Rede *über* die Wissenschaft zum Problem, nicht in der wissenschaftlichen Arbeit selbst, da er da ja meist nicht vorkommt. Wenn ein Naturwissenschaftler über Wahrheit spricht, so tut er das nicht als solcher, sondern eigentlich als Epistemologe oder Wissenschaftstheoretiker." (Wallner, 1991, S. 49f)

Nun kommt der erste Erklärungsversuch zustande, der lautet: *Wir verwenden zwar den Wahrheitsbegriff richtig, aber wir verstehen ihn nicht.* Überall dort, wo Verstehen für seine Verwendung nicht erforderlich ist, fällt das nicht auf. Anders formuliert: Entweder wir verwenden den Wahrheitsbegriff korrekt, oder wir reflektieren ihn. Sobald wir ihn reflektieren, sind wir nicht mehr fähig, ihn korrekt zu verwenden. Also solange der Kontext der natürlichen Rede, d.h. der objektorientierten Rede, nicht verlassen wird, hat niemand Probleme mit der Wahrheit. Verläßt man aber diesen Kontext und reflektiert ihn, so treten Probleme auf." (Wallner, 1991, S. 51)

Die *Adäquationstheorie*, die auf Aristoteles zuruckgeht, behauptet in ihrer strikten Form, *daß Wahrheit die Übereinstimmung der Aussage mit der Wirklichkeit sei.* Bei Tarski findet sich dafür die klassische Formulierung unseres Jahrhunderts. Hier liegt das Problem daran, das mir keiner sagen kann, was es heißt, das eine Aussage, die seinsmäßig etwas völlig Anderes ist, mit einem Sachverhalt übereinstimmt. Wie können zwei Entitäten – nämlich eine Ansammlung von sprachlichen Symbolen und eine Ansammlung beispielsweise von Atomen – übereinstimmen? Was soll das heißen? Seit zwei Jahrtausenden überlegt man sich, wie man diese beiden Ebenen in Einklang bringen könnte. Ein Lösungsvorschlag wäre die Einführung einer dritten Ebene, die sowohl Sachverhaltsstrukturen wie auch sprachliche Strukturen hat. Tun Sie das, so haben Sie das Problem nur verschoben, denn wie kommt die dritte Ebene mit den Aussagen zur Übereinstimmung? Wer verurteilt diese Übereinstimmung etc.? In der Adäquationstheorie haben Sie also ein schönes Beispiel dafür, wie man ein Problem durch eine Formulierung verdecken kann. Hier tritt dieselbe Vorgangsweise auf, die ich vorhin erwähnt habe, nämlich, saß man ein Problem der Reflexion durch eine Vorschrift, etwas in Übereinstimmung zu bringen, vertuscht.

Die *Kohärenztheorie* geht so vor, das sie behauptet, be Wahrheit könne man nicht nach Übereinstimmung suchen, man kann höchstens schauen, ob Satzsysteme in sich kohärent sind, ob sie einander nicht widersprechen. *Hier werden nur Sätze mit Sätzen verglichen.* Die klassische Reaktion des Philosophiekritikers wäre die, zu sagen, daß man sich nun zufriedengeben müßte. Wo liegen aber hier die Probleme? Eines der Probleme liegt darin, daß der Vergleich von Sätzen mit Sätzen die Annahme unhinterfragter logischer Strukturen voraussetzt, z. B. die Geltung des Satzes vom Widerspruch. Gegen Kohärenztheorie spricht vor allem, daß zwar ein Satzsystem vollkommen kohärent sein kann, man aber trotzdem bei ihm nicht von Wahrheit sprechen wird: im Falle guter Science Fiction Erzählungen. Ein solches ist im Normalfall ein kohärentes Satzsystem. Trotzdem würden wir den Begriff ‚Wahrheit' im Hinblick auf diese Erzählungen nicht im selben Sinn wie ‚Wahrheit im Alltag' oder ‚Wahrheit im Hinblick auf wissenschaftliche Aussagen' verwenden. Wir können sagen, daß diese Theorie einen Vorschlag macht, der nicht durchführbar ist, also ist sie nicht auf Wahrheit anwendbar. Die Kohärenztheorie ist im Grunde ein Vorschlag, Sprache zu gebrauchen.

Die letzte Theorie ist jünger und hat mehrere Väter, einer davon ist Habermas. Er hat sich die gerade diskutierten Argumente zu Herzen genommen und schlägt nun eine Art geordneten Rückzug vor, der so aussieht, daß, wie in der *Konsensustheorie* gesagt wird, *man dann von Wahrheit spricht, wenn alle Sprecher einer Sprachgemeinschaft übereinstimmen.* Die Einwande sind hier, daß, wenn man die Sprachgemeinschaft als eine abzählbare Gemeinschaft von Personen versteht, das Problem entsteht, wie deren Übereinstimmung über Wahrheit entscheiden kann, da ihre Aussage im Extremfall Abstimmungscharakter hat. Ist hingegen eine Sprachgemeinschaft ohne Grenzen gemeint, so, daß man jeden sprechenden Menschen miteinbeziehen würde, so sagt diese Theorie inhaltlich nichts aus, man kommt nämlich realiter nie zu einer Übereinstimmung – wie sollte man auch?

Man kann die Konsensustheorie auch anders drehen und sagen, daß man eine bloß prinzipielle Übereinstimmung verlangt. Ich könnte sie dann so formulieren: ‚Sprich so, daß es jedem sprechende Mensch verständlich ist und er dir zustimmen kann.' In dem Fall hat man wieder nur eine Vorschrift für den Sprachgebrauch, noch dazu eine derart allgemeine, das sie kaum eine wirkliche Rolle spielen kann, aber in keinem Fall eine Erklärung dessen gibt, was ‚Wahrheit' ist. In diesem Fall tut diese Theorie wiederum nur das, was auch die beiden vorigen Theorien gemacht haben: sie setzen voraus, daß bereits jedem klar ist was Wahrheit ist, und daß man vor dem Hintergrund dieser Klarheit seinen Sprachgebrauch aufbauen soll, d. h. alle drei Theorien dienen der Verschleierung des Umstandes, daß uns der Begriff der Wahrheit unklar ist, aber nicht seiner Erklärung." (Wallner, 1991, S. 52)

Für die Wissenschaft ist der Terminus „Wahrheit" („in Wirklichkeit") nicht bedeutend. In der Philosophie hat das immer zu Problemen geführt. Beispielsweise in POPPERs Adäquationstheorie: Sätze sind an die Wirklichkeit angeglichen. Wir treffen die methodologische Entscheidung, auf den Begriff „Wahrheit" zu verzichten. Das führte zu dem Missverständnis, der CR sei in die Postmoderne einzureihen. Der Begriff „Wahrheit" wurde daher im lokalen, operationalen Sinn wieder eingeführt, d.h. nicht in universellen Aussagen (über die Welt), sondern beispielsweise im Satz „Ich war gestern im Kino". Als Wahrheitskriterium gilt: Das Experiment ist so oder so ausgegangen. Das ist wahr (Wallner, 1998Sc).

ELIAS (Soziologe) fordert Theorien mit deren Hilfe Schritt für Schritt immer besser die Abfolge der Zeit in das Theoriemodell mit hineingenommen werden kann. Für die traditionelle Wissenschaft ist hier der Anspruch auf Wahrheit verloren gegangen – nicht jedoch für den CR: Die geschichtliche Situation wird hineingenommen – das war vor ELIAS undenkbar. Der Erkenntnisanspruch der Wissenschaft ist nicht die Wahrheit oder Wirklichkeit zu entdecken (Wallner, 1998Sb).

Das Wahrheitsprinzip ist fatal, weil andere, die diese Wahrheit nicht haben oder anerkennen wollen, dadurch zu Menschen zweiter Klasse degradiert werden (Wallner, 1998Sb).

Die Wahrheit ist die richtige Beschreibung der Natur – das gilt nur solange man annimmt, dass ein absoluter Geist die Natur geschaffen hat (Wallner, 1998Sa).

Im Perspektivismus wird die Wahrheit durch die jeweilige Blickrichtung relativiert. Das Problem liegt darin, dass man nicht alle Perspektiven haben kann (Wallner, 1998Sa).

Wie kommt man zur Wahrheit? Man muss die Ideologie der Einheit des Geistes aufgeben. Wahrheit besteht in der Einsicht, wie eine Theorie gemacht wird. Das führt zur Einsicht in deren Wahrheitsgehalt (Wallner, 1998Sa).

Wahrheit muss man immer operational definieren: Unter welchen Umständen kommt bei wissenschaftlichen Systemen Wahrheit zustande? „Es muss alles fallen" hat keinen Wahrheitsanspruch. Wahrheit der Fallgesetze ist dann gegeben, wenn wir von der grundsätzlich gleichförmigen Bewegung ausgehen (Wallner, 1998Sa).

Wahrheit ist etwas, was grundsätzlich bezweifelbar ist (Richtigkeit: logisch widerspruchsfrei). Können die Zweifel grundsätzlich ausgeräumt werden, dann ist es wahr. Damit verliert aber das Satzsystem seinen Inhalt, denn nur inhaltslose Systeme sind unbezweifelbar. Sonst gilt: Der Zweifel hat nie ein Ende (Wallner, 1998Sa).

Die klassische Physik (vor EINSTEIN) hat den Anspruch auf Wahrheit im Rahmen des Perspektivismus (Wallner, 1998Sa).

Der Wahrheitsanspruch liegt in der Einsicht der Voraussetzungen. Mehr braucht man nicht, denn alles andere wäre wieder eine Anleihe beim absoluten Geist. Aber die Wissenschaft ist historisch, wird sich immer neu entwickeln und entfalten. Würde in 100 Jahren noch immer der gleiche Physikunterricht stattfinden wie heute, wäre es eine Katastrophe: Es wäre nichts weitergegangen (Wallner, 1998Sa).

Wie kann etwas, das einen Wahrheitsanspruch erhebt, der Willkürlichkeit der Konstruktion unterliegen? Will man die Verbindlichkeit der Wissenschaft aufrechterhalten, so zeigt sich Wissenschaftsgeschichtlichkeit dadurch, dass es Konstrukte gibt, die im Laufe der Zeit zwar unmodern wurden, jedoch nicht widerlegt werden konnten (Wallner, 1998Sb).

Der Wahrheitsbegriff hat Sinn in Bezug auf die Wissenschaft, hat einen lebensweltlichen Bezug. Früher hielten wir „Wahrheit" für einen entbehrlichen Begriff. Die Wissenschaft hat dann einen Wahrheitsanspruch, wenn ein Lebensweltbereich (kulturabhängig) systematisiert ist. Wahrheit ist kulturabhängig. Das ist kein Relativismus – Relativismus ist ein Scheinproblem (Wallner, 1998Wd).

Die klassische Auffassung ist: Wahrheit ist ein Gut, das abgeschirmt werden muss (CARNAP: „reine Logik"). Das sei durch eine reine Methodologie erreichbar, wobei man auf Verunreinigung durch die Einführung kulturfremder Elemente aufpassen müsse. Es funktioniert dann zwar, stellt aber nichts mehr dar (hat seine Bedeutung verloren). Neuer Ansatz: Der Gehalt wird umso größer, je vielfältiger etwas interpretiert werden kann. Auch der CR kann unterschiedlich interpretiert werden (SLUNECKO ist da Purist) (Wallner, 1999Sb).

Die Idee der Wahrheit und Abgeschlossenheit reduziert den Erkenntnisanspruch der Wissenschaft (das entspricht der Todesphase dieser Wissenschaft) (Wallner, 1999Sb).

Die Einsicht in die Wissenschaftsstruktur hat auch politische Konsequenzen (in Bezug auf das eigene Verhalten). Hat man die Vielfalt der Konstruktions- und Interpretationsmöglichkeiten eingesehen, ist Pluralismus die notwendige Folge, aber nicht im Sinne von: Um Auseinandersetzungen zu vermeiden gibt man allen recht – das würde die Wissenschaft ruinieren (Wallner, 1999Sb).

Eine Behauptung wird mit dem Anspruch der Beschreibung gemacht und als wahr oder falsch qualifiziert (Wallner, 1999Wa).

Was methodisch richtig ist muss aber nicht zur Wahrheit führen (Wallner, 1998Wc).

Wahrheit ist ein Stopp; der Anspruch, an einer bestimmten Stelle anzuhalten (Wallner, 1999Wa und 1999Wb).

Die Wahrheit hat einen lokalen Charakter und ist nicht die Sicht des Superbeobachters. Wahrheit bedeutet: Es sind bestimmte Bedingungen gesetzt worden und es besteht Übereinstimmung mit einer Beschreibung. Wahrheit tritt nicht aus dem Kommunikationsprozess heraus sondern ist eine Form, um den Kommunikationsprozess zu strukturieren. „Working Scientists" sprechen gar nicht von Wahrheit wenn sie untereinander sind wird (Wallner, 1999Wa).

Die Abschaffung des Wahrheitsbegriffs ist ein postmodernes Thema. Aber so einfach ist das nicht. Wenn ich angeben kann, wie ich „wahr" korrekt anwenden kann, dann ist das wieder in Ordnung. Die Formulierung: „Das ist die Wahrheit" ist ein sprachlicher Missbrauch, der emotionale Zwecke erfüllt (z. B. der Ermunterung dient, etwas auszuführen) (Wallner, 1999Wa).

Von „Richtigkeit" spricht man, wenn etwas regelkonform vollzogen wurde, z. B. in der Mathematik oder in der Logik. Wenn man die Logik als Transformationsverfahren sieht, das nichts abbildet, ist ein Ergebnis „richtig". Versteht man Logik platonisch (als Abbild der Gedanken Gottes), dann kann ein Ergebnis „wahr" genannt werden (Wallner, 1999Wa).

„Bestreitet der allgemeine Skeptizismus ausdrücklich nur die Erkennbarkeit einer ‚Wahrheit an sich', nicht aber eo ipso auch ihre Existenz — mag es sie geben oder nicht, jedenfalls ist sie für uns nicht erkennbar —, so geht der *Erkenntnis-Relativismus* noch einen Schritt weiter und sagt, es gäbe gar keine ‚Wahrheit an sich', sondern immer nur ‚Wahrheit für mich' oder ‚für dich', für einen bestimmten Kulturkreis oder geschichtlichen Augenblick. Bereits der vorsokratische Sophist Protagoras formulierte diesen radikalen erkenntnistheoretischen Relativismus in seinem klassischen Homo-Mensura-Satz: ‚Der Mensch ist das Maß aller Dinge: der Seienden, wie sie sind, und der Nichtseienden, wie sie nicht sind.' So ist der Honig für den Gesunden süß, für den Kranken aber bitter — und es habe gar keinen Sinn zu fragen, wie der Honig ‚an sich' ist; das wahre Sein des Honigs ist kein ‚An-sich-', sondern immer nur ein ‚Für-mich-' oder ‚Für dich-Sein'. Ähnlich gibt es Gott und Götter niemals ‚an sich', sondern immer nur relativ auf ein bestimmtes Subjekt. Das bemessende Kriterium ist jeweils die Auffassungsform des Subjekts; beim Honigbeispiel des Protagoras ist es die Verfassung des natürlichen sinnlichen Wahrnehmungsvermögens, im Falle des metaphysischen Relativismus die geistige Grundstruktur einer Kultur oder Zeitepoche." (Wallner, 1999, S. 5)

„Der Begriff von Wahrheit als Entsprechung mit den Tatsachen, als *adaequatio intellectus et rei* kann endgültig aufgegeben werden." (Wallner, 1999, S. 46)

„Indem man sagt, daß ein Satz wahr ist, weil er einer Tatsache oder einem physischen Sachverhalt entspricht, erklärt man nicht zugleich den Wahrheitsbegriff. Wahrheit als Entsprechung eines Satzes mit einer Tatsache ist eine rein formale Definition von Wahrheit. Die Wahrheit ist im Gegenteil die Behauptung eines für wahr gehaltenen Satzes. ‚Wahr' ist dann eine Art primitives, intransitives Prädikat, das auf die benutzte Sprache und auf das benutzte Gewebe von Überzeugungen bezogen ist." (Wallner, 1999, S. 46)

„Was einen Satz wie ‚der Tisch ist grün' zu einem wahren Satz macht, ist kein Sachverhalt und keine Sinneswahrnehmung, sondern der Umstand, daß der Satz ‚der Tisch ist grün' wahr ist, das heißt dieser Satz sich als übersetzbar in die Sprache erweist, die wir verwenden. [....] Auf diese Weise haben wir nicht mit uninterpretierten Tatsachen oder Erfahrungen einerseits und Sätzen andererseits zu tun und also mit dem Problem einer gegenseitigen Versöhnung, sondern mit den Tatsachen, die dieselben für wahr gehaltenen Sätze sind. Nach dieser Betrachtungsweise sind die für wahr gehaltenen Sätze nicht die Versionen oder die Begriffsschemata von Tatsachen, sondern die Tatsachen selbst, mit denen wir zu tun haben. […]

‚Wahr' ist relativ zu einer Sprache, es ist nicht der Bezug des Satzes zu einer uninterpretierten Wirklichkeit." (Wallner, 1999, S. 46f)

„Kurz gesagt, wir selber, die Menschen, üben Einfluß auf die Ergebnisse von Wissenschaft aus, nicht nur der jeweilige Gegenstand. Man kann noch weiter gehen: Der Untersuchungsgegenstand ist selbst etwas, das erst durch den Kontext und unser Wollen geschaffen wird. Dies erscheint plausibel, wenn wir an einen Untersuchungsgegenstand wie „Gesellschaft" oder „Wirtschaft" denken, trifft aber auch für einen Gegenstand wie „Natur" zu. Wenn das so ist, dann müssen wir davon ausgehen, daß sich die Dinge ändern, indem wir uns ändern und daß es eine absolute, ewige, von uns unabhängige Wahrheit nicht geben kann, jedenfalls nicht in der von uns Menschen geschaffenen Wissenschaft. Gerade wenn wir eine solche Wahrheit suchen, verändern wir uns und damit die Objekte unseres Interesses. Wir können die Wahrheit daher nie einholen." (Wallner, 1999, S. 73)

„Die Chance ist das Bekennen zur Vielfalt der Ansätze, der Verzicht auf die Hoffnung, dass es doch eine Wahrheit geben muss. Sätze oder Satzsysteme sind Strukturierungen von Phänomenen, da kommt keine Wahrheit vor. Es gibt bessere und schlechtere, unendlich viele verschiedene Strukturierungen, aber es gibt keine Wahrheit." (Wallner, 2002a, S. 125)

„Der Wissenschaftler traditionellen Zuschnitts berief sich immer darauf – und manche tun das heute noch – dass seine Ergebnisse die Wahrheit sind und dass er für die Wahrheit nicht verantwortlich ist. Diese Ablehnung von Verantwortung darf nicht akzeptiert werden, wenn offensichtlich wird, dass die Wissenschaft auf Konstruktion und Deutung beruht." (Wallner, 2002a, S. 153)

„Instrumentalisierung ist Verzicht auf Gegenständlichkeit und damit auch Verzicht auf Wahrheit. Dieser Verzicht auf Gegenständlichkeit reduziert die Wissenschaft zu einem Instrumentarium mit verschiedenen Zielsetzungen für Institutionen, Politiker und soziale Gruppierungen im Allgemeinen. In der Konsequenz wird jeder, der eine besondere These in der Öffentlichkeit belegen möchte, irgendeinen Experten finden, der ihm gute, wissenschaftlich fundierte Gründe liefert. Diese Entwicklung ist dann möglich, wenn man die Gegenständlichkeit, die Wahrheit aus der Wissenschaft wegstreicht, ohne dass man dafür einen Ersatz bietet." (Wallner, 2002a, S. 189)

„Wenn man Wahrheit erstrebt, muss man Relationen eingehen. Relationen können natürlich auch zu Irrtümern führen. Die klassische Relation ist die zwischen Subjekt und Objekt. Wahre Sätze sind die Sätze eines Subjekts über ein Objekt, die das Objekt korrekt und angemessen beschreiben. Bezieht man diese Sätze aber auf die gegebene Welt, so ersetzen die Satzstrukturen die Welt. Man erlangt aber Gewissheit nur, wenn man die gegebene Welt selbst als ein strikt logisches System auffasst oder sie derart verändert, dass sie sich wie ein logisches System verhält. Wenn man die gegebene Welt als logisches System auffasst, betreibt man Metaphysik. Diese Metaphysik setzt voraus, dass die gegebene Welt an sich logisch strukturiert ist. Das ist m. E. eine reine Fiktion, basierend auf sehr alten philosophischen Überlegungen. Man kann Phänomene letztlich immer so auswählen, dass sie in ihrem Verhältnis zueinander ein logisches System ergeben." (Wallner, 2002a, S. 239)

„Das Modell von der Wahrheit, das die meisten Leute haben, ist das Alltagsmodell. Das Alltagsmodell ist so nach dem Kinobeispiel: »Warst Du gestern im Kino?«, fragt der eifersüchtige Ehemann seine Frau, die am Abend aus war. Sie sagt:
»Ja!« Und das ist dann wahr, wenn sie wirklich im Kino war. Übereinstimmung von
Satz und Wirklichkeit. Nur die Wissenschaft funktioniert eben so nicht. Sondern die
Wissenschaft ist ja, wie wir gehört haben und wie wir hoffentlich auch erkannt haben, eine Art und Weise der Datenmanipulation, welche verschiedene Deutungen
ermöglicht, auf denen wir Bereiche der Wirklichkeit erfassen können. Erfassen in
einem wörtlichen Sinn, in einem direkten Sinn. Erfassen und Fesseln. Deshalb habe
ich ja die Formulierung eingeführt, dass wissenschaftliche Konstrukte Weltaspekte
ersetzen. Sie beschreiben nicht, sie ersetzen. Die Natur, die wissenschaftlich beschrieben wird, ist eine andere, als die Natur, die wir irgendwo emotional erleben."
(Wallner, 2003, S. 48)

„Der Platonismus konzentriert sich auf das Eine und postuliert, dass das Ewige
wahr ist, stellt sich gegen das sinnlich Gegebene und sieht das Denken nur dann zur
Wahrheit führend, wenn Subjektivität ausradiert wird. Das reine Subjekt (also befreit von allem was man in der heutigen Psychologie als das Subjektive versteht)
korrespondiert mit Gott. Natürlich hat Platon diese Begriffe nicht verwendet. Diese
Gedanken werden vom Christentum zur theoretischen Fundierung aufgenommen
und haben eine Basis geschaffen, an der wir nach wie vor schwer zu verdauen haben
(deswegen, weil sie nämlich falsch sind). Da ist die Überzeugung zu nennen, dass
die Welt eine intelligible Struktur aufweist, dass die Welt geschaffen ist und
vergeht." (Wallner, 2006a, S. 12)

„Demgegenüber behauptet die chinesische Wissenschaft, dass jeder wahre Satz
über die Natur eine Teilnahme an den Systemvorgängen der Natur ist. Wahre Sätze
beschreiben nicht die Natur, sondern wahre Sätze machen die Natur mit. Hier passt
also der Begriff Wahrheit im europäischen Sinn nicht. Darum wird auch nicht gefragt, ob der Meister die Wahrheit sagt: Denn entweder nimmt der Meister Teil am
Prozess der Natur, dann ist er in der Wahrheit, oder er nimmt nicht Teil am Prozess
der Natur, dann ist er kein Meister. Daher sollte >wahr< unter Anführungszeichen
gesetzt werden, weil wir in der chinesischen Wissenschaft eine grundsätzlich andere
Vorstellung von Wahrheit finden. Die >wahren< Sätze zeigen im chinesischen System eine Teilnahme an den Naturprozessen, die dadurch zustande kommen, dass
man sich mit dem System der Natur entfaltet." (Wallner, 2006a, S. 35f)

„Der Konstruktive Realismus stellt aber die These auf, dass Wahrheit von den
Bedingungen ihrer Gewinnung abhängt. Die Bedingungen der Gewinnung von
Wahrheit sind in der Naturwissenschaft die angewandten Methoden, und eine Proposition ist nur hinsichtlich der angewandten Methoden wahr — unter Anwendung
ein und derselben Methode kann tatsächlich nicht gleichzeitig eine Aussage und ihr
Gegenteil wahr sein. Allerdings können verschiedene Methoden zu einander aus-
schließenden Aussagen führen, die beide bezogen auf die Methoden ihrer Generie-
rung wahr sind." (Wallner, 2006a, S. 50f)

„In säkularisierter Zeit scheinen die Priester überfordert, Hüter ewiger und end-
gültiger Wahrheit zu sein. Es ist aus mehreren Gründen, die hier nicht diskutiert
werden können, nahe liegend, diese Priester-funktion – nämlich den Zugang zu einer

höheren Welt – den Wissenschaftlern zu übertragen. Dies macht die Wissenschaft zur Nachfolgerin einer *theologisch konzipierten Weltordnung*, zugleich pervertiert es freilich die Grundgedanken der abendländischen Wissenschaft: es macht die *Ungleichheit* zum Prinzip, indem es die Gleichheit in einem dubiosen Jenseits ansiedelt, dessen Visumausgabe rational nicht durchschaubar ist." (Wallner, 2008, S. 322)

„Dies [sein Konzept der Wahrheit fallen zu lassen; Anm. d. Verf.] konnte doch Popper nicht so schwer fallen, er musste das ‚Vermutungswissen' radikal an die Stelle der ‚Wahrheit' setzen. D.h. er müsste seinen Wahrheitsbegriff als – letztlich – theologieabhängige Idealisierung *durchschauen* und *aufgeben*." (Wallner, 2008, S. 323)

„Diese in vielen Köpfen beheimatete Denkweise, es müsse das einheitlich Gute und Wahre geben, hat in unserer Geschichte viel Schaden angerichtet. Man glaubt, man hätte selbst die Wahrheit erkannt und möchte sie dem anderen beibringen, schlimmstenfalls mit Gewalt. Die Erkenntnis der Wahrheit zwinge nachgerade dazu, den anderen zu seinem Glück zu zwingen. Eine solche Denkstruktur setzt eine Metaphysik voraus, eine Unterscheidung zwischen der gegebenen Wirklichkeit, also 162 dem unantastbar Wahren, und der beschreibenden, menschlichen, intellektuellen Aktivität." (Wallner, 2010a, S. 161f)

„Diese Gedanken kann man nur akzeptieren, wenn man bereit ist zu akzeptieren, dass es verschiedene Möglichkeiten der Wahrheit gibt. Die Akzeptanz des zweiten Punkts ist schwierig, weil in Europa die Vorstellung besteht, dass bezogen auf ein Objekt oder ein Ereignis nur eine Proposition wahr sein kann, oder, um genauer zu sprechen, nicht eine Proposition und ihre Gegenteil gleichzeitig wahr sein können. Der Konstruktive Realismus stellt aber die These auf, dass Wahrheit von den Bedingungen ihrer Gewinnung abhängt. Die Bedingungen der Gewinnung 200 von Wahrheit sind in der Naturwissenschaft die angewandten Methoden, und eine Proposition ist nur hinsichtlich der angewandten Methoden wahr – unter Anwendung ein und derselben Methode kann tatsächlich nicht gleichzeitig eine Aussage und ihr Gegenteil wahr sein." (Wallner, 2010a, S. 199f)

„Es gab z.B. vor 10 Jahren in Deutschland ein großes Forschungsprojekt, das die TCM auf die westliche Medizin reduzieren wollte, denn da es nur ein Denken und eine Wahrheit gibt, müsse das doch ge276 hen. Es ging natürlich nicht, denn die Annahme von dem einen Denken und der einen Wahrheit ist eine europäische Fiktion." (Wallner, 2010a, S. 275f)

Wahrheit, lokale

Wahrheit ist ein lokaler Begriff (Wallner, 2005Wa).

„Entscheidend ist hier der Begriff der „lokalen Wahrheit", die dazu dient, die jeweilige Wahrheit inkompatibler Wissenssysteme schlüssig zu argumentieren." (Wallner, 2010, S. 7)

Wahrheitsanspruch der Wissenschaft

Die Wissenschaft im traditionellen Sinn sagt nichts darüber aus, wie man handeln soll. Wissenschaftliche Satzsysteme beanspruchen wahr zu sein. Sie sind aber Konstrukte und beruhen auf willkürlichen Grundannahmen. Wird die Wissenschaft zur Technologie, so geht der Wahrheitsanspruch verloren. (Wallner erinnert sich noch an das alte Pathos der „ewig gültigen Wahrheit in allen Welten", wie es noch bei STEGMÜLLER zu finden ist.) (Wallner, 1998Sb).

Wissenschaft wird nicht zum Gerede, wenn man die Voraussetzung des absoluten Geistes fallen lässt. (Wallner hält auch Meditation als Irrweg zur „Wahrheit"). Man kann empirische Wissenschaft betreiben ohne die Verbindlichkeit aufzugeben (Wallner, 1999Sb).

> „Das ist eine ganz wichtige Einsicht, dass der Wahrheitsanspruch nicht auf die Wissenschaft beschränkt ist. Das bedeutet natürlich nicht, dass die Wissenschaft etwas Unwichtiges oder Dummes ist. Jedoch zu glauben, dass der Wahrheitsanspruch nur in der Wissenschaft erfüllt werden kann, ist ein Irrtum." (Wallner, 2002a, S. 49)
> „Doch es ist die Interdisziplinarität, die einer Wissenschaft oder einem wissenschaftlichen Satzsystem einen gewissen Anspruch auf Gültigkeit garantiert, weil es im Verband vieler wissenschaftlicher Satzsysteme steht. Anstelle von Wahrheit und Gewissheit steht das Prinzip der Verbundenheit. Die Verbindlichkeit wissenschaftlicher Sätze wird durch ihre Verbundenheit garantiert. Die heute vorherrschende Hochschätzung der Interdisziplinarität liegt in der Unbestimmtheit von Wissenschaft. Interdisziplinarität verschafft den Wissenschaftlern eine Legitimation der Gegenseitigkeit und ersetzt die Unmöglichkeit, Wissenschaft als Wissenschaft zu legitimieren. Ein Wissenschaftler in diesem Sinn ist jemand, der mit anderen Wissenschaftlern zusammenarbeiten kann." (Wallner, 2002a, S. 91)
> „Popper neigte zu dieser Ansicht, weil er aus prinzipiellen Überlegungen den Gedanken des wissenschaftlichen Fortschritts nicht aufgeben konnte. Es war schließlich Popper, der sagte, der Letztstand sei der, welcher der Wahrheit am nächsten komme (siehe Popper, 1994/1935). In Wahrheit ist der Letztstand abhängig von ganz bestimmten wissenschaftsgeschichtlichen, technologischen, sozialen und psychologischen Faktoren, sowie auch die früheren Zustände von Faktoren dieser Art abhängig sind, was natürlich eine weitere Konsequenz auf die Gesamtheit der wissenschaftlichen Resultate hat." (Wallner, 2002a, S. 206)

Wir haben die paradoxe Situation zeigen zu können, dass die Wissenschaft sowohl kulturabhängig als auch unabgeschlossen ist, aber dennoch zu wahren Aussagen kommt. Es ist ein Wahrheitsanspruch ohne Endgültigkeitsanspruch. Man kann kulturabhängig zu unterschiedlichen Lösungen kommen, aber nicht zu willkürlichen Lösungen! Umgekehrt ist daher Akupunktur (aus der Sicht des typischen Schulmediziners) sinnlos und unverständlich (Wallner, 2005Wa).

Wahrnehmung

Wenn jemand sagt: „Wahrnehmung ist ein Vorgang der äußeren Welt, der auf Grundlage einer Abbildung der äußeren Welt – welche ausschließlich Information enthält, die für den Betrachter nützlich ist – zur Beschreibung der äußeren Welt führt", so ist in dieser Formulierung „äußere Welt" eine Abstraktionsvoraussetzung, eine methodische Abstraktion. Wenn jemand z. B. sagt, 10^9 bit/sec Information strömt auf den Menschen ein, beim Gehirn angelangt seines es nur noch 10^7 bit/sec, bewusst würden dann nur noch 10^2 bit/sec, der beschreibt ein Verfahren des biologischen Konstruktivismus. Durch Umkehrung der Methodologie könnte man auch einen „Zeitsinn" finden. Der Vorwurf an die Neurobiologie: Alles wird von Nervenprozessen her erklärt (Wallner, 1999Sb).

Welt

1. Die Welt der wissenschaftlichen Datensystem: Ist ontologisch eine künstliche, erzeugte Welt.
2. Die Welt, in der wir leben. Nach Wittgenstein ist ein Zweifel nur dann gerechtfertigt, wenn er begründet ist, sonst handelt es sich um einen Missbrauch der Sprache. (Beispiel für einen missbräuchlichen Satz: „Ich zweifle, dass die Welt existiert.") (Wallner, 1996W).

Die Welt gibt es, aber es gibt keinen Grund anzunehmen, dass die Welt so strukturiert ist, wie die Wissenschaft vermeint. Was funktioniert, beschreibt nicht (NEWTON und EINSTEIN'sche Physik funktionieren beide). Es ist ein kategorialer Fehler, anzunehmen, dass die Welt Kategorien hat (Raum, Zeit, Kausalität). Das ist aber kein Grund erkenntnispessimistisch zu sein. Aber die Datensysteme (sind eigentlich Mikrowelten) dürfen nicht mit „Welt" gleichgesetzt werden (Wallner, 1996W).

Neben Wirklichkeit und konstruierter Welt gibt es noch eine Welt, die zwar konstruiert ist, aber die wir so nehmen, als ob sie gegeben wäre (HUSSERL nannte sie die Lebenswelt). Sie ist jene Welt, mit der wir uns auseinandersetzen (Wallner, 1996W).

Wenn die Wissenschaft nicht die Welt beschreibt, dann sind verschiedene Weltpräsentationen durchaus legitim, denn der Anspruch des Beschreibens wurde nie wirklich erhoben, und wenn, dann war es ein Missverständnis. Eine Wissenschaft muss strukturierbar (Vorhersagen sollen möglich sein), übersehbar und durch kulturelle und soziale Einflüsse selektiv sein (Wallner, 1998Se).

> „Es war immer eine philosophische Grundfrage, ob es überhaupt eine Welt gibt. Ich folge hier Wittgenstein für den ein Zweifel nur dann eine Berechtigung hat, wenn er

begründet ist. (7) Ein unbegründeter Zweifel ist ein grammatikalischer Missbrauch, ein Missbrauch der Sprache." (Wallner, 2002a, S. 203)

[Dazu Fußnote 7]

„[...] das sagt nicht, dass wir zweifeln, weil wir uns einen Zweifel denken können. Ich kann mir sehr wohl denken, dass jemand jedes Mal vor dem Öffnen seiner Haustür zweifelt, ob sich hinter ihr nicht ein Abgrund aufgetan hat, und dass er sich darüber vergewissert, eh' er durch die Tür tritt [...], – aber deshalb zweifle ich im gleichen Falle doch nicht." (Wittgenstein 1984/1953, Abschnitt 84)

Welt, fiktive

Fiktive Welten werden durch Satzsysteme konstituiert, die keine Anweisungen zum Verhalten enthalten. Dazu gehört zum Beispiel die Hohlwelt des Herrn LANG (Wallner, 1998Sb).

Welt, gegebene

Die Welt, die uns nährt (Wallner, 1998Sb).

„Wenn man die gegebene Welt als logisches System auffasst, betreibt man Metaphysik. Diese Metaphysik setzt voraus, dass die gegebene Welt an sich logisch strukturiert ist. Das ist m.E. eine reine Fiktion, basierend auf sehr alten philosophischen Überlegungen. Man kann Phänomene letztlich immer so auswählen, dass sie in ihrem Verhältnis zueinander ein logisches System ergeben." (Wallner, 2002a; S. 239)

Welt, künstliche

Künstliche Welten sind wissenschaftliche Welten, die nicht interpretiert sind (Technik, Elementarteilchenwelt, etc.). Aus der Sicht der Physiker sind Atomkraftwerke ungefährlich: „Wenn man alles richtig macht (...)."(Wallner, 1998Sb).

Welt, reale

Die reale Welt besteht aus einer Vielfalt interpretierter Wirklichkeiten (Wallner, 1998Sb).

Weltbild

Es gibt kein einheitliches Weltbild! Das ist eine Erkenntnis und Errungenschaft gegen Dogmatiker (Wallner, 1998Sa).

Nach dem CR müssen Weltanschauungen immer eine Transformatorik mit Methodologie haben. Ideologen stellen Behauptungen auf, die man nicht übersetzen kann: „Juden stinken". Dafür gibt es keine Methode der Übersetzung.

Wenn jemand jedoch sagt: „Ich bin gegen Abtreibung", kann der, der das behauptet, angeben, welche Folgen das im Einzelfall hat bzw. haben kann. „Auf jeden Fall gebären" ist eine Vorschrift (Wallner, 1998Se).

Weltanschauungen können diskutiert werden, Ideologien sind postuliert (Wallner, 1998Se).

Widerlegung

KUHN: Wissenschaftliche Systeme werden fast nie widerlegt, sondern kommen aus der Mode. Widerlegungen gibt es eigentlich nicht. Man kommt zu Aporien, über die man sich jedoch mit Zusatzannahmen hinwegretten könnte. Die Alchemie ist daher in diesem Sinn nicht widerlegt, sondern nur unmodern. Mit gewissen naiven, ganzheitlichen Ideen könnte man auch heute noch Alchemist sein. Wenn es zur technischen Anwendung kommt, wird die Alchemie kaum fruchtbar sein, aber das muss nicht das entscheidende Kriterium sein. Auch die Ptolemäische Kosmologie: sie ist gut für die Kontemplation, nicht so gut für die Weltraumfahrt. Die Phlogistontheorie wäre durchaus zu retten gewesen, wenn man auch negatives spezifisches Gewicht (als Zusatzannahme) zugelassen hätte. Umgekehrt: SCHJELDERUP passt nicht in den Kontext der modernen Wissenschaft, kriegt daher auch kein Geld, obwohl er sehr interessante Resultate vorweisen kann. GALL versuchte, den Charakter eines Menschen aus dem Schädel abzuleiten (Wallner, 1998Sc).

Es scheitert jedoch nie die ganze Theorie, sondern immer nur einzelnen Konstrukte. Scheitern bedeutet die Nichtmöglichkeit, funktionierende Konstrukte in einen vorher festgelegten Kontext zu bekommen (Wallner, 1998Sc).

Wissenschaftliche Theorien kann man nicht widerlegen, aber man kann ihnen gegebenenfalls etwas vorwerfen, z. B. Defizite. So ein Vorwurf betrifft zum Beispiel alle Erkenntnistheorien, die die Kulturabhängigkeit der Erkenntnis nicht berücksichtigen. Das fehlt z. B. bei der Naturalistischen Erkenntnistheorie (TOTH), einer Erkenntnistheorie, die sich nicht am Subjekt, sondern am Objekt orientiert (Wallner, 1998Sb).

Widerspruch

Wissenschaft ist ein Konstrukt, das sich sprachlich artikuliert. Sprache und Logik sind zum Teil willkürlich. So gilt z. B. in Europa das Prinzip der Widerspruchsfreiheit von Sätzen, in der traditionellen chinesischen Medizin (TCM) jedoch nicht (Wallner, 1998Wc).

Wiener Kreis

CARNAP – Das Vorwort seiner Schrift von 1928 „Der logische Aufbau der Welt"
ist sehr lesenswert -, glaubte noch daran, dass man bald alles erklären werden
könne, dass alle ontologischen Probleme beseitigt sein werden. 1970 – 1990
erkannten die „Wiener Kreisler", dass mit der Wissenschaft etwas nicht stimmt,
dass die Rationalität nicht das liefert, was man von ihr erhoffte. Bei Paul
FEYERABEND wurde das zynisch und defätistisch: Die Regentänze der Indianer
seien so viel wert wie meteorologische Vorhersagen (Wallner, 1998Se).

Der Wiener Kreis war sehr effizient und großartig, aber seine Ideen kamen
zum Großteil aus den Einleitungen der Physikbücher des ausgehenden 19. Jahrhunderts. Die Wissenschaft war hier der Ausgangspunkt für philosophische Behauptungen (bei der Transzendentalphilosophie ca. 1929 ist es umgekehrt: „Wir
sind die, die euch sagen, wo's lang geht."). Seit dieser Zeit wurde Wissenschaft
einseitig festgelegt, und z. B. FREUD als unwissenschaftlich ausgeschlossen
(Wallner, 1998Wc).

Werden Daten nach grundsätzlichen Erwägungen systematisch erhoben,
wird die mögliche Erkenntnis schon präformiert. Es ist z. B. nicht möglich, tele-
ologische Strukturen darzustellen, da sie aus den NW nicht ableitbar sind (Wallner, 1998Wb).

Der Wiener Kreis fand, dass normative Aussagen nicht aus Tatbeständen ableitbar sind; sie sind daher nicht Teil der Wissenschaft (Wallner, 1998Wb).

Für den Wiener Kreis gibt es nur synthetische Urteile a posteriori, für KANT
gibt es solche a priori, denn für ihn kommen die Sätze der Mathematik und Physik nicht aus der Erfahrung, sondern aus dem transzendentalen Subjekt (Wallner,
1999Sa).

Es gibt eine Art Unterdeterminiertheit jeder Theorie, was dazu führt, dass
Phänomene durch unterschiedliche Theorien widerspruchsfrei dargestellt werden können. Diese Einsicht stellte sich sowohl gegen Metaphysik, Absolutismus
und Schwärmerei, als es auch der Anfang der analytischen Philosophie (1920 –
1950) war. SCHLICK wurde 1936 in der Uni Wien ermordet. WITTGENSTEIN und
POPPER waren nur lose assoziiert (Friedrich STADLER, Vortrag 1999-11-23 in der
Aula des Universitätscampus).

> „Der Wiener Kreis, der die so genannte Einheitswissenschaft anstrebte, steht inso-
> fern in der Tradition der abendländischen Philosophie, als er versuchte, das Gemein-
> same der Wissenschaften aufzuzeigen, und daran scheiterte (siehe Neurath,
> 1999/1937). [...] Wenn man die Ideen des Wiener Kreises betrachtet, die so mannig-
> faltig waren – es waren sehr unterschiedliche Persönlichkeiten dabei, der Wiener
> Kreis war keine uniforme Bewegung -, so stimmten doch alle im wesentlichen darin
> überein, dass die Wissenschaft empirisch begründet werden kann und muss. Die
> zweite Bedingung war, dass sie auf einer eindeutigen methodologischen Basis voll-

zogen wird, dass man aus der Methode heraus, wie Wissenschaft betrieben wird, zeigen kann, was Wissenschaft ist." (Wallner, S. 2002, S. 169)

„Die Normierbarkeit der Erfahrung hat sich deshalb als falscher Ansatz und als undurchführbar erwiesen, weil es nicht möglich war, eindeutig zu sagen, wann Erfahrung korrekt ist und wann nicht, welche Kriterien erfüllt sein müssen, damit wir eine korrekte Erfahrung – natürlich in wissenschaftlicher Hinsicht – machen. (Hier ist natürlich nicht die Rede von all den Lebenserfahrungen.). Unter welchen Bedingungen diese Erfahrung, sei es im Labor oder bei Erkundungen im Weltall, ‚rein' zu nennen sei, das war die Frage des Wiener Kreises. Sie konnte letztendlich nicht eindeutig beantwortet werden. Man kann bei der Erfahrung zum Beispiel von den Dingen, also von den Phänomenen ausgehen, oder man kann von den seelischen Vorgängen ausgehen und diese als das Unmittelbare betrachten, den Ort, wo unsere Erfahrungen letztlich geschehen. Wie immer man es macht, es funktioniert nicht. Die Eindeutigkeit, die Reinheit der Erfahrung kann nicht garantiert werden." (Wallner, 2002a, S. 173).

Willensfreiheit

Nach Benjamin LIBET erfolgen Handlungsentscheidungen 1/2 Sekunde bevor sie bewusst werden (Wallner, 1999Sa).

Bei der Willensfreiheit kann es sich um ein Scheinproblem handeln. Im Hinblick auf ROHRACHERs Argumentation: wenn man Willensfreiheit als Freiheit zur Entscheidung auffasst und diese dann in physikalistischer Weise auf die Frage nach Kräften reduziert, so kann es keine Freiheit geben. Stellt sich dann heraus, dass dies das „stärkste Motiv" ist, dann hat man in einem Zirkel argumentiert – es kommt zum Schluss heraus, was am Anfang schon vermutet wurde. Freiheit zu beweisen würde Ähnliches bedeuten wie Chirurgie, ohne ins Innere des Körpers vorzudringen. Man kann das Komplexe bei der Freiheit nicht feststellen, wenn man einzelne Faktoren herausnimmt. Das Komplexe geht bei der Reduktion verloren (Wallner, 2005Wa).

Willensfreiheit ist per Definition nicht erklärbar, da „erklären" bedeutet: *Auf Gesetze zurückführen*. Nach ROHRACHER wäre man nur dort frei, wo es keine starken Motive gibt (Wallner, 2005Wa).

Wirklichkeit

„Die Reflexion auf die Wirklichkeit schafft Wirklichkeit." (Wallner, 1991, S. 43)

Wir leben immer in der Wirklichkeit und nie in der Realität. Diese macht sich nur bemerkbar, wenn Widersprüche auftreten. Wie es im 16., 17.Jhdt. um die Wahrheit ging, ist gigantisch. Galilei hat ja eigentlich immer wieder betont, es geht ihm nicht um die Wahrheit, denn diese überläßt er dem heiligen Geist. Während Descartes gesagt hat, Mathematik ist wahr, deswegen ist ja Galilei und nicht Descartes der Begründer der Naturwissenschaft." (Wallner, 1991, S. 85)

Wirklichkeit ist die Welt, mit der wir leben; ist unser biologisches Schicksal. Mit ihr setzen wir uns nicht auseinander; wir sind ihr ausgeliefert (Wallner, 1996W).

Wirklichkeit *in a real way* ist nicht strukturiert und kann nicht strukturiert sein. In der Wirklichkeit sind auch Menschen: Sie springen aus der Wirklichkeit und machen sich Bilder. Jedes Gespräch über Wirklichkeit ist unsinnig – im Sinne WITTGENSTEINs (Wallner, 1997S).

Ein traditioneller Fehlschluss lautet: Wenn man alles ausprobiert, was scheitert, dann wüsste man, wie die Wirklichkeit aussieht; das ist aber ein unendliches Verfahren (POPPER) (Wallner, 1998Sb).

In verfremdeter Sprache wird Realität zu Wirklichkeit, wenn sie auf mich wirkt, ohne dass ich sie kenne (z. B. Küchengeräte, die nicht verstanden werden, wie sie funktionieren. Wenn eine Hausfrau ein Konstrukt unabhängig von der Physik entwirft, das funktioniert, so hat sie eine neue Realität gefunden). Sobald etwas unreflektiert geschieht, befinden wir uns in der Wirklichkeit. Das ist ein wichtiger Unterschied zur Evolutionären Erkenntnistheorie und den Naturalisten (ROTH), die sagen: *Jedes Lebewesen konstruiert.* Das meinen wir nicht, denn das ist wie ein Verdauungsvorgang. Diesem können wir nicht entgehen. Es geht bei der Realität nur um jenen Bereich, wo wir als Menschen auch erkennend tätig sein können (Wallner, 1998Sb).

Wir bestreiten nicht die Wirklichkeit (zum Unterschied zur Bielefelder Schule), wir wissen nur nicht, wie sie ist. Wir müssen trotzdem in der Wissenschaft zu einem Ergebnis kommen, das einen Wahrheitsanspruch hat (Wallner, 1998Sb).

Wirklichkeit ist die vorausgesetzte Welt, deren Strukturen man nicht kennt und auch nicht kennen kann, nach allem, was wir wissen; aber die Wirklichkeit trägt uns. *Nature = nurature.* Erkennbarkeit heißt aber nicht „Einfluss". Wirklichkeit ist das, was da ist, ohne dass wir da sind (Wallner, 1998Sb).

POPPER wünscht sich eine offene Gesellschaft, interpretiert die Gesellschaft immer vom Subjekt aus. Wenn die Gesellschaft sich aus Individuen zusammensetzt, unterbietet man den Anspruch der Gesellschaft: Das Ganze ist mehr als die Summe der Teile. Aber: Das Ganze ist auch nichts metaphysisch Fertiges, das man ein für alle Mal beschreiben kann. Die Summe der Teile ist *etwas anderes* (nicht *mehr!*) als das Ganze (Wallner, 1998Sb).

Im Platonismus hat die Welt erkennbare Strukturen. Das ist eine schöne Fiktion, aber wir können das nicht als Annahme voraussetzen (das heißt aber nicht, dass die Welt keine Strukturen hat) (Wallner, 1998Sb).

Die Physik ist nicht in der Lage, die Paradigma der Wirklichkeit so zu ersetzen, dass dem Leser der Kontakt mit der Wirklichkeit erspart wird (Wallner, 1998Sb).

Wenn der Lehrer dem Schüler sagt: „Ich weiß, du hast dich jetzt so und so verhalten, denn das entspricht deiner Entwicklungsstufe", so macht dies das Kind renitent. Zu Recht: Die Psychologie hat nur eine Sprache, die der Psychologie nicht gerecht wird (Wallner, 1998Sb).

„Gibt es das?" ist eine naive Frage (Wallner, 1998Sb).

Die traditionellen Physiker setzen noch immer implizit voraus, dass die Welt eine Struktur hat, die man erkennen muss. Die Welt ist vorstrukturiert und es ist nur eine Frage der Zeit, bis alle Strukturen entdeckt sind (vgl. Stephen HAWKING). Die Annahme des absoluten Geistes, der alles geschaffen hat und (daher auch) alles durchschaut ist eine europäische Mythologie. Wir müssen davon ausgehen, dass die Welt keine Struktur hat, sondern eine Vielzahl von Informationen und Gegebenheiten beinhaltet; nichts jedoch, das ihren Kern regiert, eine Struktur oder ein Schema hat. Der menschliche Geist kann eine Vielzahl von Bildern konstruieren, Sprachsysteme bilden, die Zusammenhänge in der Natur herstellen können (Wallner, 1998Sa).

Die Wirklichkeit ist unstrukturiert. Welche Argumente gibt es für die Annahme, dass die Wirklichkeit nicht strukturiert ist? Wir haben keinen Grund, die Frage zu diskutieren. SCHOPENHAUER, KANT, (...) haben das versucht. Es gibt keine überzeugenden Argumente für so eine ontologische Vorentscheidung. Es ist auch politisch gefährlich. In der Chinesischen Kultur gibt es diese Voraussetzungen nicht – sie haben auch nicht die europäischen Wissenschaften. Wir haben die europäischen Wissenschaften – jetzt haben wir auch die Probleme damit (Wallner, 1998Sb).

Die Wirklichkeit ist kein metaphysischer Begriff. Im CR sind Begriffe methodologisch gereinigt. Der zentrale Irrtum der abendländischen Philosophie ist die Annahme des absoluten Geistes, der, wenn wir ihn hätten, die – strukturiert vorgestellte Wirklichkeit – erkennen können müsste. EINSTEIN: „Gott würfelt nicht" – kommt aus der Vorstellung, dass die Welt von Gesetzmäßigkeiten bestimmt wird; dass die Wirklichkeit strukturiert ist, und dass daher etwas, was wie Statistik aussieht (z. B. der radioaktive Zerfall) in Wirklichkeit nur deshalb so aussieht, weil wir die tatsächlichen Gesetze noch nicht erkannt haben. Es ist tragisch, wie die Fixiertheit dieser Vorstellung dazu führte, dass EINSTEIN dadurch gehindert wurde, noch irgendetwas Fruchtbares zu publizieren (Wallner, 1998Sb).

Der CR sagt demgegenüber: Strukturen der Wirklichkeit könnte es geben, aber wir können sie nicht erkennen; sie anzunehmen wäre Fiktion (Wallner, 1998Sb).

Für den CR ist es unerheblich, ob die Wirklichkeit strukturiert ist oder nicht, denn er geht davon aus, dass in der Wissenschaft die Strukturen konstruiert (und nicht „gefunden") werden. Schon die Wahrnehmung konstruiert (vgl. dazu die Cortikalen „Detektoren", also Neuronenverbände, die zu „feuern" beginnen, wenn eine gewisse Struktur im Gesichtsfeld – also z. B. eine Horizontale, ein rechter Winkel, etc. – auftritt) (Wallner, 1998Sb).

Wieso funktionieren wissenschaftliche Konstruktionen? Dass sie funktionieren verleitet immer zu metaphysischen Hintergrundannahmen, dass man gelegentlich doch auf Wahrheit trifft. Leute mit metaphysischer Hoffnung glauben immer, dass es letztlich einen Zusammenhang mit der Wirklichkeit gibt. Aber die Konzepte der Physik sind frei erfunden. Wenn eines besonders gut auf die Natur passt, dann ist es naiv anzunehmen, dass das ein Beweis ist, dass man die Wirklichkeit erkannt hätte. Es wurde lediglich so lange reduziert, dass man etwas berechnen kann (Wallner, 1998Sb).

Ein literarisches Beispiel, wie problematisch „wirksame" Konstrukte sind, finden wir bei Ludiwg THOMA: Ein junger Mann hat Probleme, beim anderen Geschlecht zu reüssieren. Er bekommt von einem Freund den Rat, seinen Schweißgeruch einzusetzen. Der junge Mann wischt sich mit einem Taschentuch wiederholt die Achselhöhlen und steckt es sich als Stecktuch vorsorglich in die Sakkotasche. Plötzlich hat er Erfolg bei Frauen. Ist das ein Beweis für die Richtigkeit der Theorie? Ausschlaggebend könnte genauso gut sein, dass er selbstbewusster, erfolgssicherer auftrat als früher (Wallner, 1998Sb).

Aus der Argumentation ist es nicht notwendig, Strukturen vorauszusetzen. Ich kenne keine Kultur, die so geartet wäre, Strukturen der Wirklichkeit zu erkennen (Wallner, 1998Sc).

Ein anderer Versuch, dem Problem zu entkommen, besteht darin, sich in den Irrationalismus zu flüchten (Wallner, 1998Sc).

Die Reflexion auf die Wirklichkeit kann kein definites Ergebnis haben, schafft aber eine andere Wirklichkeit (=Realität) (Wallner, 1998Sc).

Wenn man etwas von der Ebene der wissenschaftlichen Erklärung auf die Ebene der Lebenswelt bringt, hat man etwas zur Wirklichkeit gemacht. Wird ein Konstrukt so eingesetzt, dass es ungefragt dem menschlichen Handeln zugrunde liegt, so ist es Wirklichkeit (Wallner, 1998Sc).

Wirklichkeit ist die Basis aller Realität. Es gibt im Leben viele unbewusste Prozesse (Körperprozesse). Diese gehören zur Wirklichkeit. Die Realität besteht aus den selbst geschaffenen Strukturen (durch Menschen oder Kultur), z. B. die Unterscheidung in belebt/ unbelebt, bewusst/ unbewusst (Wallner, 1998Wb).

Wirklichkeit ist der Zusammenhang der Lebensprozesse. Es gibt keinen guten Grund, an Lebensprozessen zu zweifeln – außer bei solipsistischen Spielchen. Das ist aber kein Erkenntniszusammenhang; die Sinnesorgane können keine Struktur aus der Welt übernehmen, die Struktur konstruieren wir. Die Annahme, dass die Strukturen des Denkens mit den Strukturen der Wirklichkeit übereinstimmen, ist ein Kategorienfehler (Denkfehler) (Wallner, 1998Wc).

Die Wirklichkeit ist nicht das KANT'sche Ding an sich, denn KANT unterschied zwischen Unerkennbarem und Erkennbarem. Neben Lebensprozessen spielen – auf der Ebene der Auseinandersetzung mit der Natur – Erkenntnisprozesse für den Menschen eine große Rolle. Die Vielfalt der Reize wird strukturiert. Das führt dazu, dass wir erkennbare Unterschiede in der Welt vorfinden (Farben, Raum, Kausalität). Alles, was strukturiert ist, ist Realität. Die Menschen hatten immer schon die Tendenz, Realität in die Wirklichkeit hineinzutragen. Tatsächlich aber wird Wirklichkeit durch Realität ersetzt (Wallner, 1998Wc).

Das Argument der Evolutionären Erkenntnistheorie: „Wenn es nicht passen würde, wären wir schon ausgestorben. Nur Affen, die beim Sprung die Distanz abschätzen können, haben überlebt". Es lassen sich jedoch durchaus Systeme denken, die zwar „falsch" sind, aber doch zur Wirklichkeit passen. Wir könnten uns z. B. denken, dass Zusammenstöße durch ein bestimmtes Verhalten vermeidbar werden. Ein Zusammenstoß könnte von unserem Nervensystem als „Fall" strukturiert werden (Wallner, 1998Wc).

Für KANT war Wirklichkeit das, was wirkt, die Realität, das Ding an sich. Wenn man diese Trennung macht, setzt man die Einheit des Geistes voraus. Es gibt ein Umfeld des Lebens (dort sprechen wir von Wirklichkeit; z. B. läuft die Verdauung in der Wirklichkeit ab), und ein Umfeld des Erkennens (Realität, Gewordenes). Eine Hausfrau geht mit technischen Geräten quasiwirklich um. Wenn man sich auf die Wirklichkeit beschränkt, dann gibt es kein Handeln (denn dieses setzt eine Lebenswelt voraus), sondern nur Prozesse. Die Faszination der Lust hat mit Wirklichkeit (nacherlebbar), Freude mit Realität (mitteil-bar) zu tun. Echte Partnersexualität lässt Wirklichkeit aufscheinen. Der Traum ist Teil der Wirklichkeit (Wallner, 1998Wd).

Ist die Wirklichkeit unstrukturiert? Die Frage ist missverständlich: Eine Aussage über die Wirklichkeit ist per definitionem nicht möglich. Man kann über die Strukturen der Wirklichkeit nicht reden. KANT und andere argumentierten für die Strukturen der Wirklichkeit, heute hingegen muss man annehmen, dass die Wirklichkeit nicht strukturiert ist und dass es keinen guten Grund gibt, Strukturen der Wirklichkeit anzunehmen. Systeme wie der CR ersetzen die Unbegründbarkeit der Strukturierungsfrage der Wirklichkeit durch ein anderes Vorgehen: Sie bieten einen relationalen Wirklichkeitsbegriff an, keinen Substanzbegriff. Wenn etwas in der Wissenschaft scheitert, so ist das kein Beweis für die Struktur der Wirklichkeit. Greife ich etwas heraus und strukturiere es, so habe ich Realität, verändere ich auch die Wirklichkeit. Wir wollen keine Metaphysik treiben, sagen daher nichts über die Wirklichkeit; aber es geht darum, die Wissenschaft vor Scheinproblemen zu schützen (Es wäre ein Missverständnis des CR, wenn man sagen würde, die Sprache konstituiert die Welt, denn das wäre Transzendentalphilosophie). „Wirklichkeit" ist ein hortatives Konzept: Man bezieht sich darauf, hält sich aber davon fern. „Wirklichkeit" kann falsch äquivok verwendet werden mit „Wirklichkeit" als Objekt der Sprache. Die Sprache ist zwar objektbezogen, sagt deshalb aber noch nichts über die Wirklichkeit aus (Wallner, 1998Wd).

Das Konzept der Wirklichkeit hat schon einen Sinn, aber nicht im POPPER'schen Sinn, dass man an der Wirklichkeit falsifiziert (die Natur verneint die an sie gestellten Fragen; aber die Natur hat keine Struktur), sondern dass man an der Wirklichkeit scheitert. Der CR sieht das so: Aufgrund von Lebensformen konstruiert die Wissenschaft ein System, das eine Abstraktion aus den Lebensweltzusammenhängen ist. Das kann funktionieren – aber man kann nicht sagen, warum es funktioniert; es kann nicht funktioniert – aber das ist keine Antwort der Wirklichkeit (Wallner, 1998Wd).

Ein Argument für die Wirklichkeit: Man kann Lebensprozesse nicht durch Erkenntnisprozesse ersetzen. Wirklichkeit ist ein epistemologischer Begriff. Wir können Bewusstsein untersuchen, aber nicht Erkenntnis begründen. Wenn Gott auf die Welt blickt, ist sie strukturiert (Wallner, 1998Wd).

Wenn wer sagt: „Ich liebe dich", so ist das nicht mehr hinterfragbar, ob die Liebe wirklich oder real ist (Wallner, 1998Wd).

Wirklichkeit ist jener Bereich der Welt, in dem wir leben, ohne ihn erkennen zu können. Zumindest gibt es kein Argument dafür, dass das, was wir als Umwelt erkennen, auch mit der „wirklichen" Umwelt, in der wir leben, übereinstimmt. Es ist die biologische Um- und Mitwelt, die natürliche Welt, so wie sie ist. Dem Menschen (und auch dem Wissenschaftler) ist es nicht möglich, sich außerhalb dieser Welt zu begeben und sie von außen (mit einer gewissen Distanz) zu beschreiben (Wallner, 1998Wd, Ref.).

„Dementsprechend kann man nicht sagen, dass der Wechsel zum kopernikanischen System ein Fortschritt gegenüber dem ptolemäischen System ist, sondern dass das ptolemäische System durch das kopernikanische ersetzt wurde, das erklärt, was bisher nicht erklärt wurde. Dafür verringert sich aber beispielsweise die Anschaulichkeit, die sich in der Relativitätstheorie übrigens völlig auflöst. Wer kann sich die Verkürzung von Stäben, die Lorenz-Kontraktion vorstellen? Es gab Physiker, die fragten, ob die wirklich verkürzt werden. Das ist eine ganz sinnlose Frage im Hinblick auf die Relativitätstheorie. In dieser wird eben die Welt so strukturiert, dass bei Annäherung an die Lichtgeschwindigkeit die Stäbe verkürzt und die Zeit verlängert wird. Sie kennen wahrscheinlich das Zwillings-Paradoxon, das Einstein selbst gemeinsam mit einem Mitarbeiter formulierte. Ein Zwilling bleibt auf der Erde, und der andere fliegt mit beinahe Lichtgeschwindigkeit durch das Weltall. Nach Jahrzehnten kommt er aus dem Weltall zurück auf die Erde und ist noch immer ein junger Mann. Der andere Zwilling ist schon ein Greis. Die Frage, ob das biologisch wirklich so ist, ist eine vollkommen unsinnige Frage. Die Relativitätstheorie strukturiert die Welt so, damit sie dementsprechend gehandhabt wird, und die Phänomene werden nach diesem konzeptuellen Rahmen beschrieben." (Wallner, 2002a, S. 114f)

„Deshalb wird im Konstruktiven Realismus Wirklichkeit und Realität unterschieden. Diese Unterscheidung ist nicht im kantischen Sinne misszuverstehen, dass die Wirklichkeit das Ding an sich und die Realität die Systematisierung der Erscheinungen meint. Die Wirklichkeit ist die Welt mit der wir leben, die Welt unserer Lebensvollzüge im weitesten Sinn, und die Realität ist die Welt unserer Erkenntnis. Die Wirklichkeit ist keine Steigerung der Realität in dem Sinn, wie man es mit Kant sagen könnte, dass Realität sozusagen ein Versuch ist, an die Wirklichkeit heranzukommen, aber eben nur ein Versuch. Die Unterscheidung zwischen Wirklichkeit und Realität ist eine methodologische Unterscheidung. Die Realität ist eben Ausdruck des Erkenntniswillens des Menschen, die Wirklichkeit ist Ausdruck der Lebensvollzüge." (Wallner, 2002a, S. 141f)

„In der Praxis der Wissenschaften kommt es nicht darauf an zu falsifizieren, sondern auf die Entwicklung der Kontexte der wissenschaftlichen Arbeit. Forschungsprogramme und Forschungsstrategien werden an soziale Wünsche und ideologische Bedürfnisse angepasst. Vor diesen Hintergründen wird nach einer Wirklichkeit gesucht, die diesem Forschungsprogramm entspricht." (Wallner, 2002a, S. 231)

„Die Wissenschaft verändert die Wirklichkeit, die Wissenschaft beschreibt die Wirklichkeit nicht. Hier kann niemand vernünftig von Relativismus reden. Die Wissenschaft kann natürlich in verschiedenster Weise die Wirklichkeit verändern." (Wallner, 2002a, S. 223)

„Der Konstruktive Realismus geht davon aus, dass es eine Wirklichkeit gibt, die jenseits des menschlichen Einflusses existiert." (Wallner, 2002a, S. 233).

„Dieses Gespräch zwischen den Quantenphysikern und EINSTEIN hat ja den tragischen Aspekt, dass EINSTEIN dadurch bis zu seinem Lebensende verleitet war, seine Forschung in eine Bahn zu lenken, die letzten Endes nichts gebracht hat. Tragisch mutet es an, wenn ein Genie Jahre oder Jahrzehnte lang forscht, und zwar intensiv forscht, aber unter Hypothesen, die es eigentlich unmöglich machen, dass seine Forschung erfolgreich ist, wie man heute sieht. (EINSTEIN leistete nach dem Ende der Zwanzigerjahre nichts wissenschaftlich Geniales mehr, obwohl er sehr viel arbeitete.)

An dieser Diskussion ist zu erkennen, dass beide Parteien einen bestimmten Begriff von Wissenschaft hatten, jedoch einen *verschiedenen* Begriff. EINSTEINs Begriff von Wissenschaft ist an KANT orientiert. Er besagt, dass die Physik, wie jede echte Wissenschaft, die Aufgabe hätte, die Materialien, die uns von der Welt herangebracht werden, intellektuell zu manipulieren und diese Materialien zu einem vollständigen System zu verarbeiten. Solange ich kein vollständiges System habe, habe ich diese Materialien nicht vollständig geordnet. Und deswegen, weil die Quantenphysik keine eindeutige Naturbeschreibung, wie er sagt, geben kann, ist diese Beschreibung nicht vollständig. Deswegen ist die Quantenphysik in ihren Aussagen

keine vollständige, keine endgültige Wissenschaft im Sinne der Physik. Das war
EINSTEINs Meinung.

Seine Gegner vertraten verschiedene wissenschaftliche Standpunkte, die alle
darin übereinkamen, dass die Wirklichkeit doch an sich indeterminiert sein könnte
(wie es ja auch POPPER in den letzten Jahren sehr lebhaft vertritt). Diesen Indetermi-
nismus, diese Unbestimmtheit der Wirklichkeit, müsse man beschreiben, und deswegen sei die Quantenphysik vollkommen im Recht, wenn sie etwa Beschreibungen
gibt, die nicht volle Gesetzmäßigkeit der Natur zur Darstellung bringen, sondern Beschreibungen, in denen Ungewissheit und Unbestimmtheit der Naturvorgänge enthalten sind. Denken Sie nur an Heisenbergs Unbestimmtheitsvariante.

Wenn die Philosophen in der Lage gewesen wären, den beiden Gesprächspar-
teien nur klar zu machen, dass sie in ihrer Diskussion *verschiedene Begriffe* von
Wissenschaft vorlegen und daraus ihre Folgerungen ziehen, so hätten sie sie im Sinne WITTGENSTEINs ‚geheilt'. Die Philosophen, die hier mitdiskutiert haben, waren
selbst eifrigst bemüht, ihren Wissenschaftsbegriff den Physikern anzubieten. Sie
trugen jedoch damit eher zur Verwirrung der Diskussion bei als zur Lösung." (Wallner, 2008, S. 299f)

Wissen

Es ist keine Frage des Wissens, ob man Farbe erkennt (Beispiel der blinden Ma-
ry, die alles über Farben gelesen hat, was die Wissenschaft darüber zu sagen
hat). Das ist eine andere Art der Qualität des Erlebens (im Anschluss an die
Ideen und Zusammenfassung von BECKERMANN) (Wallner, 2005Wa).

Wissenschaft

„Nun können wir natürlich vom Standpunkt der absoluten Einsicht aus sagen, daß
die Wissenschaft zu einem bestimmten Zeitpunkt unfertig ist, und zu einem späteren
Zeitpunkt in einem anderen Zustand sein wird – nur sind diese Überlegungen bloß
fiktiv, denn welche Möglichkeit haben Sie, Ihre Prognose über die Entwicklung der
Wissenschaft selbst mittels kommunizierbarer Methoden zu tätigen? Keine. Wird
die Wissenschaft dadurch nicht relativ, verliert sie nicht ihre Verbindlichkeit? Diese
Einwendung ist sehr ernst. Sie ist nur dann stringent, wenn wir annehmen, daß es so
etwas wie eine objektive Wahrheit prinzipiell für irgend jemand gebe — und sei es
nur für Gott selbst — einen Zugang zu dieser objektiven Wahrheit. Nur unter diesen
Fiktionen kann man den Standpunkt aufrechterhalten, daß Wissenschaft in irgendei-
nem Zustand absolut verbindlich sein müßte." (Wallner, 1991, S. 33f)

Der Konstruktive Realismus trennt die Wissenschaft in 2 Ebenen:

1. *Satzebene:* Die Satzsysteme der Wissenschaft, die an den Datenmengen
   geprüft werden. Sobald die Datenmengen vergrößert werden, entstehen
   Probleme (auch in einer anderen Teildisziplin). Der Wissenschaftstheoretiker DUHEM des 19. Jahrhunderts sagte: Wissenschaftliche Satzsysteme

sind nicht Beschreibungen der Natur, sondern Vorschriften, wie man vor-
zugehen habe.

2. *Objektebene:* Daten werden „erhoben" (aus der Natur, Mikroskop, Nebel-
kammer, alten Dokumenten etc.). Die Daten sind nicht gegeben, sondern
werden durch menschliche Handlungsweisen erzeugt. Sie werden konstruiert. Je nach Fragestellung werden nur bestimmte Daten „erhoben", andere Daten werden ignoriert. Objektive Daten gibt es nicht (Thomas KUHN:
Daten sind immer theoriegeladen). Man hat bei der Erhebung bereits eine
Theorie im Hinterkopf (Wallner: 1996W).

Wissenschaft beschreibt nicht die Welt (Wallner, 1997S).

Die Wissenschaft basiert auf Glaubenssätzen. Hat heute mehr und mehr ne-
gativen Einfluss, denn dadurch werden Alternativen ausgeschlossen. Die abendländische Wissenschaft degeneriert zur Technik (Wallner, 1998Sa).

Bei jeder wissenschaftlichen Theorie gibt es einen Preis zu zahlen. In der
klassischen Mechanik hatte man das Problem, dass die Schwerkraft simultan
überall raumfüllend da war. HERZ wollte das Kraftprinzip aus der Physik entfer-
nen, weil er es für ein Konstrukt hielt. Bei der Relativitätstheorie wird der Zeitbegriff (im Sinn der Dauer) demontiert (Wallner, 1998Sa).

Die Beschreibung der Welt führt zu Paradoxien. Aufgabe der Wissenschaft:
Perspektivismus in relativistischem Sinn (Wallner, 1998Sa).

Ob wir auf dem richtigen Weg sind, ist eine sinnlose Frage (Wallner,
1998Sa).

Es ist ein Wahnsinn, chinesische Kräuter mit unseren Methoden zu untersuchen. Es besteht die große Gefahr, dass alles auf die abendländische Wissenschaft reduziert wird. Was bei der Wissenschaft herauskommt, hängt von ihren
Methoden ab. Werden die Methoden eingeschränkt, muss man mit weniger Ergebnissen rechnen (Wallner, 1998Wc).

Es wäre falsch zu glauben, dass der, der einen festen Standpunkt vertritt, in
der Wissenschaft der Wertvollere wäre. Eine einzige Welterklärung kann zu
einer gefährlichen Fiktion werden. Wissenschaftlich adäquat ist eher ein alterna-
tiv schaffendes Denken als eine Einbahn zur Wahrheit (Wallner, 1998Sc).

Wissenschaft ist eine endlose Straße; vollzieht sich in einem historischen
Prozess – unhistorische Sachen sind uninteressant (Wallner, 1998Sc).

Wissenschaftliche Satzsysteme müssen interpretiert werden, sonst haben sie
keinen Wahrheitsanspruch, bestenfalls einen technischen Anspruch. Wenn jemand, ohne ausgebildeter Psychologe zu sein, einen psychologischen Test
durchführt und dann mit Hilfe des Manuals auswertet, so wird er nicht wissen,
wo die Grenzen des Tests liegen (Wallner, 1998Sc).

Wissenschaftliche Konstrukte sind willkürlich; sie könnten auch anders sein. Demgegenüber sind daher lebensweltliche Anschauungen keine Wissenschaft: Sie können (normalerweise) nicht anders sein; beispielsweise gibt es kaum Meinungsunterschiede, ob eine Straßenbahn eine Straßenbahn ist (Wallner, 1998Sc). Konstrukte müssen ontologisiert werden können (Wallner, 1998Sc).

Eine phänomenologisch-hermeneutische Beschreibung der psychologischen Phänomene ist nicht Wissenschaft. Eigentlich ist die Psychologie ein Bündel von Wissenschaften, daneben ist die Psychologie eine praktische Wissenschaft, keine theoretische Wissenschaft. In einer theoretischen Wissenschaft kann es passieren, dass man fast nichts mehr erklären kann (z. B. die These: „Gefühlen gehen Mikrobewegungen voraus") (Wallner, 1998Sc).

„Die Wissenschaft erkennt die Welt" – sie ist jedoch eine Vielfalt von Konstrukten, mit der Aufgabe, alternierende – nicht jedoch endgültige Erklärungen anzubieten (Wallner, 1998Sc).

Wenn man der Wissenschaft nur geringe Rationalität zugesteht, öffnet man Tür und Tor für Ersatz (z. B. Sekten) (Wallner, 1998Sc).

Es kann keine letzte Theorie geben, denn sie widersetzt sich der Versprachlichung. Ein wesentliches Kriterium der Wissenschaft ist die Transformierbarkeit in immer neue Bereiche. Reines Abzählen von Tischen ist *Faktensammlerei* (Wallner, 1998Sd).

Im Paradigma des absoluten Geistes wird vergessen, wie viel interpretiert wird. Ohne Interpretation hat die Wissenschaft keinen Wahrheitsanspruch, außer in einem technischen Sinn. Interpretieren kann man nur mit dem Rückhalt der Lebenswelt (Wallner, 1998Sd).

Die europäische Wissenschaft hat ein doppeltes Gesicht. Sie spiegelt das idealistische Gesicht: Einsicht ist wichtig, ist das Göttliche, die Anwendung ist belanglos. Das Idealisieren der europäischen Wissenschaft gehört zu ihrer Struktur. Die technischen Wissenschaften galten eher als etwas Zweitklassiges. Tatsächlich ist es längst umgekehrt: Die Forscher und Auftraggeber sind meist bereits zufrieden, wenn etwas funktioniert und sich anwenden lässt (Wallner, 1998Se).

Was wir heute brauchen ist ein neues Verständnis der Wissenschaft. Das kann man aber nicht vorschreiben, ebenso wenig, wie die Deutschen Grünen versuchten, die Askese vorzuschreiben (Wallner, 1998Se).

Kern des falschen Verstehens der Wissenschaft: „Die Wissenschaft beschreibt die Welt; durch die fortschreitende Wissenschaft kommen wir zu immer besserer Beschreibung". Wissenschaftliche Satzsysteme sind Ergebnisse von Strukturierungsleistungen. Sie hängen von der eingesetzten Methodologie und Technologie ab. Es entsteht lediglich ein lokaler Wahrheitsanspruch, insofern sie handhabbar und technologisch verständlich sind. Erkenntnis (Übersetzen in andere Aussagensysteme und in die Lebenswelt) und Interpretation werden meist nicht mehr geleistet („Was bedeutet dieses Satzsystem für uns?") (Wallner, 1998Se).

Was ist eine Wissenschaft? Man darf nicht erwarten, allgemeine Kriterien für die Wissenschaftlichkeit der Wissenschaft angeben zu können. Wer darf sich dann als Wissenschaftler bezeichnen – eine brennende Frage besonders für Außenseiter? Wissenschaft ist ein Konstrukt, das sich sprachlich artikuliert. Sprache und Logik sind zum Teil willkürlich (z. B. gilt in Europa das Widerspruchsprinzip – die Widerspruchsfreiheit von Sätzen, in China nicht). Jeder Querulant könnte sich dann als Wissenschaftler bezeichnen. (SEXL erzählte, dass er jeden Monat eine Widerlegung der Sätze EINSTEINs bekommt. Oft sieht man aber den Argumentationsfehler nicht gleich. SEXL geht dem gar nicht mehr nach). Spezialsprachen sind dann als wissenschaftliche Sprachen zulässig, wenn sie außer dem Formulierer von mindestens einem weiteren argumentativ pro und kontra gebraucht werden kann und diese Kritik vom Verfasser auch wieder verstanden wird. Der Normalfall der Beurteilung eines wissenschaftlichen Konstrukts ist der, dass sich weltweit eine Anzahl von Personen – und seien es auch nur zwei Duzend – finden, die das verstehen und die vom Verfasser wieder verstanden werden. Eine eventuelle – problematische – Zusatzforderung wäre, dass die Diskussion so geführt werden muss, dass noch ein dritter sie versteht; das kann aber unter Umständen zu einem unendlichen Regress führen (Wallner, 1998Wb).

Weiteres ist nicht nur der Erfolg, sondern auch die systematische Erklärung des Erfolgs erforderlich (Wallner, 1998Wb).

Wissenschaft hat eine instrumentelle Ebene – eine Ebene des Funktionierens – und eine Ebene der Interpretation. Wo die Interpretation verkümmert, ist man sich über die Wissenschaftlichkeit schon etwas im Zweifel. Die chinesische Medizin hat auf der instrumentellen Ebene Anweisungen, was zu tun ist. Wenn die Anweisungen nicht zu dem führen, was gewollt ist, dann erübrigt sich auch die Interpretation. In der Nicht-Wissenschaft werden Anweisungen gegeben, bei denen nicht garantiert ist, dass das eintritt, was man will. Außerdem muss der behauptete Zusammenhang verständlich sein. Verstehen meint hier: Einen Zusammenhang nachvollziehen und lebensweltlich deuten können (Wallner, 1998Wc).

Der Konstruktive Realismus versteht unter Wissenschaft zwei Schritte:
1. Konstruktion von Zusammenhängen aus den Daten.
2. Deutung dieser Konstrukte und Einordnung in die Lebenswelt (Wallner, 1998Wc).

Wann sind psychotherapeutische Techniken wissenschaftlich? Wenn sie ein Prozedere der Konstruktion und der Deutung enthalten, sodass intersubjektiv in der Gruppe der Experten Überprüfbarkeit gegeben ist (Wallner, 1998Wc). Wenn man z. B. behaupten würde, „der Wasserstand der Donau hat einen Zusammenhang mit der Selbstmordrate in Wien", so würde ein klassischer Psychologe statistisch vorgehen. Das Konzept ist jedoch nicht in den Kontext der Lebenswelt einbaubar (warum sollte der Wasserstand der Donau so eine Wirkung haben?); es ist daher nicht standardisierbar und daher nicht wissenschaftlich. *Konstrukte dürfen nicht willkürlich sein, sondern sind Verfeinerungen der lebensweltlichen Daten* (Wallner, 1998Wc).

Eurozentrismus ist abzulehnen, aber es wäre dumm, zu leugnen, dass eine Kultur etwas besser kann als eine andere (ad. Hohlwelttheorie). Man darf nicht so leicht einen traditionellen Rationalismus annehmen: Alles, was offen ist, sei besser. Das ist ein kultureller Standpunkt. Für Buddhisten ist Offenheit eher ein Zeichen, dass etwas noch nicht gut durchdacht ist. Die Relation zur Kultur ist entscheidend (Wallner, 1998Wd).

Wie kann man das jetzt vor Anfechtungen schützen, sodass es nicht zerstört wird? Jede Wissenschaft hat ein Selbstverständnis. FREUD hatte ein positivistisches Wissenschaftsverständnis. GRÜNBAUM stieg darauf ein und widerlegt die Theorie der Psychoanalyse, tut aber gleichzeitig so, als könnte man zwischen Wissenschaft und Nicht-Wissenschaft unterscheiden. Wie viel Unsicherheit und Kontrolle muss man zulassen? *Wissenschaft ist das, was eine Standardisierung von Konstruktion und Deutung darstellt.* Die Astrologie hat ein Problem mit der Standardisierung von Konstruktion und Deutung (Wallner, 1998Wd).

Die heutige Wissenschaft denkt nicht nach, sondern schaut nur, ob und wie etwas publizierbar ist. Es erfolgt üblicherweise kein Bezug auf die Welt. Rupert RIEDL, Gerhard VOLLMER als Vertreter der Evolutionären Erkenntnistheorie glauben beispielsweise, die Sätze müssten gerechtfertigt werden – aber sie sind nicht zu rechtfertigen – weder notwendig noch möglich. Der Anspruch der Wissenschaft ist, einen höheren Rationalitätsanspruch als andere Aussagen zu haben. Wie kann man diese höhere Art des Rationalitätsanspruches trotz der Kulturabhängigkeit rechtfertigen? Wenn man das zeigen will, dann geht es auch ohne die Annahme ewiger Wahrheiten (Wallner, 1998Wd).

Wissenschaft ist der Ort, an dem Konstrukte nach freien Phantasien hergestellt werden. Wissenschaftliche Konstrukte müssen allerdings wieder in die Lebenswelt zurückkehren, damit sie verständlich werden (Wallner, 1998Wd).

Die Wissenschaft führt nur zur Erkenntnis, wenn man Verfälschungen einführt. Wissenschaft geht immer nur über Verarmungsprozesse. Früher glaubte man, durch Induktion und Deduktion käme man zur Erkenntnis. Wissenschaft ist Systematisierung der Lebenswelt. Mathematisierbarkeit und technische Umsetzbarkeit: Dürfen das die Kriterien für Wissenschaftlichkeit sein? (vgl. HEISENBERG: GOETHE verzichtete nicht auf die Mathematik, sondern auf das mathematische Handwerk. Bei GOETHE geht es nicht um die Dienstbarkeit der Natur.) (Wallner, 1999Sa).

Was ist das Gegenteil der Instrumentalisierung der reinen Wissenschaft? L'art pour l'art, Onanie? Will man diese Alternativen vermeiden, muss man sich klar werden, was der Erkenntnisanspruch der Wissenschaft ist: Nämlich dass Teile der Lebenswelt systematisiert werden. Instrumentalisierung ist gegeben, wenn a) nur die Datenmengen verwaltet werden und b) wenn man darauf verzichtet, ein wissenschaftliches Aussagensystem in Hinblick auf die Lebenswelt zu interpretieren und via Lebenswelt damit Aspekte der Wirklichkeit zu ersetzen (und nicht: zu verändern). Interpretation heißt hier: Übersetzung in eine andere Sprache, wodurch ein wissenschaftliches Aussagesystem lebensweltlich brauchbar wird (Wallner, 1999Sa).

Philosophie ist Verfremdung der Lebenswelt. Wissenschaft ist Systematisierung der Lebenswelt auf empirischer Grundlage (Wallner, 1999Sa).

Wissenschaft hat die Aufgaben, Phänomene zueinander in Beziehung unter Strukturen zu setzen, die es ermöglichen sollen, die einzelnen Phänomene zu begreifen (Wallner, 1999Wa).

Das Wesentliche der Wissenschaft ist nicht deren Resultat, sondern die Veränderung (Wallner, 1999Wa).

Wer ewige Wahrheiten sucht, sollte eine Ideologie suchen (Wallner, 1999Wa).

Die Wissenschaft ist nicht die langsame Aufbereitung des Weltbildes eines Superbeobachters, sondern handlungsmäßige Auseinandersetzung mit der Welt (Wallner, 1999Wa).

Wissenschaft fordert Einsicht und Nachvollziehbarkeit (Wallner, 2000S).

Wissenschaft setzt sich nie mit der Wirklichkeit auseinander, sonder mit Objekten, die präformiert sind (z. B. in Raum und Zeit). Es ist willkürlich zu folgern, dass die Wirklichkeit auch Raum und Zeit hat. Jedoch im Gegenteil: Es gibt keinen guten Grund anzunehmen, dass es Raum und Zeit in „Wirklichkeit" gibt (Wallner, 2000S).

Charakteristika der wissenschaftlichen Welt: a) Beruht auf empirischen Überprüfungen. b)Macht Verallgemeinerungen – ohne Verallgemeinerung keine Wissenschaft! (Wallner, 2000W).

„Wissenschaft ist strukturieren, nicht mehr und nicht weniger. Hat man nur Phänomene oder nur Informationen, so ist das noch nicht Wissenschaft." (Wallner, 2002a, S. 29)

„Die Begründung der Wissenschaft ist nicht gelöst, und man kann nicht nur heute, sondern niemals einen klaren Strich ziehen zwischen ‚Wissenschaft' und

‚Nicht-Wissenschaft'. Das heißt aber nicht, dass man jeden Schwachsinn, der über Jahre betrieben wird, als Wissenschaft akzeptieren muss." (Wallner, 2002a, S. 48)

„Wenn Sie in Werken lesen, die zwanzig, dreißig Jahre oder noch älter sind, dass es irgendwann einmal möglich sein wird, endgültiges Wissen zu erreichen, dass die Wissenschaft irgendwann einmal zu einem Ende kommt oder kommen könnte, ist das nicht nur faktisch unmöglich, sondern auch ein Nicht-Verständnis der Wissenschaft (siehe Rohracher,1988/1946). Von der Wissenschaft zu glauben, dass sie endgültige Lösungen bieten kann, ist ein Missverständnis der Wissenschaft und ihrer Struktur. Diese Einsicht ist eines der Resultate der modernen Wissenschaftstheorie. Es kann keine Ewiggültigkeit der Wissenschaft geben. Die Ewiggültigkeit der Wissenschaft ist eine Illusion, ja eine gefährliche Utopie." (Wallner, 2002a, S. 48f)

„Man wollte ursprünglich, und der Gedanke war vollkommen richtig, durch die Wissenschaft die Gedanken Gottes nachvollziehen können. Das ist ein fernes Ziel, das aber letztendlich die Wissenschaft unglaublich attraktiv gemacht hat. Dafür kann man sein ganzes Leben verwenden und auf Familie, Reichtum und Bequemlichkeit verzichten. Wenn man dieses Ziel nun seiner absoluten, theologischen Fiktion entkleidet, dann wird deutlich, dass das Ziel wissenschaftlicher Arbeit nicht in erster Linie Beherrschen, sondern Verstehen ist. Man kann die Natur aber nicht verstehen, verstehen kann man nur die Aktionen, die zu wissenschaftlichen Resultaten führen. Und wenn jemand diese Aktionen versteht, dann versteht er auch, was Wissenschaft ist." (Wallner, 2002a, S. 95)

„Vor fünfzig Jahren war der Wissenschaftler derjenige, der auf der Suche nach der ewigen Wahrheit ist und dessen Aussagen dadurch das dementsprechende Gewicht hatten. Heute empfindet man das als ein bisschen lächerlich. Da dieses Selbstverständnis heute nicht mehr überzeugend ist, befinden sich viele Wissenschaftler in einer Krise. Der Wissenschaftler ist nicht mehr der Enträtsler der ewigen Strukturen der Welt, sondern muss nach dem neuen Verständnis der Wissenschaft in der Lage sein, Strukturen zu erfinden und gegebene Strukturen rasch zu durchschauen. Der Wissenschaftler der Gegenwart muss eine bestimmte Sensibilität und eine kreative Phantasie haben. Das sind Eigenschaften, die normalerweise einem Künstler zugesprochen werden." (Wallner, 2002a, S. 129)

„Die Wissenschaft selbst erfindet Konstrukte, die nicht anschaulich sein müssen, wie die der Lebenswelt, die meistens anschaulich sind. Wichtiger jedoch ist, dass die wissenschaftlichen Konstrukte auf frei erfundenen Grundlagen beruhen. Das heißt, die Axiome, die unbezweifelbaren Sätze, auf denen wissenschaftliche Konstruktionen aufgebaut werden, sind frei erfunden. Wobei das ‚frei erfunden' natürlich nicht so verstanden werden soll, das jeder von uns sich eine Wissenschaft frei erfinden kann. Die Basis für das wissenschaftlich Brauchbare ist eine geniale Leistung, aber sie ist eine Erfindung. Diese Basis wird nicht vorgefunden, sondern sie wird erdacht. Es gab den Versuch zu überprüfen, ob die Wirklichkeit euklidisch oder nicht-euklidisch ist. Dieser Versuch ist gescheitert, weil wir jede Menge von Daten theoretisch so strukturieren können, dass wir eine bestimmte Geometrie verifizieren. Es erscheint also nicht glaubwürdig anzunehmen, dass die Wirklichkeit – die gegebene Welt – eine bestimmte Geometrie vorwegnimmt. Tatsächlich ist es in der Philosophie der Physik so, dass man auch nach der Relativitätstheorie noch immer die euklidische Geometrie beibehalten kann, nur wird es physikalisch dann hochgradig kompliziert. Das hat POINCARE demonstriert (siehe Poincare, 1996/1914). Weil er ein gläubiger Kantianer war, hielt er es für unmöglich, dass KANT mit der Behauptung unrecht hatte, dass nur die euklidische Geometrie die Geometrie der Welt sei. Die Struktur der Welt, wie sie die Relativitätstheorie darstellt, ist eine in ihren Grundlagen frei erfundene. Das Bemerkenswerte daran ist, dass sich so viele Phänomene von dieser Struktur erfassen lassen. EINSTEIN selbst meinte, dass die Wissenschaft ihre Grundlagen frei erfindet (siehe Einstein, 1953). Das ist aber gerade keine Herabsetzung der Wissenschaft! Man muss sich davor hüten zu glauben, dass die Naturwissenschaft durch einen ‚tiefen Blick in die Natur' darauf kommt, welche Struktur sie wirklich hat." (Wallner, 2002a, 246f)

„In Europa hat man immer die Vorstellung gehabt, die vom Christentum kommt, dass die Welt nach einem vernünftigen Plan gebaut ist und dass der Wissenschaftler diesen Plan schön langsam enthüllt, und danach bedeutet Wahrheit in der traditionellen Auffassung, dass ein Aussagensystem dann wahr ist, wenn es mit dein Plan der Welt übereinstimmt. Seit dem Studium verschiedener Kulturen wissen wir aber, dass wir die Welt nach verschiedenen Plänen beschreiben können, sodass der Begriff der Wahrheit dann überhaupt hinfällig wäre. Nun hat uns aber der Konstruktivismus insofern ausgeholfen, oder besser gesagt der Konstruktivismus generell (nicht der Konstruktive Realismus), insofern er den Begriff der Lebenswelt eingeführt hat. Nun schaut die Sache so aus: Wir haben die Welt, die immer eine unübersehbare Vielfalt darstellt. Sie muss es ja auch sein. Überlegen Sie sich folgendes: Denken Sie sich das Weltall begrenzt. Dann entsteht sofort die Frage, was ist jenseits der Grenzen. D. h., wir können uns die Welt gar nicht als etwas Begrenztes denken. Darum bietet die Welt, die wir Wirklichkeit nennen, eine Vielfalt von Möglichkeiten und nun haben verschiedene Kulturen ihre verschiedenen Lebenswelten entwickelt. Die Lebenswelten sind reduzierte Wirklichkeiten. In den Lebenswelten kommen jene Aspekte der Wirklichkeit vor, die wichtig für das jeweilige kulturelle Leben sind und für den Chinesen sind z.B. andere Aspekte der Wirklichkeit wichtig als für den Europäer. 1nd darum hat nun die jeweilige Wissenschaft einerseits nur die Möglichkeit an die Wirklichkeit über die Lebenswelt heranzukommen, d. h., sie erfaßt von der Wirklichkeit nur das, wohin sie die Lebenswelt führt, und ihre Aussagensysteme haben nur insofern einen Wahrheitsanspruch, als sie auf die jeweilige Lebenswelt bezogen werden können. Sie können die Lebenswelt exakter machen, oder sie können die Lebenswelt klarer machen, und sie können unter Umständen auch Aspekte der Lebenswelt korrigieren. Ihr Wahrheitsanspruch beruht also darin, in dem er die Möglichkeiten, die die Lebenswelt eröffnet, exakter macht und verständlicher. Wahrheit ist hier keine Abbildung sondern ein Zuwachs an Orientierungsmöglichkeiten. Das ist ein ganz großer Wandel im Wahrheitsbegriff. Das ist etwas anderes als die Wahrheit im Alltag." (Wallner & Greiner, 2003, S. 57f)

Es war immer ein Problem, dass die Wissenschaft kein Ende hat. Man wollte „ewige Wahrheiten", aber andererseits glaubte niemand, dass die Wissenschaft demnächst ein Ende finden würde, sobald alles erkannt worden ist (Wallner, 2005Wa).

Die Wissenschaft behandelt nicht die Dinge, sondern die Relationen, Beziehungen, in denen Dinge stehen, und die kann man grundsätzlich nicht sehen (Wallner, 2006Wa).

„Europäische Wissenschaft ist nach diesen Vorausüberlegungen so aufgebaut, dass jedes funktionierende Konstrukt eine Wahrheit über die Natur aussagt. Das ist die vorsichtigste Formulierung, denn auch in der westlichen Wissenschaft besteht die Offenheit, dass bestehende Wahrheiten durch andere Wahrheiten modifiziert oder ersetzt werden können. Die europäische Wissenschaft würde daher, wenn sie kritisch ist, den Begriff der >local truth< akzeptieren, der nichts anderes besagt, als dass Wahrheit kontextabhängig ist." (Wallner, 2006a, S. 35)

„Das Missverständnis der traditionellen Wissenschaft ist zu glauben, dass ein funktionierendes System die Welt wiedergibt. Heute wissen wir, dass ein System funktionierten kann und die Welt trotzdem ganz anders ist. Nehmen wir ein einfaches Beispiel. Es funktioniert sowohl die Newtonsche Mechanik als auch die Allgemeine Relativitätstheorie in dem Sinne, dass beide zutreffende Voraussagen machen. Daraus kann aber nicht abgeleitet werden, ob die Welt >newtonisch< oder >einsteinisch< ist. Diese Probleme entstehen durch die falsche Vorstellung, die Wissenschaft beschreibe die Welt, letztlich also durch die Anwendung eines falschen Begriffssystems. Was wir hier tun, speist sich aus der Einsicht, dass Sprache nicht als Ganzes konzeptualisiert werden kann, das heißt, es ist nicht möglich, alles, was sprachlich ist, mit einer Universalgrammatik zu erfassen." (Wallner, 2006a, S. 67)

Wissenschaftliche Aussagen

„Die Frage der Wahrheit wissenschaftlicher Aussagen benötigt den Rekurs auf die Lebenswelt." (Wallner, 2006a, S. 53)

„Wie können wir aber mit diesen Erkenntnissen umgehen und trotzdem den Anspruch der Wissenschaft beibehalten? Weil die Wissenschaft und besonders die europäische Wissenschaft zu wahren Einsichten führt. Ihre Sätze sind durchaus wahr, wobei ich „wahr" nicht in einem absoluten Sinn verstehe. Letzteres wäre ein Missbrauch des Begriffes Wahrheit, den man leider sehr oft findet in der Auslegung der europäischen Wissenschaft. Bekannt ist ja die Wendung, dass ein Gesetz in jeder möglichen Welt wahr ist. Das sind vollkommen sinnlose Formulierungen. Warum? Weil Wahrheit Kontextabhängigkeit voraussetzt und einen Kontext braucht, um überhaupt grammatikalisch, syntaktisch richtig verwendet zu werden. Wenn Sie zum Beispiel den Satz von Ihrem Freund hören, den sie verdächtigen, dass er fremdgeht: „Ich war gestern im Kino", so ist das ein Satz, der leicht zu überprüfen ist, wenn er in Europa, in unserer Lebenswelt gesprochen wird. Wenn Sie ihn mitten in Afrika, wo nichts anderes als Wüste ist, hören, dann verliert der Satz seinen Sinn. Das meine ich mit Kontextvoraussetzung. Wenn ich sage: Ich war im Kino, dann muss ich wissen, was Kino ist. Dieser Satz hat dann nur einen Sinn in einem bestimmten Kontext. Wenn man ihn aus dem Kontext herausnimmt, verliert er seinen Sinn und damit auch seinen Wahrheitsanspruch.

Es ist im Prinzip mit der Wissenschaft nicht anders: Wenn man weiß, welche Voraussetzungen eine wissenschaftliche Theorie hat, so kann man unter diesen Vo-

raussetzungen Wahrheit oder Falschheit behaupten. Das nenne ich nach der Quantenphysik „lokaler Begriff der Wahrheit", denn in der Quantenphysik kommt die
Lokalität auch vor als ein wichtiges Kriterium. Wahrheit ist lokal. Wahrheit ist abhängig von den Voraussetzungen, die ich mache. Wenn ich die Voraussetzungen,
die ich mache, nicht einsehe oder nicht weiß oder nicht angeben will, dann bin ich
entweder naiv oder ein Schwindler. Auf alle Fälle kann ich nicht auf seriöse Weise
über Wahrheit sprechen." (Wallner, 2011a, S. 96)

Wissenschaftshermeneutik

„Was Wissenschaft heute braucht, sind Deutungsstrategien, nicht Verbindlichkeits-
untersuchungen. Der Terminus Wissenschaftstheorie kann hier mit dem Terminus
Wissenschaftshermeneutik ersetzt werden, was natürlich gefährlich ist, denn für
manche ist Hermeneutik nur Geschwätz. Die Wissenschaftshermeneutik versetzt den
einzelnen Wissenschaftler oder eine Gruppe von Wissenschaftlern (etwa eine Institution oder eine Fachdisziplin) in die Lage, Verfahren zu entwickeln, die ihre Arbeit
verständlich machen." (Wallner, 2002a, S. 81)

Wissenschaftssoziologie

Früher – vor der Einführung der Wissenssoziologie – glaubte man, dass die
Struktur der Gesellschaft keinen Einfluss auf die Wissenschaft hat. Die Universitäten wurden hierarchisch eingerichtet – wie die Kirche. Ein Ordinarius hatte
über die Wissenschaft mehr zu sagen als ein Doktor. Heute sieht man ein, dass
bei der Beurteilung einer Wissenschaftstheorie wichtig ist, ihren sozialen Hintergrund (für die Deutung) zu kennen. Früher behauptete die Naturwissenschaft:
Was wir sagen gilt unbedingt, und zwar unabhängig davon, ob man in Wien,
Peking oder New York ist. Diese Wissenschaftler durchschauten ihre Wissenschaft nicht, hielten die Soziologen für eine Feindinstanz (Wallner, 1998Sb).

Soziale Strukturen kann man – zum Unterschied zu Naturstrukturen – überhaupt nicht untersuchen, wenn man sie vorher nicht definiert. Dann erst sind sie
interpretierbar. In der Soziologie ist es daher naheliegend, ein Konstrukt aus
einem anderen Zusammenhang heraus zu interpretieren. Daher hatte
HORKHEIMER das Bedürfnis nach Interdisziplinarität. Die Soziologie hat den
Ruf, in einer unverständlichen Sprache zu sprechen. Die Grenzen zwischen wahr
und falsch sind in der Soziologie nicht so klar, besonders bei Grundlagenbegrif-
fen (Wallner, 1998Sb).

Wissenschaftstheorie

Wissenschaftsphilosophie ist sinnlos, wenn man vorgibt, man kann Resultate der Wissenschaft verallgemeinern und dadurch zu generellen Einsichten kommen – Europäer wollen immer ein Universum (Wallner, 1998Sc).

Wissenschaftstheorie ist die Weise des Denkens über die Wissenschaft, die uns sagt, wie verbindlich wissenschaftliche Aussagen sind, obwohl man weiß, dass alle Aussagen historisch bedingt sind.

Wissenschaftstheorie ist eine sterbende Disziplin. Sie stammt aus dem 19. Jahrhundert und ist vom Prototyp der europäischen Wissenschaft abhängig. Die Nachfolge ist bereits in Europa in Entwicklung. Epistemologie: Die Lehre von den Bedingungen des Wissens (z. B. der Kulturabhängigkeit), insofern es wissenschaftliches Wissen ist. Die europäische Wissenschaft hat immer das Konzept des Erzeugens (auch im Christentum: Gott schuf die Welt). Platon: Man erkennt nur das, was man herstellen kann. Jede Wissenschaft hat lebensweltliche Wurzeln (Wallner, 1998Wc).

„… dass die Wissenschaftstheorie jene Wissenschaft des Denkens ist, die uns sagt, wie die Verbindlichkeit wissenschaftlicher Aussagen möglich ist, obwohl sie historisch bedingt sind. Das ist das Problem: Wie ist es möglich, wissenschaftliche Antworten als verbindlich, das heißt nicht als willkürlich aufzufassen, obwohl wir wissen, dass sie historisch bedingt sind, dass sie vielleicht in hundert Jahren auf diese Weise nicht mehr stimmen." (Wallner, 2002a, S. 65)

Was darf man sich von einer Wissenschaftstheorie erwarten?

Eine Wissenschaftstheorie muss traditionell die Wissenschaftlichkeit der Wissenschaft beweisen. Sehr erfolgreich waren 2 Ansätze:

1. Transzendentalphilosophischer Ansatz (KANT'scher, nicht HUSSERL'scher Prägung)

Die Wissenschaft muss sich so darstellen, dass sich ihre Wissenschaftlichkeit aus ihrer Argumentationsstruktur zeigt. Das ist in gewisser Weise eine unanfechtbare Antwort. Es geht um die Methoden, die impliziten Annahmen, etc. (Wallner, 1998Wc).

KANT folgerte daraus, dass die Sätze der klassischen Mechanik wahr und allgemeingültig seien. Daraus folgt, dass wir durch NEWTON die wahre Einsicht in die Welt hätten. KANT hat die Abhängigkeiten in seiner Argumentation übersehen, die das Ergebnis zirkelhaft machen. HEGEL sah das ein, wurde aber nicht verstanden. Konrad LORENZ glaubte, KANT in Hinblick auf die menschliche Erkenntnisfähigkeit auf die moderne Biologie übertragen zu können: Er meinte, die menschliche Erkenntnisfähigkeit kann bis zu einem gewissen Grad nicht irren. Dadurch kam auch die Evolutionäre Erkenntnistheorie in einen fehlerhaften Zirkel (es ist allerdings nicht jeder Zirkel fehlerhaft). Der Zirkel besteht darin: Das, was man beweisen will, kommt schon im Beweisgang vor. Wenn ich zum Beispiel den Satz beweisen will: „Das Mädchen ist schön" und damit beginne, ihr schönes Gesicht zu preisen .

KANT meinte, dass jedes vernünftige Wesen so denken muss wie er: Anschauungsformen und Kategorien. Dagegen: Das Denken wird auf die gegebenen Welt (Wirklichkeit) angewendet und die Wissenschaft repräsentiere die der Wirklichkeit korrespondierenden Formen. Das kann man aber nicht wissen.

Anderes Argument: Es gibt andere Kategorientafeln (z. B. jene von SCHOPENHAUER); die hätte es nach KANT nicht geben dürfen (Die Wissenschaft lässt sich logisch nicht begründen). Auch von Nicolai HARTMANN gibt es Kategorientafeln (allgemeine Kategorien des Denkens), deren Falschheit nicht eindeutig nachgewiesen werden können (Wallner, 1998Wb).

2. Der Wiener Kreis

Das war ein anderer Versuch um herauszufinden, wodurch sich wissenschaftliche von nicht-wissenschaftlichen Aussagen unterscheiden[18].

a) Die Empirie auf ein sicheres Fundament zu stellen. Ergebnis: Es gibt keine allgemeine sichere Basis für die Empirie, bestenfalls wenige sichere Fakten.

b) Die Verbindlichkeit der Logik zu zeigen.

Wissenschaft ist die Strukturierung der auf sicherer Basis gewonnen Daten in einem unbezweifelbaren logischen System.

Hat man a) und b), dann könnte man sagen, was Wissenschaft und was Dilettantismus ist. Im heutigen Sprachgebrauch: a) Standardisierung der Datenerhebung und b) Strukturierung der Daten). CARNAP versuchet es immer wieder. Zunächst versuchte er es auf der Ebene der grammatikalischen Struktur der Sprache, ging dann weiter zum Pragmatismus.

---

18 Dem Unternehmen des „Wiener Kreises" ging die Erschütterung voraus, die die Relativitätstheorie und die Quantenphysik zu Anfang des 20. Jahrhunderts brachte. Die klassische, NEWTON'sche Mechanik, die für so unbezweifelbar richtig und allgemeingültig gehalten wurde, stellte sich plötzlich als ein Sonderfall dar. Wie konnte es sein, dass Erkenntnisse, die durch strenge Wissenschaft zustande gekommen waren, sich in ihrer Absolutheit plötzlich als falsch erwiesen? Hatte man irgendwelche Fehler gemacht, sodass die Ergebnisse wissenschaftlicher Arbeit nicht „gesicherte Erkenntnisse" im Range ewiger Wahrheiten, sondern bloß zeitabhängige Meinungen waren? Solchen Fragen liegt ein nicht ausreichend reflektiertes Vorverständnis bezüglich „Wahrheit" und „Erkenntnis" zugrunde und führte in weiterer Folge zum Konstruktivismus. [Anm. d. Verf.]

Heute sind wir zur Einsicht gekommen: Wir haben eine willkürliche Entscheidung bezüglich der Datenbasis und der Methode. Es gibt kein inhaltliches Apriori (manche glauben, dass es auch kein formales Apriori gibt). (Der soziale Druck, in eine bestimmte Richtung zu denken ist in der Wissenschaftlergemeinschaft größer als in der soziologischen Gemeinschaft.)

Beide Programme (der transzendentalphilosophische und der des Wiener Kreises) erlitten Schiffbruch. CARNAP ließ 1936 zu, die Logik frei zu wählen – das wurde „Toleranzprinzip der Logik" genannt. Eine Folge davon ist Paul FEYERABEND's ‚Anything Goes ': Man sollte den Anspruch der Wissenschaftlichkeit aufgeben. „Wissenschaftstheorie – eine neue Form der Geisteskrankheit" (Wallner, 1998Wb).

Es ist günstig, den Terminus „Wissenschaftstheorie" durch einen neuen Terminus zu ersetzen: „Epistemologie". STEGMÜLLER, der große Einführer der Wissenschaftstheorie in Deutschland, kommt in seinem 2. Band diesem Gedanken nahe (Wallner, 1998Wb).

„Das Ergebnis ist aporetisch und endet im Widerspruch. Das liegt daran, dass die Wissenschaftstheorie – als Oberbegriff, dasselbe gilt auch für die Wissenschaftsforschung – eine paradoxe Disziplin ist. Sie beansprucht, was man nicht erforschen kann, und hat Ziele, die man in dieser Weise nicht erreichen kann. Das heißt jedoch nicht, dass man sie gleich verwerfen muss. Es ist aber so, dass wir zumindest sagen können: Wenn wir die Wissenschaftstheorie als eine deskriptive wissenschaftliche Disziplin verstehen, dann ist sie paradox und kann ihre Aufgabe nicht erfüllen, weder auf der Objektebene, noch auf der Metaebene. Die Wissenschaftstheorie muss also etwas anderes sein als eine deskriptive Doktrin." (Wallner, 2002a, S. 58)

Wissenschaftswissenschaft

„Nun entsteht aber die Frage, wie sich die Wissenschaftstheorie und die Wissenschaftsforschung in Bezug auf die Wissenschaften verhalten. Die Antwort schlicht auf die Herkunft der Wissenschaftstheorie von der Philosophie, respektive der Wissenschaftsforschung von der Sozialwissenschaft zu reduzieren, ist falsch. Die Wissenschaftstheorie und die Wissenschaftsforschung haben den gemeinsamen Anspruch, dass sie sich nicht auf ein Objekt der Natur, sondern auf bereits strukturierte Natur beziehen. Insofern nehmen sie Bezug auf etwas, das bereits Struktur hat, und beziehen sich nicht zuerst auf etwas und beginnen dann zu strukturieren, wie es die Wissenschaft normalerweise tut." (Wallner, 2002a, S. 53)

Zeit

Wallner (1999Sb) führt zwei Aspekte der Zeit an:

Ontologischer Aspekt der Zeit: Zeit setzt voraus, dass es etwas gibt. Ohne Zeit kann es keine Zeit geben. Ohne jegliche Inhaltlichkeit kann es Zeit nicht geben. Alles andere wäre Missbrauch der Sprache (z. B. in der analytischen Philosophie: „Ich spreche über Zeit an sich").

Metaphysischer Aspekt der Zeit: Wirklichkeit ist etwas, was unser Kategoriensystem nicht kennt (es ist unbestimmt, ob es dort Zeit gibt). Die Einsicht, dass Zeit ohne ontologische Voraussetzung nicht denkbar ist, ist ein Argument dafür, dass die Wirklichkeit im Sinne des Konstruktiven Realismus keine Zeit braucht. „Ewiges Leben" etc. sind Spekulationen (Wallner, 1999Sb).

Wenn man regelmäßig den Radiergummi benützt, verschwindet er. War es die Zeit, die ihn zum Verschwinden gebracht hat oder doch das Rubbeln (Wallner, 1999Sb).

Wenn das Licht von einem anderen Stern 10^6 Jahre benötigt, um zu uns zu kommen, so ist das standpunktabhängig. Für das Photon vergeht gar keine Zeit (Wallner, 1999Sb).

Für Afrikaner ist die Quantifizierung der Zeit ein Absurdum. Wenn man mit westlichem Zeitbegriff die afrikanische Kultur darstellt, verfälscht man diese daher in unglaublicher Weise. Beispiel: Bei einer Konferenz beschließt man, sich morgen um 09 Uhr zu treffen. Darauf ein Afrikaner: Wie kann der jetzt schon wissen, wann wir uns morgen treffen werden (Wallner, 1999Sb)?

Jeder glaubt, aus der Relativitätstheorie folgt das Zwillingsparadoxon. Leibnitz, Mach bezweifelten die Newton'sche Zeit. Es setzte nach 200 Jahren massiver Wissenschaftskritik die Erkenntnis ein, dass „Gleichzeitigkeit" von der Definition und den Uhren abhängt (Wallner, 1999Sb).

Zirkel

Nur, weil etwas zirkulär definiert ist, muss es ja nicht wertlos sein (Wallner, 1997S).

Dogma der Naturwissenschaft: Auf Fragen muss es eine Antwort geben. „Warum ziehen Zugvögel im Herbst (…)?" Die generelle Antwort sind leere Konstrukte: Triebe, Bedürfnisse, etc. Bei zahllosen sogenannten Erscheinungen ist die Erklärung ein Trieb, der im Titel den Namen der Erscheinung hat (z. B. „Sexualtrieb"). Es ist aber zu fordern, dass beide Ereignisse (Ursache und Wirkung):

   a. Logisch unabhängig sein müssen (in der Formulierung des einen darf das andere nicht schon enthalten sein).

b. Unabhängig voneinander feststellbar sein: Wo ist z. B. der Trieb für sich alleine (Annerl, Wallner 1998Wb)?

Das Handschütteln: Hat sich angeblich so entwickelt, dass man dem Anderen zeigen wollte, dass man kein Messer in der Hand hat. Nun umarmen sich aber Araber? Die haben sich abgetastet, um sicher zu gehen, dass sie nicht auf dem Rücken noch ein Messer versteckt haben! Bedürfnistheorien und Theorien der Biologie gehen so vor. Dagegen kann man nur sagen: Sie [die Araber, die Händeschüttler] tun's einfach. Dieses Unterstellen von Absichten führte zu ganz falschen Theorien (Annerl, Wallner 1998Wb).

Ohne Zirkularität kann Verstehen nicht zustande kommen, denn durch Zirkularität wird Bedeutung erst möglich. Die Philosophie muss immer zirkulär sein. Es ist ein Selbstbetrug, wenn sich Leute einreden, sie wären ganz tief hinunter gekommen. Wenn etwas zirkulär ist, so ist es deshalb nicht notwendiger weise relativistisch (Wallner, 1998Wd).

Zirkel zwischen Methode und Gegenstand

Der CR verzichtet auf die Hoffnung, die Wirklichkeit direkt erfassen zu können. Statt der Beschreibung der Wirklichkeit wird das Handeln der Wissenschaftler beschrieben. Die Handlungen werden vor dem Horizont ihrer Voraussetzungen bestimmt. Realitäten werden über Handlungen konstruiert. Vorstellungen sind auch Handlungen (Wallner, 1998Sb).

Wissen ohne Selbstreflexion ist kein wissenschaftliches Wissen. Vorschnelle Kausalinterpretation von Korrelationen am Beispiel Biofeedback: Subjektives Entspannungsgefühl korreliert mit körperlichen Parametern, z. B. herabgesetzte Pulsrate. Aber wenn man den Puls künstlich herabsetzt, resultiert daraus keineswegs ein „Entspannungsgefühl" (Wallner, 1998Sb).

Konstruktionen haben im CR immer einen hypothetischen Charakter, wollen und können nicht verifiziert werden (Wallner, 1998Sb).

Der CR reflektiert auch die sozialen Grundlagen der Wissenschaft (Wallner, 1998Sb).

„Die Beschreibung menschlicher Aktivitäten und Konstrukte – Wissenschaften sind menschliche Konstrukte – stehen in einem hermeneutischen Zirkel. Um etwas verstehen zu könne, müssen wir immer schon ein Vorverständnis haben, und das Verständnis selbst als solches verändert das Vorverständnis wieder. Ein neues, anderes Vorverständnis führt sehr oft zu einem neuen Grundverständnis. Das heißt, dass die hermeneutische Arbeit eine endlose Arbeit ist. Darum ist es nie möglich, die Geschichte so darzustellen, wie sie eigentlich war. Deshalb ist es auch nicht möglich, die Wissenschaften so zu beschreiben, wie sie eigentlich sind." (Wallner, 2002a, S. 229f)

„Die Theorie der Mikro-Welten-Konstruktion zeigt deutlich auf, dass Gegenstand und Methode der Wissenschaft (und zwar im Prinzip jeder Wissenschaft) grundsätzlich in einer »zirkulären Relation« stehen: Denn, um die entsprechende Untersuchungs-Methode für einen bestimmten Gegenstandsbereich wählen zu können, müßte man doch den Untersuchungs-Gegenstand bereits kennen, was aber wiederum die adäquate Untersuchungs-Methode voraussetzen würde.... Ein Dilemma, woraus offensichtlich wird, dass über das Objekt der Forschung eigentlich niemand so richtig Bescheid weiß, eben weil es erst im Kontext des Forschungs-Prozesses festgelegt wird." (Wallner & Greiner, 2003, S. 71f)

Zweifel

„Descartes hat beides verwechselt; er dachte, wenn ich eine mathematische Beschreibung der Wirklichkeit gebe, dann komme ich zu einer Wahrheit. Das geht aber nicht. Ich sage, wahr ist nur das, was grundsätzlich bezweifelbar ist. Und zwar nicht alternierend, entweder wahr oder bezweifelt, sondern die Wahrheit kommt immer erst dadurch zustande, daß ich sie konkret nicht bezweifle. Die Wahrheit ist in sich dialektisch; sie erfordert Bekenntnis. Deswegen kann man zum Beispiel von der *Glaubenswahrheit* sprechen, aber sie ist nicht objektivierbar. Als Beispiel nenne ich oft den Satz ,Ich liebe Dich', ein Satz, den man bezweifeln kann. Aber die Wahrheit dieses Satzes kommt dadurch zustande, daß er nicht bezweifelt wird, obwohl er bezweifelbar wäre. Ich bezweifle den bezweifelbaren Satz jetzt nicht. Wenn jemand zu mir sagt ,ich liebe Dich' und ich sage ,kannst Du das beweisen', dann habe ich das Niveau dieses Satzes unterboten, ich habe ihn nicht verstanden." (Wallner, 1991, S. 85f)

„'Wahr' im europäischen Sinn ist nichts Triviales. Wenn ich sage: ,Es ist wahr, dass ich Schmerzen habe', so hat dieser Satz nur dann Sinn, wenn ein anderer das bezweifelt. Wenn ich sage: ,Ich weiß, es ist wahr, dass ich Schmerzen habe', und keine anderer ist da, so würde man glauben, dass das ein Zeichen von Verrücktheit oder ein Zeichen von Sprachspielerei ist. Nicht Sprachspiel im Sinn Wittgensteins, sondern ein Zeichen des Missbrauchs von Sprache. Der Begriff ,wahr' wird dann missbraucht, wenn man ihn auf Objekte oder auf Situationen anwendet, die nicht überprüft werden können oder nicht überprüft werden müssen. Der Begriff ,wahr' hat nur dann Sinn, wenn er auf Situationen angewandt wird, die überprüft werden können und in gewissem Sinn oder unter gewissen Umständen auch überprüft werden müssen." (Wallner, 2002a, S. 85f)

Anhang

Mögliche Fragen an den Vertreter einer Fachwissenschaft

Friedrich Wallner hielt 1998W auch ein Seminar mit dem Titel „Wie funktioniert Wissenschaft?". Die Aufgabe für die SeminarteilnehmerInnen bestand darin, sich einen Eindruck zu erarbeiten, wie Wissenschaft in der Realität tatsächlich abläuft; dazu waren Forscher im Uni-Betrieb zu finden, die willig waren, sich interviewen zu lassen. Jede SeminaristIn sollte sich aufgrund der Vorbesprechung ihren eigenen Fragenkatalog zusammenstellen. Im Folgenden der Fragenkatalog, den der Herausgeber, damals selbst Seminarist, erstellte und in leicht modifizierter Form an drei befreundete Persönlichkeiten, mit der Bitte, die Fragen zu beantworten, schickte. Dieses Nahverhältnis zu den Interviewten blieb wahrscheinlich nicht ohne Einfluss auf die Art und Weise der Beantwortung (s. weiter unten).

Zur Person

1. Welche Funktion/welchen Titel haben Sie?
2. Welchem Wissenschaftszweig ist Ihr Arbeitsgebiet zuzuordnen?
3. Warum sind Sie als Wissenschaftler tätig?
4. Lieben Sie Ihren Gegenstand?
5. Was tun Sie als Wissenschaftler?
6. Was macht Ihre Arbeit wissenschaftlich bzw. wodurch ist Ihre Arbeit als „wissenschaftlich" ausgewiesen?
7. Wie gehen Sie mit Skepsis gegenüber Ihrer Wissenschaft um?
8. Glauben Sie, dass Ihre wissenschaftliche Arbeit Ihre private Lebenseinstellung ändert?
9. Haben Sie Bezüge zur Lebenswelt (z. B. durch Vortragstätigkeit in der Volkshochschule)?

Zur Wissenschaftlichkeit

1. Was glauben Sie, soll eine Wissenschaftstheorie leisten?
2. Nennen Sie Beispiele für „Nicht-Wissenschaft" und geben Sie eine kurze Begründung für Ihre Auswahl.
3. Was unterscheidet Ihrer Meinung nach, grundsätzlich eine wissenschaftliche Aussage von einer „nicht-wissenschaftlichen"?
4. Haben Sie eine klar umrissene Vorstellung von der Bedeutung der Begriffe „Wissenschaft", „Kunst", „Religion", „Glaube", „Aberglaube", sodass Sie unschwer einen Satz (eine Aussage) seiner Qualität nach (nicht sei-

nem Ursprung nach und auch nicht seinem Kontext nach, indem er üblicherweise formuliert wird) einem dieser Gebiete zuordnen können

z. B. „Am Anfang war der Urknall",

„Die Gravitationskonstante ist deshalb eine Konstante, weil sie im gesamten Weltall gleich groß ist und keiner zeitlichen Veränderung unterliegt",

„Im Atom kreisen die Elektronen auf definierten Kreisbahnen um den Atomkern",

„Bei Vollmond kommt es vermehrt zu Gewaltverbrechen",

„Wenn Du Vater und Mutter ehrst, dann wirst Du lange und glücklich leben",

„Wenn zu Silvester Wäsche zum Trocknen aufgehängt wird, besteht die Gefahr, dass jemand aus der Familie im folgenden Jahr stirbt" [Vorsicht wegen „ex falso quodlibet"!],

„Homöopatische Hochpotenzen wirken auf die geistige Organisation des Menschen",

„Dämonen können von einem Menschen Besitz ergreifen" [Hinweis: wie weit hängt Ihre Entscheidung über die Zuordnung davon ab, ob Sie persönlich an Dämonen glauben(!) oder nicht?]

5. Könnten Sie in Ihrem Fachgebiet eindeutig und zweifelsfrei wahre (richtige) von falschen (unrichtigen) Aussagen unterscheiden? Wenn nein: Warum nicht?

6. Welche Bereiche bzw. Grundsätze in Ihrem Fachgebiet würden Sie als so universell und verbindlich erachten, dass sie für jedes denkbare Fachgebiet, das den Anspruch auf „Wissenschaftlichkeit" erhebt, gelten müsste?

7. Gibt es „Objektivität" (z. U. zu „subjektiv") in Ihrer Wissenschaft? Wenn ja: Was bedeutet sie?

8. Ist Wahrheit ein Begriff Ihrer Wissenschaft? Wenn ja: Was ist damit gemeint?

9. Dient Wissenschaft der Wahrheitsfindung?

10. Gibt es Ihrer Ansicht nach so etwas wie „ewige Wahrheiten", also Erkenntnisse in Ihrer Fachdisziplin, die Sie für so gesichert halten, dass sie Ihrer Meinung nach für alle Zeiten Bestand haben werden oder bestenfalls nur noch kleinen, unwesentlichen Korrekturen unterworfen sind?

11. Besteht für Sie ein begrifflicher (inhaltlicher, semantischer) Unterschied zwischen den Worten: „Wahrheit" und „Erkenntnis"?

12. Welchen Anspruch stellen Sie an etwas, das sich als „Erkenntnis" bezeichnet?

13. Geben Sie einen Begriff Ihrer Wahl an, mit dem Sie die Ergebnisse Ihrer Wissenschaft, insofern sie nach dem „Stand der Kunst" zustande kamen,

kennzeichnen würden (die folgende Auswahl ist nur als Anregung und nicht taxativ gedacht:

„Befund", „Beweis", „Entwurf", „Ergebnis", „Erkenntnis", „Faktum", „Fiktion", „Glaube", „Konstrukt", „Konzept", „Leistung", „Meinung", „Realität", „Tatsache", „Wahrheit", „Wirklichkeit", ...

14. Kann Ihre Erwartungshaltung bei einer bestimmten Fragestellung einen Einfluss auf die Ergebnisse haben?
15. Muss ein wissenschaftliches Ergebnis den Anspruch erheben, für alle Zeiten zu gelten?
16. Wie weit sind die Methoden Ihres Faches willkürlich?
17. Sind die fachspezifischen Konstrukte (Begriffe), mit denen Sie arbeiten, willkürlich oder folgen Sie Ihrer Meinung nach mit Notwendigkeit aus den Fakten?
18. Werden in Ihrem Fachgebiet Theorien mit Hilfe von experimentell gewonnenen Daten „bewiesen"?
19. Wenn Sie Daten erheben und bestimmte Daten nicht dem Erwartungswert / der Theorie entsprechen: Welche Auswirkung hat das?
20. Wie kommt es in Ihrem Fachgebiet zu neuen Theorien?
21. Glauben Sie, dass die Denkmodelle und Theorien in Ihrem Fachgebiet von der nicht-fachspezifischen allgemeinen Entwicklung ihrer Kultur beeinflusst sind?
22. Kann es sein, dass in Ihrem Fachgebiet aufgrund einer zugrundegelegten Theorie die Phänomene umgedeutet werden? Wenn ja: Wie könnte man das entdecken?
23. Inwieweit wird Ihre Wissenschaft durch Ihre Methode eingeengt?
24. Gab es in Ihrem Fachgebiet schon einen Fall, wo neue Befunde Sie veranlassten, Ihre bisherigen Überzeugungen in diesem Punkt ins Gegenteil zu revidieren?
25. Gibt es in Ihrer Disziplin „Meinungspäpste"?
26. Gibt es Phänomene in Ihrem Bereich, die im Widerspruch zu den aktuellen Theorien stehen?
27. Gibt es in Ihrer Disziplin widersprüchliche (miteinander unvereinbare) Theorien bzw. Ergebnisse?
28. Wie würden Sie Paul Feyerabends Ausspruch: „Anything goes" im Hinblick auf Ihre Wissenschaft interpretieren?
29. Wohin führt Ihre Wissenschaft?
30. Verliert die Wissenschaft an Wissenschaftlichkeit, wenn sie angewandt wird?
31. Wie weit können Ihre Erkenntnisse in die Lebenswelt überführt werden?
32. Kommen Methoden Ihrer Wissenschaft aus der Lebenswelt?

33. Hängt Ihre wissenschaftliche Arbeit mit der Lebenswelt zusammen?
34. Gehen normierende Aussagen Ihrer Wissenschaft in die Politik ein?
35. Was sind Ihrer Meinung nach die entscheidenden Faktoren, dass in Ihrem Fachgebiet hervorragende Leistungen zustande kommen?

Zur Organisation

1. Gibt es in Ihrem Fach einen Zwang zu Konformismus?
2. Wäre es aus Ihrer Sicht wünschenswert, „Querdenker" an Ihrem Institut zu haben?
3. Glauben Sie, dass sich im Konfliktfall in Ihrem Fach eher die besseren Argumente oder eher die Autoritäten durchsetzen?
4. Wo sind demokratische Prozesse in der Wissenschaft sinnvoll?
5. Wenn sich eine Zugangsbeschränkung zu Ihrem Fach bei den Studierenden als notwendig erweisen sollte (z. B. wegen Ressourcenknappheit): Wie sollte eine Auswahl getroffen werden?
6. Worauf soll bei der Lehre Wert gelegt werden?
7. Soll man Lehre evaluieren? Wenn ja: wie?
8. Soll man Forschung evaluieren? Wenn ja: wie?
9. Soll es Professoren auf Zeit geben?
10. Gibt es einen „Selbstzweck" bei Ihrer Wissenschaft?
11. Was würde in Ihrer Wissenschaft einer Änderung bedürfen?
12. Bei einer öffentlichen Prüfung (der Saal ist voll mit Zuhörern) stellen Sie fest, dass die Kandidaten – wie üblich – den Stoff mehr oder minder gut gelernt haben. Einer kann den Stoff jedoch nur äußerst mangelhaft reproduzieren – ein glattes „Nichtgenügend" –, überrascht Sie jedoch mit eigenen Ideen, die an ein Kapitel des von Ihnen vorgebrachten Stoffes anschließen und außergewöhnliche Originalität erkennen lassen. Obwohl er sehr gut argumentiert, ist das Ergebnis seiner Schlussfolgerungen zwar in sich stimmig, insgesamt jedoch ebenfalls unbrauchbar, da er wesentliche weitere Aspekte, die er weder kannte und die auch von Ihnen nicht vorgetragen worden waren, nicht berücksichtigt hatte. Sie würden sich diesen Kandidaten als Assistenten wünschen, da Sie bei den oft kniffligen Fragen ihres Fachgebietes einen kreativen Mitarbeiter dringend benötigen. Wenn Sie ihn nun durchfallen lassen, dann wäre das zwar fair gegenüber den anderen Kandidaten, aber Sie bringen sich selbst um die Chance, diesen Studierenden als Mitarbeiter zu gewinnen. Lassen Sie ihn hingegen durchkommen, müssten Sie sich zumindest den Vorwurf gefallen lassen, mit zweierlei Maß zu messen.
Was tun Sie?

Antworten von EK

Zur Person

1. Welche Funktion / Titel haben Sie:

Hochschullehrer/habilitiert

2. Welchem Wissenschaftszweig ist Ihr Arbeitsgebiet zuzuordnen?

Naturwissenschaft

3. Warum sind Sie als Wissenschaftler tätig?

Aus Neugierde, aus Lust darauf zu erfahren „was die Welt im Innersten zusammenhält".

4. Lieben Sie Ihren Gegenstand?

[wurde nicht beantwortet]

5. Was tun Sie als Wissenschaftler?

Medizinische Grundlagenforschung

6. Was macht Ihre Arbeit wissenschaftlich bzw. wodurch ist Ihre Arbeit als "wissenschaftlich" ausgewiesen?

Methodik (Hypothese-Experiment-Theorie), Gebiet, Absicht und Zielsetzung

7. Wie gehen Sie mit Skepsis gegenüber Ihrer Wissenschaft um?

Skepsis den eigenen Ergebnissen gegenüber ist eine Voraussetzung für Wissenschaftlichkeit.

8. Glauben Sie, dass Ihre wissenschaftliche Arbeit Ihre private Lebenseinstellung ändert?

Die Trennung zwischen Berufs -und Privatperson ist willkürlich und unsinnig.

9. Haben Sie Bezüge zur Lebenswelt (z. B. durch Vortragstätigkeit in der Volkshochschule)?

Ich bin ein Teil der Lebenswelt

Zur Wissenschaftlichkeit

1. Was glauben Sie, soll eine Wissenschaftstheorie leisten?

Wissenschaftstheorie Muss den Ansatz und die Methode der Wissenschaften untersuchen: Einerseits die grundlegende Disposition des Menschen zur Erkenntnisfähigkeit bestätigen oder in Frage stellen, andrerseits die verschiedenen

Zugänge zur Wahrheit, die Beweis- und Deduktionsschemata auf ihre Stichhaltigkeit untersuchen.

2.   Nennen Sie Beispiele für "Nicht-Wissenschaft" und geben Sie eine kurze Begründung für Ihre Auswahl:

Glaubenssätze, die nicht hinterfragt werden dürfen. Aberglauben, der von unerlaubten Synthesen objektiver Realitäten (z.B. schwarze Katze von rechts) und subjektivem Erleben (bringt dir Schlechtes) Gebrauch macht. Die Intention besteht erklärterweise nicht darin, Zusammenhänge zu erkennen.

3.   Was unterscheidet Ihrer Meinung nach, grundsätzlich eine wissenschaftliche Aussage von einer "nicht-wissenschaftlichen"?

Die Methodik (state of the art), die zu den Ergebnissen geführt hat.

4.   Haben Sie eine klar umrissene Vorstellung von der Bedeutung der Begriffen "Wissenschaft", "Kunst", "Religion", "Glaube", "Aberglaube" sodass Sie unschwer einen Satz (eine Aussage) seiner Qualität nach (nicht seinem Ursprung nach und auch nicht seinem Kontext nach, indem er üblicherweise formuliert wird) einem dieser Gebiete zuordnen können (z. B. "Am Anfang war der Urknall", "Die Gravitationskonstante ist deshalb eine Konstante, weil sie im gesamten Weltall gleich groß ist und keiner zeitlichen Veränderung unterliegt", "Im Atom kreisen die Elektronen auf definierten Kreisbahnen um den Atomkern", "Bei Vollmond kommt es vermehrt zu Gewaltverbrechen", "Wenn Du Vater und Mutter ehrst, dann wirst Du lange und glücklich leben", "Wenn zu Silvester Wäsche zum Trocknen aufgehängt wird, besteht die Gefahr, dass jemand aus der Familie im folgenden Jahr stirbt" [Vorsicht wegen "ex falso quodlibet"!], "Homöopatische Hochpotenzen wirken auf die geistige Organisation des Menschen", "Dämonen können von einem Menschen Besitz ergreifen" [Hinweis: wie weit hängt Ihre Entscheidung über die Zuordnung davon ab, ob Sie persönlich an Dämonen glauben(!) oder nicht?]).

Was versteht man unter „Qualität" einer Aussage? Ich ordne die Aussagen nach dem Gesichtspunkt, wieweit sie (meinem Wissensstand entsprechend) als gültige Hypothesen oder Modelle in der Wissenschaft verwendet werden oder verwendet werden können.

"Am Anfang war der Urknall": halte ich für eine noch gültige Hypothese der Wissenschaft.

"Die Gravitationskonstante ist deshalb eine Konstante, weil sie im gesamten Weltall gleich groß ist und keiner zeitlichen Veränderung unterliegt": Weiß ich nicht, Gravitation ist sicher ein Phänomen, das wissenschaftlich untersucht wird.

"Im Atom kreisen die Elektronen auf definierten Kreisbahnen um den Atomkern": Halte ich für ein veraltetes Modell der Wissenschaft.

"Bei Vollmond kommt es vermehrt zu Gewaltverbrechen": Es ist jedenfalls möglich, dass diese Aussage eine Tatsache der Kriminalstatistik widerspiegelt und Gründe dafür und Zusammenhänge durch wissenschaftliche Untersuchung gewonnen wurden.

"Wenn Du Vater und Mutter ehrst, dann wirst Du lange und glücklich leben": Eine nur aus Religion, Glauben oder Aberglauben begründbare Anweisung, die subjektives ethisches Verhalten mit objektivem Erleben verbindet. Diese Aussage, anders formuliert, ist möglicherweise durch eine psychologische Studie wissenschaftlich untersuchbar.

"Wenn zu Silvester Wäsche zum Trocknen aufgehängt wird, besteht die Gefahr, dass jemand aus der Familie im folgenden Jahr stirbt" [Vorsicht wegen "ex falso quodlibet"!]: Aberglaube. Die Formulierung erlaubt jedes Ergebnis.

"Homöopatische Hochpotenzen wirken auf die geistige Organisation des Menschen": Diese Hypothese könnte man aus dem Glaubensbereich herausführen und zum Gegenstand einer wissenschaftlichen Untersuchung machen, wenn sich eine Methode zur Messung der geistigen Organisation finden ließe. Diese schwammige Ausdrucksweise (geistige Organisation) ist charakteristisch für Behauptungen, die sich einer wissenschaftlichen Untersuchung nicht zugänglich machen lassen wollen.

"Dämonen können von einem Menschen Besitz ergreifen" [Hinweis: wie weit hängt Ihre Entscheidung über die Zuordnung davon ab, ob Sie persönlich an Dämonen glauben(!) oder nicht?]): Der Begriff des Dämonen stammt aus der Märchenwelt, kategorisiert sich damit selbst.

5.   Könnten Sie in Ihrem Fachgebiet eindeutig und zweifelsfrei wahre (richtige) von falschen (unrichtigen) Aussagen unterscheiden? Wenn nein: Warum nicht?

Das lässt sich nicht allgemein beantworten: Manche Aussagen kann man zweifelsfrei beurteilen und manche nicht. Die nicht beurteilbaren Aussagen betreffen Ergebnisse, die sich mit den vorhandenen Methoden nicht zweifelsfrei erzielen lassen. Grundsätzlich lassen sich alle Aussagen aber überprüfen.

6.   Welche Bereiche bzw. Grundsätze in Ihrem Fachgebiet würden Sie als so universell und verbindlich erachten, dass sie für jedes denkbare Fachgebiet, das den Anspruch auf "Wissenschaftlichkeit" erhebt, gelten müsste?

Für jedes Fachgebiet gibt es eine Methodik, die als letzter Stand in der Wissenschaft betrachtet wird

7.   Gibt es "Objektivität" (z. U. zu "subjektiv") in Ihrer Wissenschaft? Wenn ja: Was bedeutet sie?

Objektivität bedeutet die Nachvollziehbarkeit der Ergebnisse durch andere Forscher. Ohne diese Reproduzierbarkeit sind die Ergebnisse wissenschaftlich wertlos.

8.   Ist Wahrheit ein Begriff Ihrer Wissenschaft? Wenn ja: Was ist damit gemeint?

Wissenschaft stellt keinen Anspruch auf Wahrheit in erkenntnistheoretischem
Sinn. Alle wissenschaftlichen Aussagen haben den Charakter von Arbeitshypothesen. Die „wissenschaftliche Wahrheit" ist daher immer mit dem jeweiligen
aktuellen Entwicklungsstand der Forschung verknüpft. „Wahr" ist, was experimentell funktioniert.

9.   Dient Wissenschaft der Wahrheitsfindung?

Im Sinne der obigen Frage nein, da Wahrheitsfindung in erkenntnistheoretischem Sinn nicht möglich ist. Im pragmatischen Sinn sind allerdings die wissenschaftlichen Aussagen „wahr".

10.   Gibt es Ihrer Ansicht nach so etwas wie "ewige Wahrheiten", also Erkenntnisse in Ihrer Fachdisziplin, die sie für so gesichert halten, dass sie Ihrer
Meinung nach für alle Zeiten Bestand haben werden oder bestenfalls nur noch
kleinen, unwesentlichen Korrekturen unterworfen sind?

Eher nein, aber immerhin möglich. Betrachtung der Geschichte der Wissenschaften zeigt, wie sich das Wissen, die Weltbilder etc. gewandelt haben.

11.   Besteht für Sie ein begrifflicher (inhaltlicher, semantischer) Unterschied
zwischen den Worten: "Wahrheit" und "Erkenntnis"?

Die philosophisch definierten Unterschiede zwischen Wahrheit und Erkenntnis
spielen in der Praxis keine Rolle.

12.   Welchen Anspruch stellen Sie an etwas, was sich als "Erkenntnis" bezeichnet?

Mir scheint die Ausdrucksweise „am letzten Wissensstand" in Bezug auf wissenschaftliche Forschungsergebnisse angemessener. „Erkenntnis" ist ein Ausdruck der Philosophie und bedarf einer Begriffsdefinition. Siehe vorige Frage.

13.   Geben Sie einen Begriff Ihrer Wahl an, mit dem Sie die Ergebnisse Ihrer
Wissenschaft, insofern sie nach dem "Stand der Kunst" zustande kamen, kennzeichnen würden (die folgende Auswahl ist nur als Anregung und nicht taxativ
gedacht: "Befund", "Entwurf", "Ergebnis", "Erkenntnis", "Fiktion", "Glaube",
"Konstrukt", "Konzept", "Leistung", "Meinung", "Realität", "Wahrheit", "Wirklichkeit", ...)

Die Experimente, die aufgrund von Hypothesen über vermutete Zusammenhänge geplant werden, liefern entweder eine Bestätigung der Hypothesen oder nicht. Die gewonnenen Kenntnisse führen zu Konzepten.

14. Kann Ihre Erwartungshaltung bei einer bestimmten Fragestellung einen Einfluss auf die Ergebnisse haben?

Ja natürlich. Man kann nur Antworten auf Fragen erhalten, die man stellt. Antworten auf Fragen, die man nicht eindeutig genug gestellt hat oder Antworten, die man nicht erwartet hat (im Sinne, dass man an diese Möglichkeit nicht gedacht hat), wird zu nicht eindeutigen und daher fehlinterpretierbaren Ergebnissen führen.

15. Muss ein wissenschaftliches Ergebnis den Anspruch erheben, für alle Zeiten zu gelten?

Nein. Dieser Anspruch scheint mir geradezu nicht wissenschaftlich zu sein.

16. Wie weit sind die Methoden Ihres Faches willkürlich?

Die Frage ist mir unverständlich. Die Methoden meines Faches sind das Ergebnis der Entwicklung von Methoden, mit denen erfolgreiche Untersuchungen durchgeführt worden sind, auf denen weiter aufgebaut werden konnte. Die Methoden müssen unabhängig vom Experimentator sein, sie müssen eindeutige Ergebnisse liefern können, es müssen nachvollziehbare Konzepte den Methoden zugrunde liegen etc.

17. Sind die fachspezifischen Konstrukte (Begriffe), mit denen Sie arbeiten, willkürlich oder folgen Sie Ihrer Meinung nach mit Notwendigkeit aus den Fakten?

Die Fachbegriffe haben sich entwickelt und folgen dem Bedürfnis, die gewonnenen Kenntnisse oder Hypothesen etc. benennen zu können.

18. Glauben Sie, dass die Denkmodelle und Theorien in Ihrem Fachgebiet von der nicht-fachspezifischen allgemeinen Entwicklung ihrer Kultur beeinflusst sind?

Ja

19. Kann es sein, dass in Ihrem Fachgebiet aufgrund einer zugrundegelegten Theorie die Phänomene umgedeutet werden? Wenn ja: Wie könnte man das entdecken?

Ja. Siehe Thomas Kuhn: *Die Struktur wissenschaftlicher Revolutionen*. Vereinfacht ausgedrückt: Die zugrunde gelegte Theorie wird aufgegeben, wenn die

Widersprüche zu groß werden und durch Zusatzhypothesen nicht mehr eliminiert werden können.

20.   Inwieweit wird Ihre Wissenschaft durch Ihre Methode eingeengt?

Die Forschung kommt genau so weit, wie die Methodik es ermöglicht. Es handelt sich um eine relative Einengung, da die Wissenschaft immer neue Methoden entwickelt, um zu neuen Ergebnissen zu kommen.

21.   Gab es in Ihrem Fachgebiet schon einen Fall, wo neue Befunde Sie veranlassten, Ihre bisherigen Überzeugungen in diesem Punkt ins Gegenteil zu revidieren?

Ja, oft.

22.   Gibt es in Ihrer Disziplin "Meinungspäpste"?

Ja

23.   Gibt es Phänomene in Ihrem Bereich, die im Widerspruch zu den aktuellen Theorien stehen?

Ja

24.   Gibt es in Ihrer Disziplin widersprüchliche (miteinander unvereinbare) Theorien bzw. Ergebnisse

Ja

25.   Wie würden Sie Paul Feyerabends Ausspruch: "Anything goes" im Hinblick auf Ihre Wissenschaft interpretieren?

Feyerabend habe ich nicht selbst gelesen. Wenn der Ausspruch meint, dass man jede Methode, die zu einem objektivierbaren Erfolg führt, anwenden soll, so geschieht das ohnehin.

26.   Wohin führt Ihre Wissenschaft?

Hoffentlich zu einem besseren Verständnis von physiologischen Vorgängen.

27.   Verliert die Wissenschaft, wenn sie angewandt wird?

Die Frage ist unklar. Die Wissenschaft verliert unter Umständen das Forschungsobjekt, wenn es soweit erforscht ist, dass es für die Wissenschaft uninteressant geworden ist (z.B. ist die reine Anwendung eines Medikamentes, dessen Wirkungsweise und Entwicklung zuvor Gegenstand der Forschung war, keine wissenschaftliche Forschung mehr. Oder die Ausnützung eines Mikroorganismus zur Synthese einer Substanz ist auch keine Wissenschaft, obwohl die Forschung zu dieser Möglichkeit geführt hat.)

28.   Wie weit können Ihre Erkenntnisse in die Lebenswelt überführt werden?

Die Ergebnisse meiner Forschung können Einfluss auf die Lebensweise der Menschen haben, soweit das Wissen über physiologische und pathophysiologische Mechanismen von den Menschen in die Lebensführung überhaupt umgesetzt wird. (Siehe den geringen Einfluss des Wissens über die Entstehung des Lungenkrebses durch Rauchen auf die Lebensgewohnheiten der Menschen).

29.   Kommen Methoden Ihrer Wissenschaft aus der Lebenswelt?

Ja

30.   Hängt Ihre wissenschaftliche Arbeit mit der Lebenswelt zusammen?

Ja

31.   Gehen normierende Aussagen von Ihrer Wissenschaft in die Politik ein?

Ja

32.   Was sind Ihrer Meinung nach die entscheidenden Faktoren, dass in Ihrem Fachgebiet hervorragende Leistungen zustande kommen?

Interdisziplinäre Zusammenarbeit und daher die Synthese von guten Ideen, guten Konzepten und relevanten Fragestellungen mit den adäquaten Methoden; der hohe Stellenwert, den die Medizin im Leben jedes Einzelnen spielt und damit verbunden die Politik, die zur Finanzierung von wissenschaftlichen Forschungsprojekten legitimiert ist. Fruchtbarer Hintergrund ist die medizinrelevante Forschung der Industrie.

Zur Organisation

1.   Gibt es in Ihrem Fach einen Zwang zu Konformismus?

Es besteht kein Zwang, aber Opportunismus hat es überall leichter.

2.   Glauben Sie, dass sich im Konfliktfall in Ihrem Fach eher die besseren Argumente oder eher die Autoritäten durchsetzen?

Es wird beides vorkommen

3.   Wo sind demokratische Prozesse in der Wissenschaft sinnvoll?

Die Frage, ob etwas wahr oder falsch ist, kann nicht durch Abstimmung entschieden werden. Jeder sollte an der Untersuchung ihn interessierender Fragen mitwirken können und seine Ergebnisse ohne Ansehen der Person zur wissenschaftlichen Diskussion stellen können.

4.   Worauf soll bei der Lehre Wert gelegt werden?

Es sollte der jetzige Trend zum Fachidioten (kurzes billiges Studium, Ausbildung zu willigen Dienern der Wirtschaft ohne breitangelegtes Hintergrundwissen) beendet werden.

5.   Soll man Lehre evaluieren? Wenn ja: wie?

Ja. Lehrende und Studenten sollten an der Ausarbeitung der Evaluierung (mit Hilfe von Fachleuten) teilnehmen, um vorher festzulegen, was das Ziel der Evaluierung sein soll.

6.   Soll man Forschung evaluieren? Wenn ja: wie?

Ja. Unter Einbeziehung aller Randbedingungen, unter denen die Forschung betrieben wird. Die Forscher sollen alle Aktivitäten anführen, die sie gesetzt haben und nach denen sie beurteilt werden wollen. Es wäre auch eine Einbeziehung aller Mittel (Drittmittel), die pro Publikation verbraucht wurde, sicherlich aufschlussreich.

7.   Soll es Professoren auf Zeit geben?

Im Prinzip sind Professoren auf Zeit denkbar, es muss damit eine Umorganisation in allen Bereichen einhergehen. Eine isolierte Maßnahme in einem aufeinander abgestimmten System wird nicht erfolgreich sein (was auch immer das Ziel der Professur auf Zeit sein soll)

8.   Wäre es aus Ihrer Sicht wünschenswert, "Querdenker" an Ihrem Institut zu haben?

Querdenker gibt es überall. Was ein wünschenswerter Querdenker ist, sollte erst definiert werden, sonst muss man ein aussageloses ja erwarten.

9.   Gibt es einen "Selbstzweck" bei Ihrer Wissenschaft?

Ja, Selbstzweck gehört zur Wissenschaft, Wissen um des Wissens willen.

10.   Was würde in Ihrer Wissenschaft einer Änderung bedürfen?

Mehr Zeit für die Forschung, weniger Zeit für Administration: Eine Umstrukturierung der Institute, dass zusätzliche qualifizierte Mitarbeiter vorhanden sind, die die forschenden Arbeitsgruppen administrativ unterstützen. Letztlich bedeutet diese Umstrukturierung, dass mehr Geld für Serviceleistungen und ausreichende Infrastruktur nötig ist und auch das System qualifizierten Mitarbeitern die Möglichkeit einer nichtwissenschaftlichen Karriere bieten muss.

Das Thema dieses Fragebogens ist zu komplex. Über die Wissenschaftlichkeit haben sich gescheite Leute den Kopf zerbrochen und Bücher geschrieben (Habermas, Kuhn, Levy Strauß, Popper...). Wenn man solche Fragen in einem Fragebogen stellt, kann man nur erwarten, dass eine oberflächliche Beantwortung (und anders kann man solche Fragen in einem Fragebogen nicht beantworten) den Fragebogenauswerter vor das Problem stellt, die ungenauen Antworten irgendwie interpretieren zu müssen. Es wird daher die Meinung des Auswerters einfließen, daher kein eindeutiges Ergebnis erzielbar sein (ein gutes Beispiel für Nichtwissenschaft!). Auf jeden Fall muss herauskommen, wie wenig sich die Wissenschaftler selbst über die Wissenschaftlichkeit Ihrer Disziplin im Klaren sind! Ich finde daher diese Art des Fragebogens der Situation nicht gerecht werdend und daher sollte man als seriöser, an Qualität interessierter Wissenschaftler diesen Fragebogen nicht beantworten!

Lieber Gerhard, wieder einmal Stunden völlig sinnlos in die Nicht-Wissenschaft gesteckt! Herzliche Grüße von ...

Antworten von FK

Zur Person

1. Welche Funktion / Titel haben Sie

Univ.-Assist./Assist. Prof.

2. Welchem Wissenschaftszweig ist Ihr Arbeitsgebiet zuzuordnen?

Naturwiss.

3. Warum sind Sie als Wissenschaftler tätig?

Allgem. Interesse an Naturwiss., hohes Maß an Freiheit der Gestaltung der eigenen Arbeit

4. Lieben Sie Ihren Gegenstand?

Lieben ist ein unpassender Begriff; ich finde weite Bereiche faszinierend, ebenso die Art und Weise wie neue Erkenntnisse gewonnen werden könne.

5. Was tun Sie als Wissenschaftler?

Grundlagenforschung im Bereich Biochemie (Proteinstruktur-, -faltung)

6. Was macht Ihre Arbeit wissenschaftlich bzw. wodurch ist Ihre Arbeit als "wissenschaftlich" ausgewiesen?

Detailfragen sind in wissenschaftliches Gesamtkonzept eingebettet, Einsatz eines Systems logisch konsistenter Methoden.

7. Wie gehen Sie mit Skepsis gegenüber Ihrer Wissenschaft um?

154

Für inhaltliche Skepsis (gibt es kaum) habe ich eher wenig Verständnis, Skepsis bezgl. „Technologiefolgen" oder Rechtfertigung der aufgewendeten Mittel nehme ich ernst.

8.   Glauben Sie, dass Ihre wissenschaftliche Arbeit Ihre private Lebenseinstellung ändert?

„Lebenseinstellung" betrifft die gesamte Person, Frage daher m.e. so nicht sinnvoll; private Interessen und Tätigkeiten sind natürlich durch den beruflichen background stark beeinflusst, die Frage stellt aber eher ein Henne-Ei-Problem dar.

9.   Haben Sie Bezüge zur Lebenswelt (z. B. durch Vortragstätigkeit in der Volkshochschule)?

Der Begriff Lebenswelt ist mir nicht klar. Die akademische Berufswelt ist doch auch Teil der Welt, daher kann ich wohl in keinem Fall ohne Bezuege zu dieser sein?

Zur Wissenschaftlichkeit

1.   Was glauben Sie, soll eine Wissenschaftstheorie leisten?

Das Konzept Wissenschaft (und seine Evolution) definieren, abgrenzen, den Standort einzelner Disziplinen in diesem Konzept illustrieren und diskutieren.

2.   Nennen Sie Beispiele für "Nicht-Wissenschaft" und geben Sie eine kurze Begründung für Ihre Auswahl.

Religionen, Mythen, Erkenntnisse auf dem Weg der Selbsterfahrung,...; allen gemeinsam: Nicht-Objektivierbarkeit der Aussagen, wesentliche Beiträge aus Traditionen, kulturellem Hintergrund, Persönlichkeitsstruktur.

3. Was unterscheidet Ihrer Meinung nach, grundsätzlich eine wissenschaftliche Aussage von einer "nicht-wissenschaftlichen"?

Ist Bestandteil eines Gesamtkonzepts, die Erfahrungswelt zu erklären, muss in diesem Konzept widerspruchsfrei sein; Zustandekommen durch nachvollziehbare Anwendung rational begründbarer Methoden, grundsätzlich von der Person des Untersuchenden unabhängig; jede wiss. Aussage versteht sich implizit als Arbeitshypothese, es gehört zum Gesamtkonzept, dass laufend Erweiterungen, Verbesserunen und auch Revisionen vorgenommen werden. Die Anwendung dieser Prinzipien erlaubt offenbar eine kontinuierliche Vorwärtsentwicklung ohne dass bisher der gesamte Ansatz zurückgenommen werden musste.

4.   Haben Sie eine klar umrissene Vorstellung von der Bedeutung der Begriffe "Wissenschaft", "Kunst", "Religion", "Glaube", "Aberglaube" sodass Sie unschwer einen Satz (eine Aussage) seiner Qualität nach (nicht seinem Ursprung nach und auch nicht seinem Kontext nach, indem er üblicherweise formuliert wird) einem dieser Gebiete zuordnen können (z. B. "Am Anfang war der Urknall", "Die Gravitationskonstante ist deshalb eine Konstante, weil sie im gesamten Weltall gleich gross ist und keiner zeitlichen Veränderung unterliegt", "Im Atom kreisen die Elektronen auf definierten Kreisbahnen um den Atomkern", "Bei Vollmond kommt es vermehrt zu Gewaltverbrechen", "Wenn Du Vater und Mutter ehrst, dann wirst Du lange und glücklich leben", "Wenn zu Silvester Wäsche zum Trocknen aufgehängt wird, besteht die Gefahr, dass jemand aus der Familie im folgenden Jahr stirbt" [Vorsicht wegen "ex falso quodlibet"!], "Homöopatische Hochpotenzen wirken auf die geistige Organisation des Menschen", "Dämonen können von einem Menschen Besitz ergreifen" [Hinweis: wie weit hängt Ihre Entscheidung über die Zuordnung davon ab, ob Sie persönlich an Dämonen glauben(!) oder nicht?])

Bis auf die letzten 3 Beispiele könnte jede Aussage wissenschaftlich sein, abhängig davon wie man zu ihr gelangt ist. Die Sylvester-Wäsche-Aussage ist eine Nullaussage, weil die Gefahr offensichtlich in jedem Fall besteht. Geistige Organisation ist zu ungenau, hier assoziiere ich spontan den Versuch, der Adressat möge sich selbst eine Korrelation suchen und damit die Aussage, die zunächst noch gar keine ist, verifizieren. Dämonen sind für mich eindeutig dem Bereich Mythologie/Religion zugehörig, ich würde diesen Begriff nicht einmal stellvertretend in anderem Kontext verwenden.

5.   .Könnten Sie in Ihrem Fachgebiet eindeutig und zweifelsfrei wahre (richtige) von falschen (unrichtigen) Aussagen unterscheiden? Wenn nein: Warum nicht?

s.o. Das Produkt wissenschaftlicher Untersuchungen ist nicht eindeutige und unwiderrufliche Wahrheit, wenn auch ein Grossteil in der Praxis diesen Stellenwert haben mag. Man kann aber jedenfalls eindeutig unwahre, d.h. systematisch falsch erzielte Aussagen erkennen (im Sinne von Verletzung der Logik, Überinterpretation von Ergebnissen etc.)

6.   Welche Bereiche bzw. Grundsätze in Ihrem Fachgebiet wuerden Sie als so universell und verbindlich erachten, dass sie fuer jedes denkbare Fachgebiet, das den Anspruch auf "Wissenschaftlichkeit" erhebt, gelten muesste?

Grundsatz der allgemeinen Gültigkeit von Aussagen, Grundsatz der Reproduzierbarkeit experimenteller Resultate.

7. Gibt es "Objektivität" (z. U. zu "subjektiv") in Ihrer Wissenschaft? Wenn ja: Was bedeutet sie?

Personen-unabhängige Schlussfolgerungen aus vorgegeben Befunden; subjektiv sind persönliche Meinungen, Spekulationen zu Fragen zu denen zu wenige oder widersprüchliche Daten vorliegen.

8. Ist Wahrheit ein Begriff Ihrer Wissenschaft? Wenn ja: Was ist damit gemeint?

Im pragmatischen Sinn ja. Aussagen, die nach dem derzeitigen Methodenstand nicht widerlegbar sind, und wo es auch aus anderen Bereichen derselben oder einer grundlegend verwandten Disziplin auch keine Ansätze zum Zweifel gibt.

9. Dient Wissenschaft der Wahrheitsfindung?

im obigen Sinn ja.

10. Gibt es Ihrer Ansicht nach so etwas wie "ewige Wahrheiten", also Erkenntnisse in Ihrer Fachdisziplin, die sie für so gesichert halten, dass sie Ihrer Meinung nach fuer alle Zeiten Bestand haben werden oder bestenfalls nur noch kleinen, unwesentlichen Korrekturen unterworfen sind?

Ja.

11. Besteht fuer Sie ein begrifflicher (inhaltlicher, semantischer) Unterschied zwischen den Worten: "Wahrheit" und "Erkenntnis"?

Ist m.e. nicht relevant für die Praxis (die „Lebenswelt"?). Wahrheit ist ausserhalb von religiösem Verständnis grundsätzlich unzugänglich, Erkenntnis wäre dann der erkennbare Teil davon, oder die individuell begründete Projektion bzw. Illusion von Wahrheit.

12. Welchen Anspruch stellen Sie an etwas, was sich als "Erkenntnis" bezeichnet?

Das subjektive Erlebnis restloser Überzeugung, beruhend auf einer Erfüllung einer grundlegenden Logik. Dieser Eindruck kann aber selbstverständlich Täuschung sein, daher muss sich diese Erkenntnis in der Wissenschaft der Kritik stellen und nachvollziehbar sein.

13. Geben Sie einen Begriff Ihrer Wahl an, mit dem Sie die Ergebnisse Ihrer Wissenschaft, insofern sie nach dem "Stand der Kunst" zustandekamen, kennzeichnen würden (die folgende Auswahl ist nur als Anregung und nicht taxativ gedacht: "Befund", "Entwurf", "Ergebnis", "Erkenntnis", "Fiktion", "Glaube", "Konstrukt", "Konzept", "Leistung", "Meinung", "Realität", "Wahrheit", "Wirklichkeit", ...)

sie sind zunächst Ergebnisse, als solche können sie unmittelbar oder in der Folge zu Konzepten beitragen. Begriffe Realität und Wahrheit würde ich pragmatisch durchaus verwenden, auch wenn erkenntnistheoretisch nicht zulässig.

14. Kann Ihre Erwartungshaltung bei einer bestimmten Fragestellung einen Einfluss auf die Ergebnisse haben?

Sicherlich, dieser Mangel sollte sich aber in der gesamten Disziplin herausmitteln.

15. Muss ein wissenschaftliches Ergebnis den Anspruch erheben, für alle Zeiten zu gelten?

Nein.

16. Wie weit sind die Methoden Ihres Faches willkürlich?

Eigentlich gar nicht. Das einzige Kriterium ist, dass die Prinzipien definiert werden können und dem wissenschaftlichen Grundkonzept nicht zuwider laufen.

17. Sind die fachspezifischen Konstrukte (Begriffe), mit denen Sie arbeiten, willkürlich oder folgen Sie Ihrer Meinung nach mit Notwendigkeit aus den Fakten?

Letzteres, in dem Sinn, dass überflüssige (oder individuelle) Konstrukte verboten sind. Es gilt immer die Regel, Phänomenen den einfachsten möglichen Zusammenhang zuzuordnen.

18. Glauben Sie, dass die Denkmodelle und Theorien in Ihrem Fachgebiet von der nicht-fachspezifischen allgemeinen Entwicklung ihrer Kultur beeinflusst sind?

In dem Sinne mit Sicherheit ja, als diese Kultur den Wunsch auf rationale Erklärung der Welt haben muss.

19. Kann es sein, dass in Ihrem Fachgebiet aufgrund einer zugrundegelegten Theorie die Phänomene umgedeutet werden? Wenn ja: Wie könnte man das entdecken?

Grundsätzlich möglich. Es gibt keine Entdeckungsgarantie, aber die grundsätzliche Skepsis, und das Bedürfnis alles zu hinterfragen grenzen die Wahrscheinlichkeit sehr ein, dass so etwas sich über längere Zeit erfolgreich etabliert.

20. Inwieweit wird Ihre Wissenschaft durch Ihre Methode eingeengt?

Kaum. Die Stärke der experimentellen Naturwissenschaften ist es ja gerade, praktisch unbegrenzt neue Methoden entwickeln zu können, um auftauchenden Fragen und vermuteten Zusammenhängen nachgehen zu könne.

21. Gab es in Ihrem Fachgebiet schon einen Fall, wo neue Befunde Sie veranlassten, Ihre bisherigen Überzeugungen in diesem Punkt ins Gegenteil zu revidieren?

Oft.

22. Gibt es in Ihrer Disziplin "Meinungspäpste"?

Natürlich. Objektiverweise koinzidiert das aber doch meistens mit dem Befund „Erfahrungspapst".

23. Gibt es Phänomene in Ihrem Bereich, die im Widerspruch zu den aktuellen Theorien stehen?

Widerspruch im engeren Sinn kaum. In der Regel reichen etablierte Aussagen nicht zur restlosen Erklärung der Beobachtungen aus, das liegt aber im Konzept des wissenschaftlichen Ansatzes. Die Aussagen sind, wie schon gesagt, grundsätzlich Arbeitshypothesen die dem Minimalkonsens zum gegenwärtigen Stand der Methodik entsprechen.

24. Gibt es in Ihrer Disziplin widersprüchliche (miteinander unvereinbare) Theorien bzw. Ergebnisse

Das Vorhandens offener Fragen bedeutet grundsätzlich, dass es Ergebnisse gibt die mit den vorhandenen Theorien nicht (ausreichend) erklärbar sind. Ansonsten wäre die Wissenschaft dogmatisch.

25. Wie würden Sie Paul Feyerabends Ausspruch: "Anything goes" im Hinblick auf Ihre Wissenschaft interpretieren?

Mit Vorbehalt. Ich glaube nicht an wirklich grundlegende Revolutionen im systematischen Denken, der Strom bewegt sich im Prinzip immer in die gleiche Richtung, es gibt eine immanente Kontinuität.

26. Wohin führt Ihre Wissenschaft?

Wie jede andere auch: zum wachsenden Verständnis um die in der materiellen Welt geltenden Gesetzmäßigkeiten.

27. Verliert die Wissenschaft, wenn sie angewandt wird?

„Die Wissenschaft" wohl nicht. Der potentiell wissenschaftlich interessierte eher schon, schließlich ordnet er u.U. die Kategorie richtig/falsch der Kategorie brauchbar/nicht brauchbar unter.

28. Wie weit können Ihre Erkenntnisse in die Lebenswelt überführt werden?

Als Grundlagenforscher: kaum unmittelbar, mittelbar über Technologiemöglichkeiten (gerade im Bereich Biochemie) eher ja.

29. Kommen Methoden Ihrer Wissenschaft aus der Lebenswelt?

Die Zweiteilung der Welt beginnt mir auf die Nerven zu gehen!

30. Hängt Ihre wissenschaftliche Arbeit mit der Lebenswelt zusammen?

S.o.

31. Gehen normierende Aussagen von Ihrer Wissenschaft in die Politik ein?

durchaus (zB Gentechnikgesetz).

32. Was sind Ihrer Meinung nach die entscheidenden Faktoren, dass in Ihrem Fachgebiet hervorragende Leistungen zustandekommen?

Große methodische Fortschritte in den vergangenen 2 Jahrzehnten, großes allgemeines Interesse = ausreichende Mittel, großes Lager an Wissenschaftern = hohe Wahrscheinlichkeit für entsprechend Talentierte.

Zur Organisation

1. Gibt es in Ihrem Fach einen Zwang zu Konformismus?

Höchstens im Rahmen des Üblichen.

2. Glauben Sie, dass sich im Konfliktfall in Ihrem Fach eher die besseren Argumente oder eher die Autoritäten durchsetzen?

Kurzfristig vielleicht eher letztere, langfristig sicher erstere.

3. Wo sind demokratische Prozesse in der Wissenschaft sinnvoll?

In der Festlegung der Verteilung öffentlicher Mittel auf einzelne Fragestellungen, ansonsten nicht. Die individuelle Neugier/Skepsis/Hartnäckigkeit ist ein unverzichtbarer Bestandteil der erfolgreichen Wissenschaften. Aussagen haben systematisch zu überzeugen, es wird nicht abgestimmt.

4. Worauf soll bei der Lehre Wert gelegt werden?

(Ist viel zu komplex für diesen Anlass!) Entscheidend ist wofür ausgebildet wird: nur für Berufslaufbahn, für entspr. Wissenschaftsfach, oder für beides.

5. Soll man Lehre evaluieren? Wenn ja: wie?

Ja. Hängt davon ab, welchem Ziel die Lehre gewidmet sein soll.

6. Soll man Forschung evaluieren? Wenn ja: wie?

Ja. Grundlegendes Problem: sinnvoll eigentlich nur retrospektiv; es sollte jedenfalls der Stellenwert der gestellten Fragen wesentlich eingehen, nebst (natürlich) dem individuellen Beitrag zur Beantwortung.

7. Soll es Professoren auf Zeit geben?

Isoliert nicht beantwortbar. Ist eher eine gesellschaftspolitische Grundsatzfrage.

8. Wäre es aus Ihrer Sicht wünschenswert, "Querdenker" an Ihrem Institut zu haben?

Es gibt sie. Kaum konstruktiv, in der Realität dominiert das Gruppendenken, konstruktive Kommunikation findet so wenig statt, dass man von potentiell interessanten Querdenkern de facto nicht profitiert.

9. Gibt es einen "Selbstzweck" bei Ihrer Wissenschaft?

Verstehe ich nicht. Oder ist Selbsterhaltungstendenz der Wissenschaftler gemeint?

10. Was würde in Ihrer Wissenschaft einer Änderung bedürfen?

Verzicht auf pseudoelitäre Haltung, insbesondere im Zusammenhang mit allgemeinen Wissenschaftsfolgen.

Antworten von LL

Zur Person

1. Welche Funktion / Titel haben Sie

Funktion Laborsklave mit Berechtigung zu selbständigem Agieren, Titel keinen (oder vielleicht stud.chem.biochem.?). Titel werden in meinem Forschungsgebiet fast nicht verwendet, auch im Gespräch mit fremden Kollegen bleibt's bei Frau oder Herr. Ausgenommen die ‚Scherztitel' wie chairman, president etc.

2. Welchem Wissenschaftszweig ist Ihr Arbeitsgebiet zuzuordnen?

Die Frage impliziert, dass es *eine* Wissenschaft gibt, die in *Zweige* aufgespalten ist, was ich bezweifle. Wissenschaft ist m.E. keine Entität, sondern ein Zustand, der dadurch erreicht wird, dass sich Leute „wissenschaftlich" betätigen. Das kostet Geld und muss organisiert werden, der unmittelbare ökonomische oder ideelle Nutzen ist zudem selten gegeben. Gegenwärtig (und mit langer Geschichte) gibt's dafür ein Ministerium, Universitäten, Organisationsstrukturen, Forschungsfonds, etc. In diesem Kontext ist bzw. war mein Forschungsgebiet Biochemie/instrumentelle Analyse/Medizin und mein Arbeitsgebiet zusätzlich die dazu nötigen Wissenschaften (Statistik, Mathematik, Physik, etc.).

3. Warum sind Sie als Wissenschaftler tätig?

Eine kreative, innovative und intellektuell herausfordernde Tätigkeit

4. Lieben Sie Ihren Gegenstand?

Wenn, dann nicht den Gegenstand, sondern die Beschäftigung damit.

5. Was tun Sie als Wissenschaftler?

Nullhypothesen aufstellen, experimentieren und die Resultate statistisch testen. Die Reihenfolge ist nicht unbedingt zwingend, ein Experiment kann auch zu einer neuen Hypothese führen. Die Fachliteratur verfolgen. Handwerkliche Tätigkeiten ausführen, z.b. ein Gerät konstruieren und zusammenbauen. Publizieren und informellen Gedankenaustausch mit Kollegen – auch anderer „Fächer" – suchen. Arbeitsorganisation.

6. Was macht Ihre Arbeit wissenschaftlich bzw. wodurch ist Ihre Arbeit als "wissenschaftlich" ausgewiesen?

Die Verwendung bestimmter Methoden und der Kontext mit bestehenden anderen Arbeiten.

7. Wie gehen Sie mit Skepsis gegenüber Ihrer Wissenschaft um?

Naturwissenschaft bedient sich in ihren Aussagen mathematischer Methoden, Skepsis gegenüber Mathematik kann's ja wohl nicht geben, oder gerade doch.

8. Glauben Sie, dass Ihre wissenschaftliche Arbeit Ihre private Lebenseinstellung ändert?

Ja, z. B. sine studio et ira.

9. Haben Sie Bezüge zur Lebenswelt (z. B. durch Vortragstätigkeit in der Volkshochschule)?

[Nicht beantwortet]

Zur Wissenschaftlichkeit

1. Was glauben Sie, soll eine Wissenschaftstheorie leisten?

[Nicht beantwortet]

2. Nennen Sie Beispiele für "Nicht-Wissenschaft" und geben Sie eine kurze Begründung für Ihre Auswahl.

Die Konzeption oder Auswertung eines Experimentes mit nichtwissenschaftlichen Methoden.

Die Verwendung einer wissenschaftlich erarbeiteten Methodik zur Produktion von Ergebnissen, die nicht zur Klärung von Fragestellungen dienen.

3. Was unterscheidet Ihrer Meinung nach, grundsätzlich eine wissenschaftliche Aussage von einer "nicht-wissenschaftlichen"?

[Nicht beantwortet].

4. Haben Sie eine klar umrissene Vorstellung von der Bedeutung der Begriffe "Wissenschaft", "Kunst", "Religion", "Glaube", "Aberglaube" sodass Sie unschwer einen Satz (eine Aussage) seiner Qualität nach (nicht seinem Ursprung nach und auch nicht seinem Kontext nach, indem er üblicherweise formuliert wird) einem dieser Gebiete zuordnen können (z. B. "Am Anfang war der Urknall", "Die Gravitationskonstante ist deshalb eine Konstante, weil sie im gesamten Weltall gleich groß ist und keiner zeitlichen Veränderung unterliegt", "Im Atom kreisen die Elektronen auf definierten Kreisbahnen um den Atomkern", "Bei Vollmond kommt es vermehrt zu Gewaltverbrechen", "Wenn Du Vater und Mutter ehrst, dann wirst Du lange und glücklich leben", "Wenn zu Silvester Wäsche zum Trocknen aufgehängt wird, besteht die Gefahr, dass jemand aus der Familie im folgenden Jahr stirbt" [Vorsicht wegen "ex falso quodlibet"!], "Homöopatische Hochpotenzen wirken auf die geistige Organisation des Menschen", "Dämonen können von einem Menschen Besitz ergreifen" [Hinweis: wie weit hängt Ihre Entscheidung über die Zuordnung davon ab, ob Sie persönlich an Dämonen glauben(!) oder nicht?])

[Nicht beantwortet]

5. Könnten Sie in Ihrem Fachgebiet eindeutig und zweifelsfrei wahre (richtige) von falschen (unrichtigen) Aussagen unterscheiden? Wenn nein: Warum nicht?

Wenn ja, hätte ich damit eine Fertigkeit, die jegliche Forschung überflüssig macht.

6. Welche Bereiche bzw. Grundsätze in Ihrem Fachgebiet würden Sie als so universell und verbindlich erachten, dass sie für jedes denkbare Fachgebiet, das den Anspruch auf "Wissenschaftlichkeit" erhebt, gelten müsste?

[Nicht beantwortet]

7. Gibt es "Objektivität" (z. U. zu "subjektiv") in Ihrer Wissenschaft? Wenn ja: Was bedeutet sie?

[Nicht beantwortet]

8. Ist Wahrheit ein Begriff Ihrer Wissenschaft? Wenn ja: Was ist damit gemeint?

Die Signifikanz der Nullhypothese als Erklärung für die Daten ist sicher kein Wahrheitsbegriff.

9. Dient Wissenschaft der Wahrheitsfindung?

Kann sie aus 8. Nicht.

10.   Gibt es Ihrer Ansicht nach so etwas wie "ewige Wahrheiten", also Erkenntnisse in Ihrer Fachdisziplin, die sie für so gesichert halten, dass sie Ihrer Meinung nach für alle Zeiten Bestand haben werden oder bestenfalls nur noch kleinen, unwesentlichen Korrekturen unterworfen sind?

Aus 8. Und 9. Folgt, dass es keine „ewigen Wahrheiten" geben kann. Erkenntnisse haben grundsätzlich solange Bestand, als sie nicht widerlegt sind. Bestimmte Erkenntnisse sind per se nicht widerlegbar. Die van der Waals-Gleichung wird sicher ewig gültig sein.

11.   Besteht für Sie ein begrifflicher (inhaltlicher, semantischer) Unterschied zwischen den Worten: "Wahrheit" und "Erkenntnis"?

Ja, siehe 8. – 10.

12.   Welchen Anspruch stellen Sie an etwas, was sich als "Erkenntnis" bezeichnet?

Es muß reproduzierbar sein.

13.   Geben Sie einen Begriff Ihrer Wahl an, mit dem Sie die Ergebnisse Ihrer Wissenschaft, insofern sie nach dem "Stand der Kunst" zustande kamen, kennzeichnen würden (die folgende Auswahl ist nur als Anregung und nicht taxativ gedacht: "Befund", "Entwurf", "Ergebnis", "Erkenntnis", "Fiktion", "Glaube", "Konstrukt", "Konzept", "Leistung", "Meinung", "Realität", "Wahrheit", "Wirklichkeit", ...)

[Nicht beantwortet]

14.   Kann Ihre Erwartungshaltung bei einer bestimmten Fragestellung einen Einfluss auf die Ergebnisse haben?

Sicherlich, dieser Mangel sollte sich aber in der gesamten Disziplin herausmitteln.

15.   Muss ein wissenschaftliches Ergebnis den Anspruch erheben, für alle Zeiten zu gelten?

Ja. Siehe dazu auch 10.

16.   Wie weit sind die Methoden Ihres Faches willkürlich?

Sie sind abhängig vom Stand der Technik und vom bisherigen Stand der Forschung. Gibt's eine neue Untersuchungsmethode, werden damit Ergebnisse produziert. Nicht nur die Fragestellung bestimmt die Methode, es kann auch umgekehrt sein.

17. Sind die fachspezifischen Konstrukte (Begriffe), mit denen Sie arbeiten, willkürlich oder folgen Sie Ihrer Meinung nach mit Notwendigkeit aus den Fakten?

Die Begriffe sind zum Teil willkürlich, wenn sie nämlich Phänomene beschreiben.

18. Werden in Ihrem Fachgebiet Theorien mit Hilfe von experimentell gewonnenen Daten „bewiesen"?

Der „Beweis" ist letztlich immer der statistische Nachweis, dass das Gegenteil sehr unwahrscheinlich ist.

19. Wenn Sie Daten erheben und bestimmte Daten nicht dem Erwartungswert / der Theorie entsprechen: Welche Auswirkung hat das?

Es stellt sich dann die Frage, warum sie das nicht tun. Das kann ein ein experimenteller Fehler sein, ein Fehler bei der Konzeption des Experimentes überhaupt, oder die Theorie stimmt nicht.

20. Wie kommt es in Ihrem Fachgebiet zu neuen Theorien?

[Nicht beantwortet]

21. Glauben Sie, dass die Denkmodelle und Theorien in Ihrem Fachgebiet von der nicht-fachspezifischen allgemeinen Entwicklung ihrer Kultur beeinflusst sind?

Ja. Forschungsschwerpunkte werden durch gesellschaftliche Relevanz bestimmt.

22. Kann es sein, dass in Ihrem Fachgebiet aufgrund einer zugrundegelegten Theorie die Phänomene umgedeutet werden? Wenn ja: Wie könnte man das entdecken?

Durch Überprüfung der Reproduzierbarkeit der Phänomene.

23. Inwieweit wird Ihre Wissenschaft durch Ihre Methode eingeengt?

Siehe 16.

24. Gab es in Ihrem Fachgebiet schon einen Fall, wo neü Befunde Sie veranlassten, Ihre bisherigen Überzeugungen in diesem Punkt ins Gegenteil zu revidieren?

Ja.

25. Gibt es in Ihrer Disziplin "Meinungspäpste"?

Ja.

26. Gibt es Phänomene in Ihrem Bereich, die im Widerspruch zu den aktuellen Theorien stehen?

Die aktuellen Theorien sind bereits z. T. widersprüchlich. Ansonsten: Ja.

27. Gibt es in Ihrer Disziplin widersprüchliche (miteinander unvereinbare) Theorien bzw. Ergebnisse

Siehe 26. Der Grund dafür könnte meist die Unzulänglichkeit der Versuchsanordnungen sein.

28. Wie würden Sie Paul Feyerabends Ausspruch: "Anything goes" im Hinblick auf Ihre Wissenschaft interpretieren?

[Nicht beantwortet]

29. Wohin führt Ihre Wissenschaft?

[Nicht beantwortet]

30. Verliert die Wissenschaft, wenn sie angewandt wird?

[Nicht beantwortet].

31. Wie weit können Ihre Erkenntnisse in die Lebenswelt überführt werden?

Direkt. Z. B. durch Einführung von neuen Diagnose- und Therapiemethoden.

32. Kommen Methoden Ihrer Wissenschaft aus der Lebenswelt?

[Nicht beantwortet]

33. Hängt Ihre wissenschaftliche Arbeit mit der Lebenswelt zusammen?

[Nicht beantwortet]

34. Gehen normierende Aussagen von Ihrer Wissenschaft in die Politik ein?

[Nicht beantwortet]

35. Was sind Ihrer Meinung nach die entscheidenden Faktoren, dass in Ihrem Fachgebiet hervorragende Leistungen zustandekommen?

[Nicht beantwortet]

Zur Organisation

1. Gibt es in Ihrem Fach einen Zwang zu Konformismus?

[Nicht beantwortet]

2. Wäre es aus Ihrer Sicht wünschenswert, "Querdenker" an Ihrem Institut zu haben?

Unbedingt.

3.   Glauben Sie, dass sich im Konfliktfall in Ihrem Fach eher die besseren Argumente oder eher die Autoritäten durchsetzen?

[Nicht beantwortet]

4.   Wo sind demokratische Prozesse in der Wissenschaft sinnvoll?

[Nicht beantwortet]

5.   Wenn sich eine Zugangsbeschränkung zu Ihrem Fach bei den Studierenden als notwendig erweisen sollte (z. B. wegen Ressourcenknappheit): Wie sollte eine Auswahl getroffen werden?

Durch eine Art „Probesemester", in dem nicht Fähigkeit zur Stoffreproduktion, sondern wissenschaftliche Fähigkeiten vermittelt und geprüft werden.

6.   Worauf soll bei der Lehre Wert gelegt werden?

[Nicht beantwortet]

7.   Soll man Lehre evaluieren? Wenn ja: wie?

Man soll. Kriterium wäre didaktische Effizienz.

8.   Soll man Forschung evaluieren? Wenn ja: wie?

Forschung wird evaluiert. Den Ansatz mit Citation Index und ISI-Punkten finde ich durchaus geeignet.

9.   Soll es Professoren auf Zeit geben?

Unbedingt.

10.   Gibt es einen "Selbstzweck" bei Ihrer Wissenschaft?

[Nicht beantwortet]

11.   Was würde in Ihrer Wissenschaft einer Änderung bedürfen?

[Nicht beantwortet]

Bibliographie

Werke

Koland, Reinhard; Wallner, Fritz G. (1988). *Ethik am Prüfstand. Eine empirische Grundlegung von Recht, Moral und Gerechtigkeit und eine Kritik politischer Ästhetik.* Wien: Wilhelm Braumüller, Universitäts-Verlagsbuchhandlung.

Kratky, Karl W.; Wallner, Fritz. (1990). *Grundprinzipien der Selbstorganisation.* Darmstadt: Wissenschaftliche Buchgesellschaft.

Pietschmann, Herbert; Wallner, Friedrich. (1980). *Philosophische Probleme der modernen Physik: Doppelseminar für Physiker und Philosophen.* Wien: Skripten zur Lehrerfortbildung Allgemeinbildende Höhere Schulen.

Pietschmann, Herbert; Wallner, Fritz G. (1995). *Gespräche über den konstruktiven Realismus* (Cognitive science 6). Wien: WUV.

Wallner, Friedrich. (1972). *Demokritische und epikureische Ethik.* Unveröffentlichte Dissertation, Universität Wien.

Wallner, Friedrich. (1982). *Philosophische Probleme der Physik.* Wien: Verl. des Verband der wissenschaftlichen Gesellschaften Österreichs (Klagenfurter Beiträge zur Philosophie: Reihe Lehrmaterialien).

Wallner, Friedrich. (1983). *Die Grenzen der Sprache und der Erkenntnis. Analysen an und im Anschluß an Wittgensteins Philosophie* (Habilitationsschrift, Reihe Philosophica 1). Wien: Braumüller.

Wallner, Friedrich (1983). *Wittgensteins philosophisches Lebenswerk als Einheit. Überlegungen zu und Übungen an einem neuen Konzept von Philosophie.* (Philosophica 2.). Wien: Wilhelm Braumüller, Universitäts-Verlagsbuchhandlung.

Wallner, Fritz G. (1985). *Kritische Methode und Zukunft der Anthropologie.* Braumüller Universitäts-Verlagsbuchhandlung.

Wallner, Fritz G. (Hg.). (1985). *Karl Popper – Philosophie und Wissenschaft: Beiträge zum Popper-Kolloquium* (Philosophica 4). Wien: Braumüller.

Wallner, Fritz; Müller, Karl; Stadler, Friedrich. (Hg.) (1986). *Versuche und Widerlegungen – Offene Probleme im Werk Karl Poppers.* Wien, Salzburg: Geyer-Edition.

Wallner, Fritz u. Haselbach, Arne. (1990). *Wittgensteins Einfluss auf die Kultur der Gegenwart* (Philosophica 9). Wien: Braumüller.

Wallner, Fritz. (1991). *8 Vorlesungen über den Konstruktiven Realismus* (2. Auflage). Wien: Wiener Universitätsverlag.

Wallner, Fritz; Van Dijkum, Cor. (Hg.). (1991). *Constructive Realism in Discussion.* Utrecht: Faculty of Social Science Press.

168

Wallner, Fritz. (1992). *Cognitive Science 1. Acht Vorlesungen über den konstruktiven Realismus.* (3., überarb. Aufl.) Wien: Wiener Universitäts-Verlag.

Wallner, Fritz. (1992). *Wissenschaft in Reflexion* (Philosophica 10). Wien: Braumüller.

Wallner, Fritz. (1992). *Konstruktion der Realität: von Wittgenstein zum Konstruktiven Realismus* (Cognitive Science 3). Wien: WUV.

Wallner, Fritz; Schimmer, J.; Costazza, M. (Hg.). (1993). *Grenzziehungen zum Konstruktiven Realismus.* Wien: Universitätsverlag.

Wallner, Friedrich. (1994). *Constructive realism: aspects of a new epistemological movement* (Philosophica 11). Wien: Braumüller.

Wallner, Fritz G.; Schimmer, Joseph (Hg.). (1995). *Wissenschaft und Alltag: Symposionsbeiträge zum konstruktiven Realismus* (Philosophica 12). Wien: Braumüller.

Wallner, Fritz.; Schimmer Joseph (Hg.). (1995). *Gespräche über den Konstruktiven Realismus: Herbert Pietschmann und Fritz Wallner.* Wien: WUV Universitätsverlag.

Wallner, Friedrich, Agnese, Barbara. (1996). *Strategien indirekter Rationalität: Essays zur österreichischen Philosophie und Wissenschaftstheorie.* Frankfurt am Main, Wien [u.a.]: Lang.

Wallner, Friedrich. (1997). *How to deal with science if you care for other cultures: constructive realism in the intercultural world* (Philosophica 15). (Ed. and with an essay by Diethard Leopold). Wien: Braumüller.

Wallner, Fritz G.; Agnese, Barbara (Hg.). (1997). *Von der Einheit des Wissens zur Vielfalt der Wissensformen: Erkenntnis in Philosophie, Wissenschaft und Kunst; Symposium am Josef Matthias Hauer-Konservatorium der Stadt Wiener Neustadt (21. – 23. Oktober 1996)* (Philosophica 14). Wien: Braumüller.

Wallner, Fritz G. (Hg.). (1999a). *Konstruktion und Verfremdung: von der Wirklichkeit zur Realität; Symposium am Josef-Matthias-Hauer-Konservatorium der Stadt Wiener Neustadt (15. – 17. Juni 1998)* (Philosophica 16). Wien: Braumüller.

Wallner, Fritz G. (1999b). Auf dem Weg zu einer humanen Wissenschaft. In F. G. Wallner, u. B. Agnese (Hg.), *Konstruktion und Verfremdung. Von der Wirklichkeit zur Realität.* Wien: Braumüller.

Wallner, Fritz; Badie, Kambiz; Berger, Alfred. (Hg.). (2000). *Science, Humanities and Mysticism: Complementary Perspectives.* Wien: Braunmüller.

Wallner, Fritz; Badie, Kambiz; Berger, Alfred. (Hg.). (2000). *Interpretative Processing and Environmental Fitting.* Wien: Braunmüller.

Wallner, Fritz; Agnese, Barbara. (Hg.). (2001). *Kunstruktivismen: Eine kulturelle Wende.* Wien: Braunmüller.

Wallner, Fritz. (2002a). *Die Verwandlung der Wissenschaft. Vorlesungen zur Jahrtausendwende.* Hamburg: Dr. Kovac.

Wallner, Fritz. (2002b). *Culture and Science: A new constructivistic approach to philosophy of science; lectures on constructive realism (1996-1999).* Wien: Braunmüller.

Wallner, Fritz. (2003). Bildung, Ethik und Konstruktion. In K. Greiner und F. Wallner (Hg.), *Konstruktion und Erziehung. Zum Verhältnis von konstruktivistischem Denken und pädagogischen Intentionen* (S. 37-58). Hamburg: Dr. Kovac .

Greiner, Kurt; Wallner, Friedrich. (Hg.). (2003). *Konstruktion und Erziehung. Zum Verhältnis von konstruktivistischem Denken und pädagogischen Intentionen.* Hamburg: Dr. Kovac.

Wallner, Fritz.; Jandl, Martin J. (Hg.). (2004). *"Umwelt" in Reflexion: Beiträge aus Philosophie, Wissenschaft und Politik.* Hamburg: Dr. Kovac.

Wallner, Fritz. (2005). *Structure and relativity. Lectures 00 – 04.* (Culture and Knowledge Vol. 1). Frankfurt am Main: Peter Lang.

Wallner, Fritz G. (2006a). *Traditionelle Chinesische Medizin – eine alternative Denkweise.* Aitrang: Windpferd.

Wallner, Fritz G. (2006b). *What Practitioners of TCM Should Know. A Philosophical Introduction for Medical Doctors.* Frankfurt: Peter Lang.

Wallner, Fritz G.; Greiner, Kurt; Gostentschnig, Martin. (Hg.). (2006c). *Verfremdung – Strangification.* Frankfurt am Main: Peter Lang.

Wallner, Friedrich G. (2008). *Systemanalyse als Wissenschaftstheorie I: Von der Sprachlichkeit zur Kulturalität.* (Culture and Knowledge Vol. 8). Frankfurt am Main: Peter Lang.

Wallner, Friedrich G. (Hg.). (2009). *Five Lectures on the Foundations of Chinese Medicine.* (Culture and Knowledge Vol. 10). Frankfurt am Main: Peter Lang.

Wallner, Friedrich G., Kubiena, Gertrude, Jandl, Martin J. (eds.). (2009). *Understanding Traditional Chinese Medicine.* (Culture and Knowledge Vol. 10). Frankfurt am Main: Peter Lang.

Wallner, Friedrich G. (2010a). *Systemanalyse als Wissenschaftstheorie II: Kulturalismus als Perspektive der Philosophie im 21. Jahrhundert.* (Culture and Knowledge Vol. 12). Frankfurt am Main: Peter Lang.

Wallner, Friedrich G.; Lan, Fengli; Jandl, Martin J. (Hg.) (2010b). *The Way of Thinking in Chinese Medicine. Theory, Methodology and Structure of Chinese Medicine.* (Culture and Knowledge Vol. 13). Frankfurt am Main: Peter Lang.

Wallner, Friedrich G.; Jandl, Martin J. (Hg.). (2010c). *Praxeologische Funktionalontologie: Eine Theorie des Wissens als Synthese von H. Dooyeweerd und R. B. Brandom.* (Culture and Knowledge Vol. 15). Frankfurt am Main: Peter Lang.

Wallner; Schmidsberger; Wimmer. (Hg.). (2010d). *Intercultural Philosophy. New Methods and Aspects.* Frankfurt am Main: Peter Lang.

Wallner, Friedrich G. (2011a). *Systemanalyse als Wissenschaftstheorie III: Das Vorhaben einer kulturorientierten Wissenschaftstheorie in der Gegenwart.* (Culture and Knowledge Vol. 16). Frankfurt am Main: Peter Lang.

Internetquellen

Wallner, Fritz. *A New vision of Science.* Url: http://www.bu.edu/wcp/Papers/Scie/ScieWall.htm (Stand: 2011-04-27).

Wallner, Friedrich. *Constructive Realism.* Url: http://www.univie.ac.at/constructive-realism/ (Stand: 2011-04-30).

Wallner, Friedrich. (o. J.). *Homepage.* Url: http://homepage.univie.ac.at/friedrich.wallner/ (Stand: 2011-04-30).

In den Lehrveranstaltungen erwähnte Literatur (Auswahl)

Ahrens, Hanna. (1982). *Schenk mir einen Regenbogen.* Gießen: Brunnen.

Ambrose, Alice (Hrsg.). (1996). *Ludwig Wittgenstein: philosophy and language* (Wittgenstein studies). Bristol: Thoemmes.

Berger, Peter L., Luckmann, Thomas. (1996). *Die gesellschaftliche Konstruktion der Wirklichkeit: Eine Theorie der Wissenssoziologie* (Monika Plessner, Übers.). Frankfurt am Main: Fischer-Taschenbuch-Verl. (Original erschienen: The social construction of reality).

Carnap, Rudolf. (1928/1979). *Der logische Aufbau der Welt.* (Text nach d. 4., unveränd. Aufl. 1974). Frankfurt am Main, Wien [u.a.]: Ullstein.

Carnap, Rudolf. (1934/1968): *Logische Syntax der Sprache.* Wien [u.a.]: Springer.

Carnap, Rudolf. (1971). *Scheinprobleme in der Philosophie: das Fremdpsychische und der Realismusstreit.* (Nachwort von Günther Patzig). Frankfurt am Main: Suhrkamp.

Comte, Auguste. (1915). *Abhandlung über den Geist des Positivismus* (Friedrich Sebrecht, Übers.). Leipzig: Meiner. (Original erschienen 1904).

Devereux, George (1984). *Angst und Methode in den Verhaltenswissenschaften.* Frankfurt am Main: Suhrkamp (Suhrkamp-Taschenbuch Wissenschaft; 461). (Original erschienen 1967: From anxiety to method in the behavioral sciences).

Dilthey, W. (1983). *Texte zur Kritik der historischen Vernunft.* Göttingen: Sammlung Vandenhoeck.

Dingler, Hugo, Lorenzen, Paul (Hrsg.). (1964). *Aufbau der exakten Fundamentalwissenschaft.* München: Eidos.

Feyerabend, Paul (1984). *Wissenschaft als Kunst.* Frankfurt am Main: Suhrkamp.

Feyerabend, Paul. (1994). *Wissenschaft als Kunst.* Frankfurt am Main: Suhrkamp.

Feyerabend, Paul. (1997). *Wider den Methodenzwang.* Frankfurt am Main: Suhrkamp (Suhrkamp Taschenbuch Wissenschaft 597).

Fischer-Appelt, Peter. (1981). *Interdisziplinare [Interdisziplinäre] Forschung als geschichtliche Herausforderung: zum 70. Geburtstag von Hans-Rudolf Mueller-Schwefe; Festveranstaltung d. Fachbereichs Evang. Theologie am 26. Juni 1980 im Hoersaal C d. Chem. Inst.* (Hamburg: Hamburger Universitätsreden 36). Hamburg: Pressestelle der Universität.

Frege, Gottlob. (1990). *Schriften zur Logik und Sprachphilosophie.* Hamburg: Meiner.

Glasersfeld, Ernst von. (1996). *Radikaler Konstruktivismus. Ideen, Ergebnisse, Probleme.* (Vorwort von Siegfried Schmidt, Wolfram K. Köck, Übers.). Frankfurt am Main: Suhrkamp.

Grünbaum, Adolf. (1987). *Psychoanalyse in wissenschaftstheoretischer Sicht: zum Werk Sigmund Freunds u. seiner Rezeption.* Konstanz: Univ.-Verl.

Grünbaum, Adolf. (1988). *Die Grundlagen der Psychoanalyse: eine philosophische Kritik* (Aus d. Engl. übers. von Christa Kolbert). Stuttgart: Reclam.

Habermas, Jürgen. (1954). *Das Absolute und die Geschichte. Von der Zwiespältigkeit in Schellings Denken.* Bonn: Universität.

Habermas, Jürgen. (1991). *Moralbewusstsein und kommunikatives Handeln.* Frankfurt am Main: Suhrkamp.

Habermas, Jürgen (1996). *Kants Idee des ewigen Friedens -- aus dem historischen Abstand von 200 Jahren* (S. 5-19). Frankfurt am Main: Suhrkamp.

Habermas, Jürgen. (1997). *Die Einbeziehung des Anderen: Studien zur politischen Theorie.* Frankfurt am Main: Suhrkamp.

Hahn, Hans. (1933). *Logik, Mathematik und Naturerkennen.* Wien: Gerold.

Hartmann, Dirk; Janich, Peter (Hrsg.) (1996). *Methodischer Kulturalismus: Zwischen Naturalismus und Postmoderne.* Frankfurt am Main: Suhrkamp Taschenbücher Wissenschaft.

Hertz, Heinrich. (1894). *Die Prinzipien der Mechanik in neuem Zusammenhange dargestellt* (Gesammelte Werke, Bd. 3) (Mit einem Vorwort von H. von Helmhotz). Leipzig: Barth.

Huntington, Samuel P. (1997). *Der Kampf der Kulturen: die Neugestaltung der Weltpolitik im 21. Jahrhundert* . München und Wien: Europaverlag. (Original erschienen 1996: The Clash of Civilizations and the Remaking of World Order)

Husserl, Edmund. (1913). *Ideen zu einer reinen Phänomenologie und phänome-nologischen Philosophie. Die Phänomenologie und die Fundamente der Wissenschaften.* Halle: Niemeyer.

Husserl, Edmund. (1965). *Philosophie als strenge Wissenschaft.* Frankfurt am Main: Klostermann.

Husserl, Edmund. (1993). *Prolegomena zur reinen Logik* (Logische Untersu-chungen 1). Tübingen: Niemeyer.

Janich, Peter. (1996). *Konstruktivismus und Naturerkenntnis. Auf dem Weg zum Kulturalismus.* Frankfurt am Main: Suhrkamp.

Janich, Peter. (1997). *Das Maß der Dinge: Protophysik von Raum, Zeit und Ma-terie.* Frankfurt am Main: Suhrkamp.

Jonas, Hans. (1990). *Der Gottesbegriff nach Auschwitz. Eine jüdische Stimme.* Frankfurt am Main: Suhrkamp.

Jonas, Hans. (1992). *Philosophische Untersuchungen und metaphysische Ver-mutungen.* Frankfurt am Main: Insel.

Jonas, Hans. (1994). *Gedanken über Gott: drei Versuche.* Frankfurt am Main: Suhrkamp.

Jonas, Hans. (1996). *Technik, Medizin und Ethik. Zur Praxis des Prinzips Ver-antwortung.* Frankfurt am Main: Suhrkamp.

Jonas, Hans. (1997). *Das Prinzip Leben: Ansätze zu einer philosophischen Bio-logie* (Aus dem Engl. übers. vom Verf. und von Klaus Dockhorn). Frank-furt am Main: Suhrkamp. (Original erschienen 1966: The Phenomenon of Life. Toward a Philosophical Biology).

Kamlah, Wilhelm; Lorenzen, Paul. (1990). *Logische Propädeutik: Vorschule des vernünftigen Redens.* Mannheim; Wien [u.a.]: Bibliograph. Inst., BI-Wissenschaftsverlag.

Kaptchuk, Ted J. (2003). *Das große Buch der chinesischen Medizin. Die Medi-zin von Yin und Yang in Theorie und Praxis.* (16. Auflage). Wien: Otto Wilhelm Barth Verlag.

Keller, W. (1961). *Und die Bibel hat doch Recht.* Düsseldorf, Wien: Econ.

Kuhn, Thomas. (1967). *Die Struktur wissenschaftlicher Revolutionen.* Frankfurt am Main: Suhrkamp.

Lenin, Vladimir Ilic. (1976). *Materialismus und Empiriokritizismus.* Peking: Verlag für fremdsprachige Literatur.

Lorenz, Konrad. (1973). *Die Rückseite des Spiegels. Versuch eine Naturge-schichte menschlichen Erkennens.* München: Piper.

Lorenzen, P. (1958). *Formale Logik.* Berlin: Göschen.

Luhmann, Niklas. (1988). *Erkenntnis als Konstruktion. Vortrag im Kunstmuse-um Bern 23. Oktober 1988.* Bern: Benteli.

Mach, Ernst. (1908). *Die Mechanik in ihrer Entwickelung: historisch-kritisch dargestellt.* Leipzig: Brockhaus.

Mach, Ernst. (1922/1987). *Die Analyse der Empfindungen und das Verhältnis des Physischen zum Psychischen.* Darmstadt: Wiss. Buchges.

Marcuse, Herbert. (1995). *Triebstruktur und Gesellschaft. Ein philosophischer Beitrag zu Sigmund Freud* (Marianne von Eckardt-Jaffe, Übers.). Frankfurt am Main: Suhrkamp. (Original erschienen 1957: Eros and civilisation).

Marquart, Odo. (1982). *Skeptische Methode im Blick auf Kant.* Freiburg und München: Alber.

Meier-Seethaler, Carola. (1998). *Gefühl und Urteilskraft. Ein Plädoyer für die emotionale Vernunft.* München: Beck (Beck'sche Reihe 1229).

Musgrave, Alan E. (1977/1998). *Explanation, description and scientific realism.* In H. Keuth (Hrsg.), *Logik der Forschung.* Berlin: Akademie Verlag.

Musgrave, Alan. (1993). *Alltagswissen, Wissenschaft und Skeptizismus: eine historische Einführung in die Erkenntnistheorie.* Tübingen: Mohr.

Nelson, Leonard. (1970). *Die Schule der kritischen Philosophie und ihre Methode.* Hamburg: Meiner.

Nelson, Leonard. (1973). *Geschichte und Kritik der Erkenntnistheorie.* Hamburg: Meiner.

Neurath, Otto. (1933). *Einheitswissenschaft und Psychologie.* Wien: Gerold.

Parmenides. (1995). *Über das Sein.* Stuttgart: Reclam.

Popper, Karl R. (1935). *Logik der Forschung: zur Erkenntnistheorie der modernen Naturwissenschaft.* Wien: Springer.

Popper, Karl R. (1987). *Objektive Erkenntnis: ein evolutionärer Entwurf* (H. Vetter, Übers.). Gütersloh [u.a.]: Bertelsmann-Club. (Original erschienen: Objective knowledge).

Popper, Karl Raimund. (1995). *Alles Leben ist Problemlösen: über Erkenntnis, Geschichte und Politik.* München [u.a.]: Piper.

Popper, Karl R., Miller, David (Hrsg.). (1997). *Lesebuch. Ausgewählte Texte zu Erkenntnistheorie, Philosophie der Naturwissenschaften, Metaphysik, Sozialphilosophie.* Tübingen: Mohr.

Putnam, Hilary. (1991). *Repräsentation und Realität* (Aus dem Amerikanischen von Joachim Schulte). Frankfurt am Main: Suhrkamp. (Original erschienen: Representation and reality).

Quine, Willard van Orman. (1991). *Theorien und Dinge.* Frankfurt am Main: Suhrkamp.

Reich, Kersten. (1998). *Die Ordnung der Blicke. Perspektiven des interaktionistischen Konstruktivismus. Bd 1: Beobachtung und die Unschärfe der Erkenntnis.* Neuwied: Luchterhand.

Reich, Kersten. (1998). *Die Ordnung der Blicke. Perspektiven des interaktionistischen Konstruktivismus. Bd 2: Beziehungen und Lebenswelt.* Neuwied: Luchterhand.

Rohracher, Hubert. (1965). *Einführung in die Psychologie*. Wien, Innsbruck: Urban & Schwarzenberg.

Russel, Bertrand. (1903). *The Principles of Mathematics*. Cambridge: Cambridge University Press.

Schlick, Moritz. (1979). *Allgemeine Erkenntnislehre*. Frankfurt am Main: Suhrkamp.

Schön, Donald A. (1995). *The reflective practitioner. How professionals think in action*. Aldershot: Arena Ashgate Publ.

Schön, Donald A. (2006). *Educating the reflective practitioner. Toward a new design for teaching and learning in the professions* (The Jossey-Bass series in higher education). San Francisco, CA: Jossey-Bass.

Schwarz, Gerhard. (1992). *Raum und Zeit als naturphilosophisches Problem* (Mit einem Vorw. von Herbert Pietschmann). Wien: WUV.

Shen, Vincent. (1995). *Confucianism, Taoism and Constructive Realism* (Cognitive Science 5). Wien: WUV.

Sinisgalli, Leonardo. (1945). *Horror vakui*. Rom: O.E.T.

Slunecko, Thomas. (1996). *Wissenschaftstheorie und Psychotherapie. Ein konstruktiv-realistischer Dialog* (Cognitive science 7). Wien: WUV.

Slunecko, Thomas (Hrsg.). (1997). *The movement of Constructive Realism. A Festschrift for Fritz G. Wallner on the occasion of the 10th anniversary of his appointment as professor of theory of science at the University of Vienna* (Philosophica 13). Wien: Braumüller.

Stegmüller, Wolfgang. (1957). *Das Wahrheitsproblem und die Idee der Semantik. Eine Einführung in die Theorien von A. Tarski und R. Carnap*. Wien: Springer.

Stegmüller, Wolfgang. (1969). *Metaphysik, Wissenschaft, Skepsis*. Frankfurt am Main und Wien: Humboldt.

Stegmüller, Wolfgang. (1969). *Hauptströmungen der Gegenwartsphilosophie. Eine kritische Einführung*. Stuttgart: Kröner.

Tarski, Alfred. (1953). *Undecidable theories* (Studies in logic and the foundations of mathematics). Amsterdam: Norht-Holland Publ.

Tarski, Alfred. (1966). *Einführung in die mathematische Logik*. Göttingen: Vandenhoeck & Ruprecht.

Weber, Max. (1924). *Gesammelte Aufsätze zur Soziologie und Sozialpolitik*. Tübingen: Mohr.

Watzlawick, Paul, Beavin, Janet H, Jackson, Don D. (1990). *Menschliche Kommunikation. Formen, Störungen, Paradoxien*. Bern: Huber.

Watzlawick, Paul. (1993): *Wie wirklich ist die Wirklichkeit? Wahn, Täuschung, Verstehen*. München [u.a.]: Piper. (Mit einem Beitrag von Ernst von Glasersfeld über radikalen Konstruktivismus: „Die erfundene Wirklichkeit").

Weininger, Otto (1905). *Geschlecht und Charakter. Eine prinzipielle Untersuchung*. Wien: Braumüller.

Weizsäcker, Carl Friedrich von. (1990). *Bedingungen der Freiheit*. Wien: Hanser.

Wittgenstein, Ludwig (1918/1964). *Tractatus logico-philosophicus. Logisch-philosophische Abhandlung*. Frankfurt am Main: Edition Suhrkamp.

Wolff, Christian, Freiherr von. (1740). *Psychologia Rationalis*. Frankfurt am Main und Leipzig: Renger.

Zukav, Gary. (1981). *Die tanzenden Wu Li Meister*. Reinbek bei Hamburg: Rowolt. (Original erschienen: The dancing Wu Li masters).

Referenzierte Lehrveranstaltungen

„W" (Winter) oder „S" (Sommer) hinter der Jahreszahl gibt das Semester an, in dem diese Lehrveranstaltung gehalten wurde. Wurden in einem Semester mehrere Lehrveranstaltungen abgehalten, so wurden sie zur Unterscheidung für die Referenzierung im Textteil mit Kleinbuchstaben weiter spezifiziert.

Wallner, Fritz. (1996W). *Einführung in die Wissenschaftstheorie (5)*. VO 602132, 602005 od. 602032 Univ.-Prof. Mag. Dr. Friedrich Wallner Zentrale Verwaltung, 2 Std. Dienstag 14.30 -16.00; Aud. max.; Beginn: 8. 10. 1996, Kapitel 6.01, 6.02.

Wallner, Fritz (1997S). *Konstruktion und Wirklichkeit: Systemisches Denken*. 602071 SE, 2 Std. Zugleich Diplomandenseminar. IFF Westbahnstr. 40/6; Vorbesprechung am 13. 03. 1997, 19 Uhr, Sensengasse 9/Parterre.

Wallner, Fritz. (1998Sa). *Konstruktion und Wirklichkeit: Buddhistische Ontologie und europäische Wissenschaft*. Zugleich Diplomanden- und Dissertantenseminar. SE, 2 Std. 602071. Vorbesprechung: 12. 03. 1998, 19 Uhr im IWTF. 27. 04. 09:00 – 16:00 Prominentenzimmer, 28. 04. 09:00 – 18:00 Prominentenzimmer, 29. 04. 11:00 – 15:00 Prominentenzimmer, 15. 06. 10:00 – 17:00 Wr. Neustadt, Konservatorium, Herzog Leopold-Str., 17. 06. 09:00 – 16:00 HS 25.

Wallner, F. und Pommerenke E. (1998Sb). *Allgemeine Wissenschaftstheorie: Verfremdung – Egologie*. SE, 2 Std. 602236. Vorbesprechung 12. 03. 17 Uhr IWTF[19], Sensengasse 8/9, 1090 Wien. Kapitel 6.01 (PPP § 5/2/a/4); 6.02 6.04. 22. 04., 05., 06., 12., 13., 14. 05. 1998, HS d. Instituts f. Nederlandistik.

Wallner, Fritz und Fleck, Günther. (1998Sc). *Wissenschaftstheorie für Psychologen: „Bild und Wort im wissenschaftlichen Denken"*. SE, 2 Std. 602.235 Vorbesprechung 12. 03. 18 Uhr im IWTF, Sensengasse 8/9, 1090

---

19 Institut für Wissenschaftstheorie und Wissenschaftsforschung.

Wien. Kapitel 6.01 (5) (PPP §7). 22. 04., 05., 06., 12., 13., u. 14. 05. 1998, HS16.

Wallner, Fritz. (1998Sd). *Natürlich – reale Fiktion und künstliche Umwelt.* (Symposion: Das Organismuskonzept: systemtheoretische Perspektiven). 07. 05. 1998 10:20). Wien, Naturhistorisches Museum.

Wallner, Fritz. (1998Se). *Auf dem Weg zu einer humanen Wissenschaft.* [3. Wiener Neustädter Gespräche. 15. 06. 1998 10:00, Konservatorium].

Wallner, Fritz (1998Wa). *Einführung in die Wissenschaftstheorie.* VO, 2 Std. 602132. Di, 14:30-16:00 Aud. max.

Wallner, Fritz. (1998Wb). *Wie funktioniert Wissenschaft?* [Videoseminar]. 602166 SE+UE 2 Std. *Institut für Wissenschaftstheorie*; 4 Stunde(n); Prüfungsimmanente Lehrveranstaltung; Friedrich Wallner; IWTF, Senseng. 8, EG, Vorbesprechung: 8.10.98, 17 Uhr, IWTF, Senseng. 8, EG, Vorbesprechung: 8.10.98, 17 Uhr; Blocklehrveranstaltung; gemeinsam mit Dr. F. Annerl. Inhalt: In diesem Seminar sollen Tonband- und Videodokumentationen über die Arbeit in Wissenschaft und Forschung an verschiedenen Universitätsinstituten erstellt werden. Von diesen Informationen ausgehend sollen systematische Überlegungen über die Bildung von Selbst- und Fremdreflexion in der Wissenschaft angestellt sowie auch Übungen zur Selbstreflexion ausgeführt werden. Dabei soll eine Beschreibung der Struktur und Arbeitsweise von Wissenschaft entwickelt werden, welche dem wissenschaftlichen Laien zugänglich ist. Literatur: D. A. Schön, *The Reflective Practitioner,* New York, 1993; D. A. Schön, *Education in the Reflective Practitioner,* Oxford, 1990; Reader.

Wallner, Fritz. (1998Wc). *Wider den Methodenzwang: chinesische Medizin in wissenschaftstheoretischer Sicht?* 602253 SE 2 Std. Institut für Wissenschaftstheorie; 2 Stunde(n); Prüfungsimmanente Lehrveranstaltung; Kapitel:5.25; 6.01; Friedrich Wallner; (nach Übereinkunft), IWTF, Senseng. 8, EG; Vorbesprechung: 8.10.98, 14 Uhr, IWTF, Senseng. 8, EG; Vorbesprechung: 8.10.98, 14 Uhr; Blocklehrveranstaltung; gemeinsam mit Dr. Baustädter, Dr. B. Agnese und Dr. Schauer.

Wallner, Fritz, (1998Wd). *Komparative Wissenschaftstheorie* [Forschungsseminar, zugleich Diplomanden- u. Dissertantenseminar]. Gemeinsam mit Dr. K. Edlinger. 16. 11. – 20. 11 jeweils 09.00 – 14.00 im IFF (Institut für Interdisziplinäre Forschung und Fortbildung, Westbahnstraße 40, U-6 bis Burggasse). Inhalt: Die Geschichte der neuzeitlichen Philosophie ist in großem Ausmaß durch das Problem der Beziehung zwischen dem Subjekt und seiner Umwelt bzw. der Welt im weitesten Sinne geprägt. Die durch KANT geprägte geistige Wende bestand darin, diese Beziehung auf das Subjekt hin zu zentrieren und zu zeigen, dass die bislang akzeptierte Sicht aufgrund einer gewissen erkenntnistheoretischen Naivität der kritischen Prüfung nicht standhält. Diese Erkenntnis schlug zur Zeit KANTs auf die damals mit der Philosophie noch eng verbundenen Naturwissenschaften und ihre theoretische Grundlegung durch. Eine allmähliche Emanzipation der Naturwissenschaften von der Philosophie führte aber dazu, dass sich bei letzteren, vor allem bei den beschreibenden Disziplinen, eine weitgehend theorienlose, naiv-realistische Sicht der zu erforschenden Natur etablierte und ihrerseits allmählich begann, die Philosophie zu beeinflussen. Der jeweilige Ist-Stand der an den Universitäten etablierten Naturwissenschaften wurde ohne weitere kritische Reflexion als gegebenes Wissen akzeptiert. So entstanden Naturbilder, die, vor allem mit biologischen Begründungen verbrämt, hinter KANT zurückweisen. Bezeichnende Beispiele sind die verschiedenen evolutionären Erkenntnistheorien. In den letzten Jahren aber entwickelte und vertiefte sich, nicht zuletzt aufgrund der Entwicklung in den Naturwissenschaften, das Bewusstsein von einer fundamentalen Bipolarität der Subjekt-Umwelt-Beziehung. Es kann gezeigt werden, dass beide Pole in ihrer Strukturiertheit in enger Beziehung zueinander stehen. Damit steht eine umfassende Diskussion des Problemkreises Umwelt an. Der vielschichtige und vieldeutige Begriff soll aus der Sicht der Philosophie, Psychologie, Medizin, Biologie und anderer Naturwissenschaften sowie einer umfassenden komparativen Wissenschaftstheorie diskutiert werden. Da der Konstruktive Realismus durch seine radikale Unterscheidung von Wirklichkeit und Realität die theoretischen Grundlagen einer umfassenden Umweltlehre liefert, sollen die durch ihn entwickelten und bereitgestellten Methoden und Begriffsinstrumentarien vorgestellt und der Anwendung zugeführt werden.

Wallner, Fritz. (1999Sa). *Konstruktion und Wirklichkeit: Interpretation und Umweltverträglichkeit.* Zugleich Diplomanden- und Dissertantenseminar. SE, 2 Std. 602004. Institut für Wissenschaftstheorie; 2 Stunde(n); Prüfungsimmanente Lehrveranstaltung; Kapitel:8.09; Friedrich Wallner; Vorbespr. 11. März, 19 Uhr, Senseng. 8, Parterre, Vorbespr. 11. März, 19 Uhr, Senseng. 8, Parterre; Blockveranstaltung: weitere Termine werden bei der Vorbesprechung bekanntgegeben; Blocklehrveranstaltung; gemeinsam mit Dr. B. Agnese.

Wallner, Fritz. (1999Sb). *Allgemeine Wissenschaftstheorie: Verfremdung: Zeit in interdisziplinärer und wissenschaftstheoretischer Sicht (5).* 602001 SE (PPP § 4/2/c/3) Univ.-Prof. Mag. Dr. Friedrich Wallner gemeinsam mit Dr. Alfred Berger Institut für Philosophie 2 Std. Vorbesprechung: 11. 03. 1999, 17 Uhr, Sensengasse 8/Parterre. Blocklehrveranstaltung: weitere Termine werden bei der Vorbesprechung bekanntgegeben. Kapitel 6.01, 6.02, 6.04, 6.05, 1999S.

Wallner, Fritz (1999Wa). *Einführung in die Wissenschaftstheorie.* VO, 2 Std. 602132. Di, 14.30-16:00 Aud. max. 1999W.

Wallner, Friedrich (1999Wb). *Komparative Wissenschaftstheorie: Zur Kulturalität der Wissenschaft.* 602157 SE, 2 Std. Prüfungsimmanente Lehrveranstaltung; Kapitel:6.05; Friedrich Wallner; (nach Übereinkunft), IWTF, Senseng. 8/EG; Vorbesprechung: 14.10.1999, 19 Uhr, IWTF, Senseng. 8/EG; Vorbesprechung: 14.10.1999, 19 Uhr; Blockveranstaltung: 15.-19. November, 9-14 Uhr; Blocklehrveranstaltung; gemeinsam mit Dr. Fraunlob.

Wallner, Friedrich (2000S). *Allgemeine Wissenschaftstheorie: Gesundheit interdisziplinär von der normativen Fixierung zur Gesundheitspädagogik.* 602001 SE (PPP § 4/2/c/3) Univ.-Prof. Mag. Dr. Friedrich Wallner gemeinsam mit Univ.-Doz. K. Klement und Univ.-Prof. M. Salzer. Institut für Philosophie, Institut für Medizinische Psychologie. 4 Std. Vorbesprechung: 16. 03. 2000, 17 Uhr, Sensengasse 8/Parterre. Blocklehrveranstaltung: weitere Termine werden bei der Vorbesprechung bekanntgegeben Kapitel 5.25, 6.01, 6.02, 6.04, 6.05 [§ 3] Mi, 05. 04. (im Filmraum des Naturhistorischen Museums); 17. 05.; 24. 05.; 31. 05.; 07. 06. 2000 jeweils 9-13 Uhr, Seminarraum Sensengasse. Übungstermine: 16. 05 18-21, 19. 05. 10-14; 26. 05. 16:30-19:00; 02. 06. 16:30-20:30.

Wallner, Fritz (2000W). *Einführung in die Wissenschaftstheorie.* VO 2 Std. 602132. Di, 14.30-16:00 Aud. max. 2000W.

Wallner, Fritz (2003W). *Einführung in die Wissenschaftstheorie* (5) (4/2/3) (PPP§ 4/2/c/3) (PP §57.2.4). Institut für Philosophie; 2 Std. Donnerstag 12.30 -14.00; UCW (Universitätscampus Wien) C1, Beginn: 09.10.2003. Kapitel 6.01.

Wallner, Fritz (2004W). *Einführung in die Wissenschaftstheorie (5) (4/2/3) (PP 57.2.4) (PPP 4/2/c/3);* 696903 VO, Studienprogrammleitung Philosophie; 2 Stunde(n); Kapitel:18.01; Friedrich Wallner; Erster Termin: 14.10.2004, Letzter Termin: 27.01.2005.; Beginn 14.10., am 18.11. entfällt die VO; ab 14.10.2004 Do 12:00-14:00 Hs. C1 UCW.

Wallner, Fritz (2005Wa). *Freier Wille. Wissenschaftstheorie und interdisziplinäre Perspektiven.* 180159 SE+UE (§ 4/1/4, 4/2/3) (PP § 57.6) (PPP § 5.2.a.1.) Institut für Philosophie, 4 Std. Donnerstag 08:30 – 11:30 Prominentenzimmer.

Wallner, Fritz (2005Wb). *Einführung in die Wissenschaftstheorie.* 180087 VO Einführung in die Wissenschaftstheorie (§ 4/1/4, 4/2/3) (PPP§ 4/2/c/3) (PP §57.2.4) Studienprogrammleitung Philosophie 2 Stunde(n) Kapitel:18.01; C1, (am Campus, Vorlesungszentrum im alten AKH) Donnerstag, 12.00-14.00, Beginn: 20.10.

Wallner, Fritz (2006Wa). *Einführung in die Wissenschaftstheorie (5).* (4/2/3) 180158 VO Einführung in die Wissenschaftstheorie (4/1/4) (4/2/3) (PP 57.2.4). Studienprogrammleitung Philosophie, 2 Std. 4 ECTS-Punkte,

erstmals am: DO, 12. 10. 2006; ab 12. 10. 2006 Do 12:15-13:45 HS C1
UCW, Kapitel 18.01.

Liste der Lehrveranstaltungen von Friedrich Wallner 2004W – 2010S

Aus dem Vorlesungsverzeichnis der Universität Wien. Die Auflistung soll veranschaulichen, wie die Ideen des CR in den mannigfaltigsten Disziplinen fruchtbar gemacht wurden.

Wintersemester 1994/95

602005 VO *Einführung in die Wissenschaftstheorie* (für alle Disziplinen und für Hörer aller Fakultäten); Institut für Wissenschaftstheorie; 2 Stunde(n); Dienstag 14.30 -16.00; Aud. max.; Beginn: 11. Oktober 1994.

602032 UE *Übungen zur Vorlesung: „Einführung in die Wissenschaftstheorie"*; Institut für Wissenschaftstheorie; 2 Stunde(n); Prüfungsimmanente Lehrveranstaltung; Mittwoch 13.30 -15.00; Seminarraum d. IWTF, Sensengasse 8,Parterre, Blocklehrveranstaltung; gemeinsam mit Dr. M. Peschl.

602125 VO *Wissenschaftstheoretische Aspekte psychotherapeutischer Forschung I* (Grundkenntnisse in Psychotherapie vorausgesetzt); Institut für Wissenschaftstheorie; 2 Stunde(n); Mittwoch 9.00 -11.00;, Mi 09.15-11.00; Pers. Anmeldung; gemeinsam mit Univ. Ass. Mag. Th. Slunecko.

604102 SE *Wie funktioniert Wissenschaft? Empirische Analysen des Forschungsbetriebes mithilfe von Videodokumentationen;*Institut für Wissenschaftstheorie; 4 Stunde(n); Prüfungsimmanente Lehrveranstaltung; (nach Übereinkunft), Seminarraum d. IWTF, IX., Senseng. 8,Parterre, Blocklehrveranstaltung; gemeinsam mit Dr. M. Costazza und Dr. M. Peschl.

604373 SE *Erkenntnisbildung in den Human- und Naturwissenschaften I: Strategien der Dechiffrierung zwischen Psychologie und Paläontologie*; Institut für Wissenschaftstheorie; 2 Stunde(n); Prüfungsimmanente Lehrveranstaltung; (nach Übereinkunft), Sensengasse 8, IX., Parterre; Blockveranstaltung: 13.10.; 1.12.; 15.12.; 12.1.; 19.1. jeweils 15-19 Uhr; gemeinsam mit Ass. Mag. Thomas Slunecko (Inst. f. Psychologie) und Ass. Prof. Dr. Johann Hohenegger (Inst. f. Paläontologie).

Sommersemester 1995

602071 SE *Konstruktiver Realismus: Interdisziplinäre Verfremdungen: Interkulturalität*; Institut für Wissenschaftstheorie; 2 Stunde(n); Prüfungsimmanente Lehrveranstaltung; (nach Übereinkunft), IFF Westbahnstr. 40/6; Vorbesprechung: am 9. März 1995, 16 Uhr, Senseng. 8, Parterre, Blockveranstaltung: geplanter Zeitraum: 24.-28.4.1995; gemeinsam mit Ass. Prof. Doz. Dr. Bertlmann, Univ.-Ass. Dr. W. Zitterbarth (Marburg, BRD),

O.Prof. Dr. G. Guttmann, O. Prof. Dr. J. Kriz (Univ. Osnabrück), O. Prof. Dr. H. Krumpel (Univ. Paderborn), Univ.-Ass. Mag. T. Slunecko, Univ. Prof. Dr. V. Shen (Chenghi-Univ.Taipei).

602145 SE *Allgemeine Wissenschaftstheorie: Verfremdung. Beispiele für Methodik der Verfremdung in der interkulturellen Begegnung anhand von ausgewählten Texten.* Anrechenbar für das Vorprüfungsfach.; Institut für Wissenschaftstheorie; 2 Stunde(n); Prüfungsimmanente Lehrveranstaltung; (nach Übereinkunft), IWTF, Sensengasse 8, Parterre, IWTF, Sensengasse 8, Parterre; Blockveranstaltung: 4./11./18.5. 15-19 Uhr; 3./10.5. 9-13 Uhr; gemeinsam mit Dr. Diethard Leopold.

682879 SE *Wissenschaftstheorie für Psychologen: Wissenschaft der Persönlichkeiten; Persönlichkeit und Wissenschaft*; Institut für Wissenschaftstheorie; 2 Stunde(n); Prüfungsimmanente Lehrveranstaltung; (nach Übereinkunft), IWTF, Sensengasse 8, Parterre; Vorbesprechung: 9. März, 18 Uhr, IWTF, Sensengasse 8, Parterre; Blockveranstaltung: am 3./10./17.5. von 15-19 Uhr und am 4./11.5. von 9-13 Uhr; gemeinsam mit Univ.-Ass. Mag. Slunecko (Inst. f. Psychologie).

Wintersemester 1995/96

602005 VO *Einführung in die Wissenschaftstheorie (für alle Disziplinen und für Hörer aller Fakultäten)*; Institut für Wissenschaftstheorie; 2 Stunde(n); Dienstag 14.30 -16.00; Aud. max.; Beginn: 17.10.1995.

602032 VO *Einführung in die Wissenschaftstheorie (5)*; Institut für Wissenschaftstheorie; 2 Stunde(n); Dienstag 14.30 -16.00; Aud. max.; Beginn: 17.10.1995.

602157 SE *Komparative Wissenschaftstheorie: Phänomenologie und Konstruktiver Realismus (5)*; Institut für Wissenschaftstheorie; 2 Stunde(n); Prüfungsimmanente Lehrveranstaltung; IWTF, Senseng. 8/EG; Vorbesprechung:12.10.95, 15 Uhr, Blockveranstaltung: 13.-17. Nov. 1995 von 9-13 Uhr; gemeinsam mit Univ.-Doz. E. List (Univ. Graz) und Univ.-Prof. R. Thurnher (Univ. Innsbruck).

602160 SE *Wider den Methodenzwang: Meditation versus Wissenschaft*; Institut für Wissenschaftstheorie; 2 Stunde(n); Prüfungsimmanente Lehrveranstaltung; IWTF, Sensengasse 8/EG, Vorbesprechung:12.10.1995, 18 Uhr; Blockveranstaltung: 25.10. (15-19 Uhr), 14.12. (9-13, 15-19 Uhr), 11.1. (9-13, 15-19 Uhr); gemeinsam mit Dr. D. Leopold.

602166 SE *Wie funktioniert Wissenschaft?*; Institut für Wissenschaftstheorie; 4 Stunde(n); Prüfungsimmanente Lehrveranstaltung; Vorbesprechung: 12.Okt. 1995, 17 Uhr, IWTF, Senseng. 81 EG, Blockveranstaltung: 9.,16.,23.,30. Nov. und 7. Dez. 1995, jeweils 15-19 Uhr.

602168 SE *Wissenschaftstheorie für Psychologen: Therapie und Konstruktion*; Institut für Wissenschaftstheorie; 2 Stunde(n); Prüfungsimmanente Lehrveranstaltung; (nach Übereinkunft), Vorbesprechung:12.10.95, 16 Uhr;

Blockveranstaltung: 9.,16.,23.,30.November und 7. Dezember, jeweils 9-13 Uhr; Blocklehrveranstaltung; gemeinsam mit Univ.-Ass. Thomas Slunecko.

Sommersemester 1996

602071 SE *Konstruktion und Wirklichkeit: Konstruktivismus in Philosophie, Wissenschaft und Kunst*; Institut für Wissenschaftstheorie; 2 Stunde(n); Prüfungsimmanente Lehrveranstaltung; (nach Übereinkunft), IFF Westbahnstr.40/6; Blockveranstaltung: 29.4. – 4.5. 1996; 9 – 13 Uhr; Vorbesprechung: 14. März 1996, 15 Uhr; gemeinsam mit Ass. Prof. Doz. Dr. Bertlmann, Univ.-Ass. Mag. T. Slunecko, Dr. Lore Heuermann, Prof. Dr. Roland Rainer.

602145 SE *Allgemeine Wissenschaftstheorie: Verfremdung. Die Ich-Problematik (5)*. Anrechenbar für das Vorprüfungsfach; Institut für Wissenschaftstheorie; 2 Stunde(n); Prüfungsimmanente Lehrveranstaltung; (nach Übereinkunft), Seminarraum IWTF, 1090, Sensengasse 8, Parterre, Blockveranstaltung: Vorbesprechung: 14. März 1996, 17 Uhr; gemeinsam mit Mag. Pomerenke.

682879 SE *Wissenschaftstheorie für Psychologen: Psychologie – Geistes- oder Naturwissenschaft*; Institut für Wissenschaftstheorie; 2 Stunde(n); Prüfungsimmanente Lehrveranstaltung; (nach Übereinkunft), Seminarraum IWTF, 1090, Sensengasse 8, Parterre; Blockveranstaltung: Vorbesprechung: 14. März 1996, 16 Uhr; gemeinsam mit Univ.-Ass. Mag. Slunecko (Inst. f. Psychologie).

Wintersemester 1996/97

602005 VO *Einführung in die Wissenschaftstheorie (5)*; Institut für Wissenschaftstheorie; 2 Stunde(n); Dienstag 14.30 -16.00; Aud. max.; Beginn: 8.10.1996.

602032 VO *Einführung in die Wissenschaftstheorie*; Institut für Wissenschaftstheorie; 2 Stunde(n); Dienstag 14.30 -16.00; Aud. max.; Beginn: 8.10.1996.

602132 VO *Einführung in die Wissenschaftstheorie*; Institut für Wissenschaftstheorie; 2 Stunde(n); Dienstag 14.30 -16.00 (pünktlich); Aud. Max., Beginn: 8.10.1996.

602157 SE *Komparative Wissenschaftstheorie: Intentionalität (5)*; Institut für Wissenschaftstheorie; 2 Stunde(n); Prüfungsimmanente Lehrveranstaltung; (nach Übereinkunft), IWTF, Senseng. 8/EG; Vorbesprechung:10.10.96, 15 Uhr.

602168 SE *Wissenschaftstheorie für Psychologen: Das Standardmodell der Wissenschaft*; Institut für Wissenschaftstheorie; 2 Stunde(n); Prüfungsimmanente Lehrveranstaltung; (nach Übereinkunft), IWTF, Sensengasse

8/EG.; Vorbesprechung: 10.10.1996, 16 Uhr; gemeinsam mit Dr. R. Fleck.

602188 SE *Wie funktioniert Wissenschaft?*; Institut für Wissenschaftstheorie; 4 Stunde(n); Prüfungsimmanente Lehrveranstaltung; (nach Übereinkunft), IWTF, Sensengasse 8, EG, Vorbesprechung 10.Okt.,17 Uhr.

602253 *SE Wider den Methodenzwang: Traditionelle chinesische Wissenschaft (5)*; Institut für Wissenschaftstheorie; 2 Stunde(n); Prüfungsimmanente Lehrveranstaltung; (nach Übereinkunft), IWTF, Senseng. 8, EG; Vorbesprechung: 10. Okt. 1996, 14 Uhr; gemeinsam mit Dr. Diethard Leopold.

Sommersemester 1997

602071 SE *Konstruktion und Wirklichkeit: Systemisches Denken*; Institut für Wissenschaftstheorie; 2 Stunde(n); Prüfungsimmanente Lehrveranstaltung; (nach Übereinkunft), IFF Westbahnstr. 40/6; Vorbesprechung: am 13. März 1997, 19 Uhr, Senseng. 8, Parterre, IFF Westbahnstr. 40/6; Blockveranstaltung: geplanter Zeitraum: 21.-26.4.1997.

602145 *SE Allgemeine Wissenschaftstheorie: Verfremdung. Die Ich-Problematik.* Anrechenbar für das Vorprüfungsfach; Institut für Wissenschaftstheorie; 2 Stunde(n); Prüfungsimmanente Lehrveranstaltung; (nach Übereinkunft), Seminarraum IWTF, 1090, Sensengasse 8, Parterre; Vorbesprechung: 13. März 1997, 17 Uhr; Blocklehrveranstaltung; gemeinsam mit Mag. Pomerenke.

682879 SE *Wissenschaftstheorie für Psychologen: Psychologie – Geistes- oder Naturwissenschaft*; Institut für Wissenschaftstheorie; 2 Stunde(n); Prüfungsimmanente Lehrveranstaltung; (nach Übereinkunft), Seminarraum IWTF, 1090, Sensengasse 8, Parterre; Blockveranstaltung: Vorbesprechung: 13. März 1997, 18 Uhr; gemeinsam mit Dr. G. Fleck.

Wintersemester 1997/98

602132 VO *Einführung in die Wissenschaftstheorie (9)*; Institut für Wissenschaftstheorie; 2 Stunde(n); Dienstag 14.30 -16.00; Aud. Max., Beginn: 14.10.1997.

602157 SE *Komparative Wissenschaftstheorie: Phänomenologie und Konstruktivismen*; Zur Debatte über den Konstruktivismus in und außerhalb der Soziologie (5)); Institut für Wissenschaftstheorie; 2 Stunde(n); Prüfungsimmanente Lehrveranstaltung; (nach Übereinkunft), IWTF, Senseng. 8/EG; Vorbesprechung:16.10.97, 15 Uhr; Blocklehrveranstaltung; gemeinsam mit Dr. F. Annerl.

602166 SE *Wie funktioniert Wissenschaft?*; Institut für Wissenschaftstheorie; 4 Stunde(n); Prüfungsimmanente Lehrveranstaltung; IWTF, Senseng. 81 EG, Vorbesprechung: 16.10.97, 17 Uhr; Blocklehrveranstaltung.

602168 SE *Wissenschaftstheorie für Psychologen: Bild und Wort im wissenschaftlichen Denken*; Institut für Wissenschaftstheorie; 2 Stunde(n); Prüfungsimmanente Lehrveranstaltung; (nach Übereinkunft), IWTF, Sensengasse 8/EG.; Vorbesprechung: 16.10.1997, 16 Uhr; Blocklehrveranstaltung; gemeinsam mit Dr. R. Fleck.

602253 SE *Wider den Methodenzwang: Chinesische Medizin in wissenschaftstheoretischer Sicht (5)*; Institut für Wissenschaftstheorie; 2 Stunde(n); Prüfungsimmanente Lehrveranstaltung; (nach Übereinkunft), IWTF, Senseng. 8, EG; Vorbesprechung: 16. Okt. 1997, 14 Uhr; Blocklehrveranstaltung; gemeinsam mit Dr. A. Höll.

604373 SE *Erkenntnisbildung in den Human- und Naturwissenschaften I: Strategien der Dechiffrierung zwischen Psychologie und Paläontologie*; Institut für Wissenschaftstheorie; 2 Stunde(n); Prüfungsimmanente Lehrveranstaltung; (nach Übereinkunft), Sensengasse 8, IX., Parterre; Blockveranstaltung: 13.10.; 1.12.; 15.12.; 12.1.; 19.1. jeweils 15-19 Uhr; gemeinsam mit Ass. Mag. Thomas Slunecko (Inst. f. Psychologie) und Ass. Prof. Dr. Johann Hohenegger (Inst. f. Paläontologie).

Sommersemester 1998

602071 SE *Konstruktion und Wirklichkeit: Buddhistische Ontologie und europäische Wissenschaften*; Institut für Wissenschaftstheorie; 2 Stunde(n); Prüfungsimmanente Lehrveranstaltung; (nach Übereinkunft), Vorbespr.: 12. März, 19 Uhr im IWTF, Senseng. 8/9, 1090 Wien; Blockveranstaltung: geplanter Zeitraum: 27.- 30.4.1998.

602235 SE *Wissenschaftstheorie für Psychologen: Bild und Wort im wissenschaftlichen Denken*; Institut für Wissenschaftstheorie; 2 Stunde(n); Prüfungsimmanente Lehrveranstaltung; (nach Übereinkunft), Vorbespr.: 12. März, 18 Uhr im IWTF, Senseng. 8/9, 1090 Wien; gemeinsam mit Dr. G. Fleck.

602236 SE *Allgemeine Wissenschaftstheorie: Verfremdung-Egologie*; Institut für Wissenschaftstheorie; 2 Stunde(n); Prüfungsimmanente Lehrveranstaltung; (nach Übereinkunft), Vorbespr.: 12. März, 17 Uhr IWTF, Senseng. 8/9, 1090 Wien

Wintersemester 1998/99

602032 VO *Einführung in die Wissenschaftstheorie; Institut für Wissenschaftstheorie*; 2 Stunde(n); Dienstag 14.30 -16.00; Aud. max.; Beginn: 8.10.1998.

602132 VO *Einführung in die Wissenschaftstheorie (9);* Institut für Wissenschaftstheorie; 2 Stunde(n); Dienstag 14.30 -16.00; Aud. max., Beginn: 6.10.1998.

602157 SE *Komparative Wissenschaftstheorie: Umwelt und Struktur (5)*; Institut für Wissenschaftstheorie; 2 Stunde(n); Prüfungsimmanente Lehrveranstaltung; (nach Übereinkunft), IWTF, Senseng. 8/EG; Vorbesprechung: 8.10.98, 15 Uhr; Blocklehrveranstaltung; gemeinsam mit Dr. K. Edlinger.

602166 SE *Wie funktioniert Wissenschaft?; Institut für Wissenschaftstheorie*; 4 Stunde(n); Prüfungsimmanente Lehrveranstaltung; WTF, Senseng. 8, EG, Vorbesprechung: 8.10.98, 17 Uhr; Blocklehrveranstaltung; gemeinsam mit Dr. F. Annerl.

602168 SE *Wissenschaftstheorie für Psychologen: Postmoderne Psychologie*; Institut für Wissenschaftstheorie; 2 Stunde(n); Prüfungsimmanente Lehrveranstaltung; (nach Übereinkunft), IWTF, Sensengasse 8/EG.; Vorbesprechung: 8.10.1998, 16 Uhr; Blocklehrveranstaltung; gemeinsam mit Dr. R. Fleck.

602253 SE *Wider den Methodenzwang: Chinesische Medizin in wissenschaftstheoretischer Sicht (5)*; Institut für Wissenschaftstheorie; 2 Stunde(n); Prüfungsimmanente Lehrveranstaltung; (nach Übereinkunft), IWTF, Senseng. 8, EG; Vorbesprechung: 8.10.98, 14 Uhr; Blocklehrveranstaltung; gemeinsam mit Dr. Baustädter, Dr. B. Agnese und Dr. Schauer.

604373 SE *Erkenntnisbildung in den Human- und Naturwissenschaften I: Strategien der Dechiffrierung zwischen Psychologie und Paläontologie*; Institut für Wissenschaftstheorie; 2 Stunde(n); Prüfungsimmanente Lehrveranstaltung; (nach Übereinkunft), Sensengasse 8, IX., Parterre; Blockveranstaltung: 13.10.; 1.12.; 15.12.; 12.1.; 19.1. jeweils 15-19 Uhr; gemeinsam mit Ass. Mag. Thomas Slunecko (Inst. f. Psychologie) und Ass. Prof. Dr. Johann Hohenegger (Inst. f. Paläontologie).

Sommersemester 1999

602001 SE *Allgemeine Wissenschaftstheorie: Verfremdung: Zeit in interdisziplinärer und wissenschaftstheoretischer Sicht (5)*; Institut für Wissenschaftstheorie; 2 Stunde(n); Prüfungsimmanente Lehrveranstaltung; Vorbesprechung: 11. März, 17 Uhr, Sensengasse 8, Parterre; Blockveranstaltung: weitere Termine werden bei der Vorbesprechung bekanntgegeben; gemeinsam mit Dr. Alfred Berger.

602002 SE *Wissenschaftstheorie für Psychologen: Realismus versus Antirealismus (5)*; Institut für Wissenschaftstheorie; 2 Stunde(n); Prüfungsimmanente Lehrveranstaltung; Vorbesprechung: 11. März, 18 Uhr, Sensengasse 8, Parterre; Blockveranstaltung: weitere Termine werden bei der Vorbesprechung bekanntgegeben; gemeinsam mit Dr. G. Fleck.

602004 SE *Konstruktion und Wirklichkeit: Interpretation und Umweltverträglichkeit*; Institut für Wissenschaftstheorie; 2 Stunde(n); Prüfungsimmanente Lehrveranstaltung; Vorbespr. 11. März, 19 Uhr, Senseng. 8, Parterre; Blockveranstaltung: weitere Termine werden bei der Vorbesprechung bekanntgegeben; gemeinsam mit Dr. B. Agnese.

Wintersemester 1999/00

602132 VO *Einführung in die Wissenschaftstheorie; Institut für Wissenschafts-theorie*; 2 Stunde(n); Dienstag 14.30 -16.00; Aud. max., Beginn: 12.10.1999.

602157 SE *Komparative Wissenschaftstheorie: Zur Kulturalität der Wissen-schaft; Institut für Wissenschaftstheorie*; 2 Stunde(n); Prüfungsimmanente Lehrveranstaltung; (nach Übereinkunft), IWTF, Senseng. 8/EG; Vorbe-sprechung: 14.10.1999, 19 Uhr; Blockveranstaltung: 15.-19. November, 9-14 Uhr; gemeinsam mit Dr. Fraunlob.

602166 SE *Wie funktioniert Wissenschaft?*; Institut für Wissenschaftstheorie; 4 Stunde(n); Prüfungsimmanente Lehrveranstaltung; IWTF, Senseng. 8, EG, Vorbesprechung: 14.10.99, 20 Uhr; Blockveranstaltung: 28.10., 4.11., 11.11., 25.11., 16.12.1999 und 13.1.2000, jeweils 9-13 Uhr; gemeinsam mit Dr. F. Annerl.

602168 SE *Wissenschaftstheorie für Psychologen: Narrative Psychologie*; Insti-tut für Wissenschaftstheorie; 2 Stunde(n); Prüfungsimmanente Lehrveran-staltung; (nach Übereinkunft), IWTF, Sensengasse 8/EG.; Vorbespre-chung: 14.10.1999, 18 Uhr; Blockveranstaltung: 11.11., 25.11., 2.12., 9.12., 16.12.99 und 13.1.2000 v. 14-18 Uhr; gemeinsam mit Dr. R. Fleck.

602253 SE *Wider den Methodenzwang: Die wissenschaftlichen Strukturen der chinesischen Medizin*; Institut für Wissenschaftstheorie; 4 Stunde(n); Prü-fungsimmanente Lehrveranstaltung; (nach Übereinkunft), IWTF, Senseng. 8, EG; Vorbesprechung: 14.10.99, 17 Uhr; Blockveranstaltung: 27.10.; 3.11.; 10.11.; 24.11.; 15.12.; 12.01.; von 9-13 Uhr; gemeinsam mit Dr. Baustädter.

Sommersemester 2000

602001 SE *Allgemeine Wissenschaftstheorie: Gesundheit interdisziplinär von der normativen Fixierung zur Gesundheitspädagogik (PPP § 4/2/c/3)*; In-stitut für Wissenschaftstheorie; 4 Stunde(n); Prüfungsimmanente Lehrver-anstaltung; Vorbesprechung: 16. März, 17 Uhr, Sensengasse 8, Parterre; Blockveranstaltung: weitere Termine werden bei der Vorbesprechung be-kanntgegeben; Mi. 5.4.; 17.5.; 24.5.; 31.5.; 7.6. 2000 jeweils 9-13 Uhr; gemeinsam mit Univ.-Doz. K. Klement und Univ.-Prof. M. Salzer.

602002 SE *Wissenschaftstheorie für Psychologen: Die Bedeutung der Gefühle für Philosophie und Wissenschaft (5*; Institut für Wissenschaftstheorie; 2 Stunde(n); Prüfungsimmanente Lehrveranstaltung; Vorbesprechung: 16. März, 18 Uhr, Sensengasse 8, Parterre; Blockveranstaltung: weitere Ter-mine werden bei der Vorbesprechung bekanntgegeben; Di 4. 4., 16. 5., 23. 5., 30. 5., 6. 6. 2000 jeweils 15 – 19 Uhr; gemeinsam mit Dr. G. Fleck.

602004 SE *Konstruktion und Wirklichkeit: Die Kulturabhängigkeit der Wissen-schaft*; Institut für Wissenschaftstheorie; 4 Stunde(n); Prüfungsimmanente

Lehrveranstaltung; Vorbespr. 16. März, 19 Uhr, Senseng. 8, Parterre; Blockveranstaltung: weitere Termine werden bei der Vorbesprechung bekanntgegeben; 8. – 12. Mai 2000; Ort: Inst. f. Interdisziplinäre Forschung u. Fortbildung, Westbahnstr. 40, 1070 Wien; gemeinsam mit Dr. B. Agnese und Dr. M. Fraunlob.

602157 SE *Komparative Wissenschaftstheorie – zur Kulturalität der Wissenschaft*; Institut für Wissenschaftstheorie; 2 Stunde(n); Prüfungsimmanente Lehrveranstaltung.

Wintersemester 2000/01

602132 VO *Einführung in die Wissenschaftstheorie (5)*; Institut für Wissenschaftstheorie; 2 Stunde(n); Dienstag 14.30 -16.00; Aud. max., Beginn: 17.10.2000.

602157 SE *Komparative Wissenschaftstheorie: Der Kulturalismus und die Volkskunde*; Institut für Wissenschaftstheorie; 2 Stunde(n); Prüfungsimmanente Lehrveranstaltung; (nach Übereinkunft), IWTF, Senseng. 8/ EG; Vorbesprechung: 19. 10. 2000, 19 Uhr; Blockveranstaltung: 20. – 24. November, 9 – 14 Uhr; gemeinsam mit Dr. Fraunlob und Dr. Edlinger.

602166 SE *Wie funktioniert Wissenschaft? Interviews und Videodokumentationen zum Selbstverständnis der Wissenschaftler*; Institut für Wissenschaftstheorie; 4 Stunde(n); Prüfungsimmanente Lehrveranstaltung; IWTF, Senseng. 8, EG, Vorbesprechung: 19. 10. 2000, 20 Uhr; Blockveranstaltung: 9.11., 16.11., 30.11., 7.12., 14.12. 2000 und 11.1. 2001, jew. 9 – 13 Uhr; gemeinsam mit Dr. F. Annerl.

602168 SE *Wissenschaftstheorie für Psychologen: Konstruktivistische Ansätze in der Psychologie*; Institut für Wissenschaftstheorie; 2 Stunde(n); Prüfungsimmanente Lehrveranstaltung; (nach Übereinkunft), IWTF, Sensengasse 8/EG.; Vorbesprechung: 19.10.2000, 18 Uhr; Blockveranstaltung: 9.11., 16.11., 30.11., 7.12., 14.12.2000 und 11.1.2001 v. 15-19 Uhr; gemeinsam mit Dr. R. Fleck.

602253 SE *Die Chinesische Medizin in wissenschaftstheoretischer Sicht: Einführung, Urologie und Gynäkologie*; Institut für Wissenschaftstheorie; 4 Stunde(n); Prüfungsimmanente Lehrveranstaltung; (nach Übereinkunft), IWTF, Senseng. 8, EG; Vorbesprechung: 19.10.2000, 17 Uhr; Blockveranstaltung: 25.10.; 8.11.; 29.11.; 6.12.; 13.12.; 10.1.; von 9-13 Uhr; gemeinsam mit Dr. V. Baustädter und Dr. A . Beyer.

Sommersemester 2001

602001 SE *Gesundheit interdisziplinär. Verfremdung in der Medizin (PPP, § 4/2/c/3) (PPP § 5/2/a/2 – Interdisziplinäres SE)*; Institut für Wissenschaftstheorie; 4 Stunde(n); Prüfungsimmanente Lehrveranstaltung; Vorbesprechung: 8. März, 17 Uhr, Sensengasse 8, Parterre; Blockveranstaltung: 25. 4., 2. 5., 16. 5., 30. 5., 6. 6., 20. 6., 9-13 Uhr; gemeinsam mit

Univ.-Doz. K. Klement, Univ.-Prof. M. Salzer, Prof. Dr. J. Dezsy, Univ. Prof. Dr. L. Wicke und Dr. A. Bayer.

602002 SE *Wissenschaftstheorie für Psychologen: Persönlichkeitsforschung (5) (PPP § 4/2/c/3)*; Institut für Wissenschaftstheorie; 2 Stunde(n); Prüfungsimmanente Lehrveranstaltung; Vorbesprechung: 8. März, 18 Uhr, Sensengasse 8, Parterre; Blockveranstaltung: 26. April; 3., 17., 31. Mai; 7., 21. Juni; 15 – 19 Uhr; gemeinsam mit Dr. G. Fleck.

602004 SE *Konstruktion und Wirklichkeit: Die Kulturabhängigkeit der Wissenschaft. Islamische und buddhistische Wissenschaft; Institut für Wissenschaftstheorie*; 4 Stunde(n); Prüfungsimmanente Lehrveranstaltung; Vorbespr. 8. März, 19 Uhr, Senseng. 8, Parterre; Blockveranstaltung: 7.-11. Mai; 9-14 Uhr; weitere Termine werden bei d. Vorbespr. bekanntgegeben; gemeinsam mit Dr. B. Agnese, Dr. M. Fraunlob, Dr. K. Greiner und Dr. E. Köstlin.

Wintersemester 2001/02

602132 VO *Einführung in die Wissenschaftstheorie (5)*; Institut für Wissenschaftstheorie; 2 Stunde(n); Di 14:30-16:00 Aud. max., Beginn: 9.10.2001.

602157 SE *Komparative Wissenschaftstheorie: Buddhismus und abendländische Wissenschaft. Eine Verfremdung; Institut für Wissenschaftstheorie*; 4 Stunde(n); Prüfungsimmanente Lehrveranstaltung; IWTF, Senseng. 8/EG; Vorbesprechung: 11.10.2001, 19:00, Blockveranstaltung: 20.-24.11.2001, 09:00-14:00; gemeinsam mit Fraunlob, Edlinger, Greiner, Schuster, E. Köstlin und Jandl.

602168 SE *Wissenschaftstheorie für Psychologen: Psychoanalyse und Interdisziplinarität*; Institut für Wissenschaftstheorie; 2 Stunde(n); Prüfungsimmanente Lehrveranstaltung; n.Ü., IWTF, Sensengasse 8/EG.; Vorbesprechung: 11.10.2001, 18:00, Blockveranstaltung: 8.11., 22.11., 29.11., 6.12., 13.12.2001 und 10.1.2002 v. 15:00-19:00; gemeinsam mit Dr. R. Fleck.

602253 SE+UE *Die Chinesische Medizin in wissenschaftstheoretischer Sicht: Ein Vergleich zur Tibetischen Medizin*; Institut für Wissenschaftstheorie; 4 Stunde(n); Prüfungsimmanente Lehrveranstaltung; n.Ü., IWTF, Senseng. 8, EG; Vorbesprechung: 11.10.2001, 17:00, Blockveranstaltung: 6.11.; 20.11.; 27.11.; 4.12.; 11.12.2001, 8.1.2002 ganztags; gemeinsam mit V. Baustädter, A . Bayer, Schuster, Annerl, M. Jandl.

Sommersemester 2002

600378 SE *Komparative Wissenschaftstheorie – zur Kulturalität der Wissenschaft: Die Chinesische Medizin (5) (PPP § 5/2/a/5)*; Institut für Wissenschaftstheorie; 2 Stunde(n); Prüfungsimmanente Lehrveranstaltung; Vorbesprechung: 14. März, 20:00, Senseng. 8, Parterre, Block: 10.4., 17.4., 8.5., 15.5., 22.5. und 29.5 & n.Ü.

602001 SE+UE *Gesundheit interdisziplinär. Dialog in der Medizin (PPP, §* *4/2/c/3) (PPP § 5/2/a/2 – Interdisziplinäres SE) Altenmedizin und* *Gesundheitsbuch.* Gesundheitspädagogik (8); Institut für Wissenschafts-theorie; 4 Stunde(n); Prüfungsimmanente Lehrveranstaltung; Vorbespre-chung: 14.3.2002, 17:00, Block: 10.,17.,4.; 8.,15.,22., 29. 5., 16:00-20:00, weitere Termine werden bekanntgegeben & n.Ü.

602002 SE *Wissenschaftstheorie für Psychologen: politische Psychologie (5)* *(PPP § 7,4/2/c/3)*; Institut für Wissenschaftstheorie; 2 Stunde(n); Prü-fungsimmanente Lehrveranstaltung; Vorbesprechung: 14. März, 18:00, Senseng. 8, Parterre, Block: 11. und 18. April, 16. u. 23. Mai, 6. u. 13. Ju-ni, 15:00-19:00 & n.Ü.

602004 SE *Konstruktion und Wirklichkeit: Die Kulturabhängigkeit der Wissen-schaft. Islamische und buddhistische Wissenschaft; Institut für Wissen-schaftstheorie*; 4 Stunde(n); Prüfungsimmanente Lehrveranstaltung; Vor-besprechung: 14. März, 19:00, Senseng. 8, Parterre, Block: 22.-26. April, 16-20 Uhr & n.Ü.

Sommersemester 2003

600378 SE+UE *Komparative Wissenschaftstheorie – zur Kulturalität der Wis-senschaft: Die Chinesische Medizin. Naturphilosophien als Grundlage* *der Chinesischen Medizin*, gemeinsam mit Mag. Doris Schmaußer; Insti-tut für Philosophie; 2 Stunde(n); Prüfungsimmanente Lehrveranstaltung; Vorbesprechung 13.3. 2003, 19.00 Prominentenzimmer, Termine: 26.3., 9.4., 14.5., 18.6., 9.00-13.00; Blocklehrveranstaltung.

602001 SE+UE *Gesundheit interdisziplinär. Arzt-Patient Verhältnis: medizini-scher Ungehorsam gemeinsam mit Dr. Monika Nowotny (PPP § 5/2/a/2 –* *Interdisziplinäres SE) Altenmedizin und Gesundheitsbuch. Gesundheits-pädagogik (8)*; Institut für Philosophie; 4 Stunde(n); Prüfungsimmanente Lehrveranstaltung; Vorbesprechung: 13.3.2002, 16.00-17.00, Prominentenzimmer, weitere Termine werden bekanntgegeben; n.Ü.; Blocklehrveranstaltung.

602002 SE *Wissenschaftstheorie für Psychologen: Hermeneutische Kognitions-wissenschaft und kognitive Psychologie (PPP § 7)* gemeinsam mit Dr. Fe-lix Annerl, MMag. Martin Jandl und Mag. Hermann Schuster; Institut für Philosophie; 2 Stunde(n); Prüfungsimmanente Lehrveranstaltung; Vorbe-sprechung: 13. März, 17.00-18.00, Prominentenzimmer, Termine 27.3., 8.5., 15.5., 5.6., 12.6.; Blocklehrveranstaltung.

602004 SE+UE *Konstruktion und Wirklichkeit: Die Kulturabhängigkeit der* *Wissenschaft. Islamische und Christentum als Ausgangspunkte der Wis-senschaft;* gemeinsam mit Dr. Elsbeth Köstlin; Institut für Philosophie; 4 Stunde(n); Prüfungsimmanente Lehrveranstaltung; Vorbespr. 13.3. 18.00 Prominentenzimmer, Termine: 28.4.-3.5. 9.00-14.00 n.Ü.; Blocklehrver-anstaltung.

Wintersemester 2003/04

695750 VO *Einführung in die Wissenschaftstheorie (5)*; Institut für Philosophie; 2 Stunde(n); Erster Termin: 09.10.2003, Letzter Termin: 29.01.2004.; Beginn 14.10.2003; ab 9.10.2003 Do 12:00-14:00 Hs. C1 UCW.

695751 SE+UE *Die wissenschaftliche Struktur der chin. Medizin, ist chin. Pharmakologie eine Wissenschaft?* Institut für Philosophie; 4 Stunde(n); Prüfungsimmanente Lehrveranstaltung; Vorbesprechung 9.10.2003, 17.00 Uhr; n.Ü.

695753 SE+UE *Konstruktion und Wirklichkeit. Die Kulturabhängigkeit der Wissenschaft, Spiritualität und Religion in der Wissenschaft*; Institut für Philosophie; 4 Stunde(n); Prüfungsimmanente Lehrveranstaltung; Vorbesprechung 9.10.2003, 18.00 Uhr, Prominentenzimmer; n.Ü.

695754 SE *Wie funktioniert Wissenschaft?* (gemeinsam mit Dr. Kurt Greiner) (5); Institut für Philosophie; 2 Stunde(n); Prüfungsimmanente Lehrveranstaltung; Kapitel:6.01; Friedrich Wallner; Vorbesprechung 9.10.2003; n.Ü.

Sommersemester 2004

600378 SE *Komparative Wissenschaftstheorie. Zur Kulturalität der Chinesischen Medizin: Diäten und ihre Begründung;* gemeinsam mit Dr. Andreas Bayer Mag. Doris Schmaußer; Institut für Philosophie; 2 Stunde(n); Prüfungsimmanente Lehrveranstaltung; n.Ü.; Blocklehrveranstaltung.

602001 SE *Gesundheit interdisziplinär: Braucht die Medizin eine Wissenschaftstheorie? (5)*; Institut für Philosophie; 4 Stunde(n); Prüfungsimmanente Lehrveranstaltung; n.Ü.; Blocklehrveranstaltung.

602002 SE *Wie funktioniert Wissenschaft? (5)*; Institut für Philosophie; 2 Stunde(n); Prüfungsimmanente Lehrveranstaltung; Blocklehrveranstaltung.

602004 SE *Konstruktion und Wirklichkeit: Die Kulturabhängigkeit der Wissenschaft. Islamische und Christentum als Ausgangspunkte der Wissenschaft (5);* gemeinsam mit Dr. Elsbeth Köstlin und Dr. Greiner; Institut für Philosophie; 4 Stunde(n); Prüfungsimmanente Lehrveranstaltung; n.Ü.; Blocklehrveranstaltung.

Wintersemester 2004/05

696901 SE *Die wissenschaftliche Struktur der chinesischen Medizin (5) (4/2/4) (PP 57.2.4) (PPP 4/2/c/3)*; Studienprogrammleitung Philosophie; 4 Stunde(n); Prüfungsimmanente Lehrveranstaltung; Vorbesprechung: 13.10.2004, 17.00 Uhr; Mi 9-13; nur am 24.11., 1.12. u. 15.12. von 9.00-13.00 und 16.00-20.000; Prominentenzimmer; n.Ü.

696903 VO *Einführung in die Wissenschaftstheorie (5)*; Studienprogrammleitung Philosophie; 2 Stunde(n); Erster Termin: 14.10.2004, Letzter Termin: 27.01.2005.; Beginn 14.10., am 18.11. entfällt die VO; ab 14.10.2004 Do 12:00-14:00 Hs. C1 UCW.

190

696904 SE *Konstruktion und Wirklichkeit . Die Kulturabhängigkeit der Wissen-schaft: Wissenschaft: Kampf der Kulturen?* *(5)*; Studienprogrammleitung Philosophie; 4 Stunde(n); Prüfungsimmanente Lehrveranstaltung; Vorbespr. 13.10., 18.00 Prominentenzimmer; Termine: Do 14.00-18.00, nicht am 11.11., dafür aber 18.11. 9.00-16.00 im HS 16.

696905 SE *Wie funktioniert Wissenschaft?* *(5) (4/2/3) (PP 57.2.4) (PPP 4/2/c/3)*; Studienprogrammleitung Philosophie; 2 Stunde(n); Prüfungsim-manente Lehrveranstaltung; Vorbesprechung 13.10., 16 Uhr, Prominentenzimmer; Do 18.00-20.00, außer 18.11. von 16.00-20.00 HS 16.

Sommersemester 2005

600378 SE *TCM und westl. Medizin. Ein wissenschaftstheoretischer Vergleich (4/2/3) (PPP § 5/2/a/5) (PP § 57.3.4) (5)*; Studienprogrammleitung Philo-sophie; 2 Stunde(n); Prüfungsimmanente Lehrveranstaltung; Prominentenzimmer, Do 17-19 Uhr, Beginn: 17.3.2005; Anmeldung: Vorbesprechung 10. März 2005 im Prominentenzimmer 18.00 Uhr; Blocklehrveranstaltung.

602001 SE *Gesundheit interdisziplinär: Medizin und Selbstbestimmung (5) (4/2/3) (PPP 5/2/a/2-) (PP 57/3/4)*; Studienprogrammleitung Philosophie; 4 Stunde(n); Prüfungsimmanente Lehrveranstaltung; Prominentenzimmer, Do 13-17 Uhr, Beginn: 17.3.2005; Vorbesprechung Do. 10. März 2005 16.00 Uhr Prominentenzimmer; Blocklehrveranstaltung.

602004 SE *Konstruktion und Wirklichkeit: Die Kulturabhängigkeit der Wissen-schaft. Freier Wille und Hirnforschung (5) (4/2/3) (PPP 5/2/a/1) (PP 57.3.4)*; Studienprogrammleitung Philosophie; 4 Stunde(n); Prüfungsim-manente Lehrveranstaltung; Vorbesprechung 10.03.05 16.00 Uhr Prominentenzimmer; Blocklehrveranstaltung.

696905 SE *Wie funktioniert Wissenschaft?* *(5) (4/2/3) (PP 57.2.4) (PPP 4/2/c/3)*; Studienprogrammleitung Philosophie; 2 Stunde(n); Prüfungsim-manente Lehrveranstaltung; Prominentenzimmer, Mi 17-19 Uhr, Beginn: 6.4.2005; Anmeldung: Prominentenzimmer Do. 10.03.2005, 19.00 Uhr.

Wintersemester 2005/06

180087 VO *Einführung in die Wissenschaftstheorie*; Studienprogrammleitung Philosophie; 2 Stunde(n); C1, (am Campus, Vorlesungszentrum im alten AKH) Donnerstag, 12.00-14.00, Beginn: 20.10.; Anmeldung: Vorbespre-chung in der 1. Lehrveranstaltung, Prominentenzimmer.

180088 SE *Wie funktioniert Chinesische Medizin (TCM)*; Studienprogrammlei-tung Philosophie; 4 Stunde(n); Prüfungsimmanente Lehrveranstaltung; Prominentenzimmer 13.00-17.00, Mittw., Vorbesprechung Do. 20. Okto-ber.

180090 SE *Wie funktioniert Wissenschaft/Glücksforschung für Doktoranden aller Fächer*; Studienprogrammleitung Philosophie; 2 Stunde(n); Prüfungsimmanente Lehrveranstaltung; Prominentenzimmer 17.00-19.00, Mittwoch Vorbesprechung Don. 20. Oktober, 16.00 Uhr.

180159 SE+UE *Freier Wille. Wissenschaftstheorie und interdisziplinäre Perspektiven*; Studienprogrammleitung Philosophie; 4 Stunde(n); Prüfungsimmanente Lehrveranstaltung; Donnerstag, 8.30-12.00 Uhr, Prominentenzimmer; Vorbesprechung 20. Oktober, 18.00 Uhr.

Sommersemester 2006

180141 SE *Gesundheit interdisziplinär Medizinsysteme – ein Vergleich*; Studienprogrammleitung Philosophie; 4 Stunde(n); Prüfungsimmanente Lehrveranstaltung; Prominentenzimmer 15-18.30 Uhr, Donnerstag, Vorbesprechung Donnerstag 16. März 2006, 17 Uhr.

180160 SE *Wie funktioniert Wissenschaft? Psychotherapie für Doktoranden aller Fächer*; Studienprogrammleitung Philosophie; 2 Stunde(n); Prüfungsimmanente Lehrveranstaltung; Prominentenzimmer, Donnerstag 18.30-20 Uhr, Vorbesprechung Donnerstag 16. März 2006, 16 Uhr.

Wintersemester 2006/07

180158 VO *Einführung in die Wissenschaftstheorie*; Studienprogrammleitung Philosophie; 2 Stunde(n), 4,0 ECTS credits; Erster Termin: 12.10.2006, Letzter Termin: 25.01.2007.; DO wtl von 12.10.2006 bis 25.01.2007 12.15-13.45 Ort: Hörsaal C1 UniCampus Hof 2 2G-O1-03.

180382 SE *Terrorismus – Zur Konstruktion politischer Realität*; Studienprogrammleitung Philosophie; 2 Stunde(n), 4,0 ECTS credits; Prüfungsimmanente Lehrveranstaltung; Promizimmer, Donnerstag 15.00-17.00 Uhr, Vorbesprechung am Donnerstag 12. Oktober 2006, um 17.00 Uhr.

180383 SE *Schulmedizin für Medizinschulen – Ein Plädoyer für medizinische Vielfalt*; Studienprogrammleitung Philosophie; 4 Stunde(n), 8,0 ECTS credits; Prüfungsimmanente Lehrveranstaltung; Donnerstag, 17-20.30 Uhr, Promizimmer, Vorbesprechung am Donnerstag, am 12. Oktober 2006, um 18.00 Uhr.

Sommersemester 2007

180399 SE *Die Mechanik von Seele und Körper. Methodische Fehlentwicklungen in Psychologie und Medizin*; Studienprogrammleitung Philosophie; 4 Stunde(n), 8,0 ECTS credits; Prüfungsimmanente Lehrveranstaltung; Friedrich Wallner; Prominentenzimmer, Donnerstag 15-18.30 Uhr, Vorbesprechung am 08.03.2007 um 17.00 Uhr.

180400 SE *Wie funktioniert Wissenschaft? Die Kulturabhängigkeit der Wissenschaft am Beispiel der Ethnologie)*; Studienprogrammleitung Philosophie; 2 Stunde(n), 4,0 ECTS credits; Prüfungsimmanente Lehrveranstaltung;

Prominentenzimmer, Donnerstag, 18:30-20:30 Uhr, Vorbesprechung am 08.03.2007.

Wintersemester 2007

180213 VO *Wissenschaftstheorie – Einführung in die Wissenschaftstheorie*; Studienprogrammleitung Philosophie; 2 Stunde(n), 3,0 ECTS credits; Erster Termin: 18.10.2007, Letzter Termin: 31.01.2008.; DO wtl von 18.10.2007 bis 31.01.2008 12.30-14.00 Ort: Hörsaal 50 Hauptgebäude, 2.Stock, Stiege 8.

180265 SE *Theoretische Konzepte und kulturelle Grundlagen der Demokratie*; Studienprogrammleitung Philosophie; 2 Stunde(n), 5,0 ECTS credits; Prüfungsimmanente Lehrveranstaltung; Erster Termin: 18.10.2007, Letzter Termin: 31.01.2008.; DO 18.10.2007 17.00-18.00 Ort: Prominentenzimmer Hauptgebäude, Tiefparterre; DO wtl von 25.10.2007 bis 31.01.2008 15.00-16.30 Ort: Prominentenzimmer Hauptgebäude, Tiefparterre; Vorbesprechung 18.10.2007 um 17 -18 Uhr, Beschränkte Teilnehmerzahl, max. 45; Inhalte: Diskussion der Grundkonzepte, der Anwendungsformen und der Defizite des demokratischen Modells.

180266 SE *Traditionelle Chinesische Medizin – in wissenschaftstheoretischer Sicht*; Studienprogrammleitung Philosophie; 4 Stunde(n), 5,0 ECTS credits; Prüfungsimmanente Lehrveranstaltung; Erster Termin: 18.10.2007, Letzter Termin: 31.01.2008.; DO 18.10.2007 18.00-19.00 Ort: Prominentenzimmer Hauptgebäude, Tiefparterre; Beschränkte Teilnehmerzahl, max. 45; Inhalte: Im Rahmen dieses vierstündigen Seminars sollen auf wissenschaftstheoretischer Basis Hauptfragestellungen über die Systematik und Philosophie der TCM behandelt werden. Adäquate Herangehensweisen werden im Rahmen von Studentenreferaten, ausgesuchten Lektüren und insbesondere durch rege Auseinandersetzungen aller Seminarteilnehmer erarbeitet.

Sommersemester 2008

180359 SE *Globalisierung – Kampf der Kulturen; Studienprogrammleitung Philosophie*; 2 Stunde(n), 5,0 ECTS credits; Prüfungsimmanente Lehrveranstaltung; Kommentar: Anmerkung zur Anmeldung: Anmeldung nicht wie angeführt vor Ort, sondern über das Online-System.; Erster Termin: 13.03.2008, Letzter Termin: 26.06.2008.; DO wtl von 13.03.2008 bis 26.06.2008 15.00-17.00 Ort: Prominentenzimmer Hauptgebäude, Tiefparterre; Vorbesprechung 17-18 Uhr, Beginn am 13.03.2008; Beschränkte Teilnehmerzahl, max. 45; Inhalte: Trotz der ausufernden Debatte zum Thema Globalisierung herrscht noch weitgehende Uneinigkeit über Ursprung und Kern des Phänomens: Ist dessen Wurzel etwa kultureller oder doch ökonomischer Natur? Handelt es sich um eine Folge westlich-rationalistischer Weltauffassung oder ist das Ganze nicht mehr als ein bloßer Nebeneffekt eines marktwirtschaftlichen Systems, welches sich unaufhaltsam über die Welt verbreitet? Und ähnlich strittig erscheinen die mit der Globalisierung verbundenen Chancen und Gefahren: Besteht erstmals in der Geschichte die Möglichkeit weltweiter Krisenabwehr und Armutsbekämpfung, im Weiteren gar die der endgültigen Etablierung einer friedlichen Weltzivilgesellschaft? Oder überwiegt das Konfliktpotential, die fort-schreitende Zerstörung von Natur und Kultur? In diesem Seminar sollen vor allem die Strukturen der unterschiedlichen theoretischen Konstruktionen unter-sucht werden. Im Mittelpunkt der Analyse stehen dabei zentrale Begriffe der politischen Philosophie wie „Menschenrechte", „Nationalität", „interkulturelle Identität", „Arbeit", „Krieg" oder „Kapitalismus". Anmeldung: In der Vorbesprechung vor Ort. Organisatorische Fragen an: studium.wien@aon.at. Literatur: Reader zum Seminar ab März im Facultas (NIG) erhältlich. Prüfungsmodalität: Seminararbeit als Basis, Referat, Anwesenheit.

180477 SE *Die Methodologie der Traditionellen Chinesischen Medizin*; Studienprogrammleitung Philosophie; 4 Stunde(n), 8,0 ECTS credits; Prüfungsimmanente Lehrveranstaltung; Erster Termin: 13.03.2008, Letzter Termin: 26.06.2008.; DO wtl von 13.03.2008 bis 26.06.2008 17.30-20.30 Ort: Prominentenzimmer Hauptgebäude, Tiefparterre; Vorbesprechung 18-19 Uhr, Beginn am 13.03.2008; Beschränkte Teilnehmerzahl, max. 45; Inhalte: Wie funktioniert TCM (Traditionelle chinesische Medizin)? Ist TCM wissenschaftlich? Wie kann man die Wissenschaftlichkeit untersuchen? – Fragen, die immer öfter in vielen Situationen des Lebens gestellt wird und nur selten befriedigend beantwortet werden. Im Rahmen dieses vierstündigen Seminars sollen gezielt auf wissenschaftstheoretischer Basis verschiedene Fragestellungen und Inhalte über die Methodologie der TCM erarbeitet werden. Zentraler Punkt in diesem bisher einzigartigen Seminar bildet der vom 6.-8. Mai 2008 stattfindende, internationale Kongress unter dem Titel „The Methodology of TCM". Das genaue Programm wird in der Vorbesprechung bekannt gegeben. Es werden international renommierte Vortragende aus zahlreichen Bereichen erwartet. Für Studenten des Seminars ist der Kongress ein Bestandteil des Seminars und die Teilnahme daher verpflichtend und folglich kostenlos. Alle Teilnehmer sind dazu aufgefordert, die Gelegenheit zu nützen, um im Rahmen des Kongresses und des Seminars, kritisch zu hinterfragen, Meinungen auszutauschen und Unklarheiten, sowie Widersprüche mit Experten zu besprechen. Die Studenten sollen sich mit der Wissenschaftlichkeit von Medizinsystemen abseits der westlichen Schulmedizin unter Einbeziehung der Wissenschaftstheorie, auseinander zu setzen. Immer wiederkehrende grundlegende Fragen über die TCM, wie ihre Wissenschaftlichkeit, ihre Legitimation neben der westlichen Medizin, Wirkungs- und Interak-

194

tionssystem, sowie ihre Beziehung zur chinesischen Kultur sollen diskutiert werden und so im Dialog in die Richtung von Antworten führen. Den Teilnehmern dieses Seminars sollen die Prinzipien der TCM näher gebracht werden und einen Einblick in methodologische Schwierigkeiten bekommen, mit denen man konfrontiert wird, beim Versuch TCM zu erklären oder gar zu vergleichen oder wissenschaftlich zu untersuchen. Voraussetzung zur Teilnahme ist eine vorhergehende Teilnahme eines Seminars von Prof. Wallner zu einem früheren Zeitpunkt zum Thema TCM oder gleichwertige, anders erworbene Qualifikation.

Sommersemester 2009

180498 SE *Interkulturelle Philosophie – Das Wiener Programm*; Studienprogrammleitung Philosophie; 2 Stunde(n), 6,0 ECTS credits; Prüfungsimmanente Lehrveranstaltung; Erster Termin: 19.03.2009, Letzter Termin: 25.06.2009.; DO wtl von 19.03.2009 bis 25.06.2009 15.00-17.00 Ort: Prominentenzimmer Hauptgebäude, Tiefparterre; Beginn = Vorbesprechung 12. März um 16.00 Uhr; Beschränkte Teilnehmerzahl, max. 45; Inhalte: In der gegenwärtigen abendländischen Philosophie scheint nach wie vor die Auffassung über die Allgemeingültigkeit der eigenen Disziplin verbreitetet. Schließlich herrscht die Idee einer Philosophie, die nicht nur dem Begriff nach der antiken griechischen Kultur entstammt, sondern auch nur in der griechischen und in der daran anschließenden abendländischen Kultur praktiziert und weiterverfolgt wurde. Interkulturelle Philosophie problematisiert unter anderem diese (euro)zentristische Sichtweise, indem sie Philosophie bzw. philosophische Reflexion im Kontext einer je spezifischen Kultur betrachtet. So wird nicht nur der eigene Horizont erweitert sondern auch und vor allem dieser Horizont einer intensiven Kritik unterzogen. Denn angesichts der Kulturalität einer jeden philosophischen Reflexion stellt sich die Frage, wie mit dem Anspruch auf deren (Allgemein-)Gültigkeit umgegangen werden muss.

180499 SE *Einführung in die Wissenschaftstheorie der TCM Teil I*; Studienprogrammleitung Philosophie; 2 Stunde(n), 6,0 ECTS credits; Prüfungsimmanente Lehrveranstaltung; Erster Termin: 19.03.2009, Letzter Termin: 25.06.2009.; DO wtl von 19.03.2009 bis 25.06.2009 17.30-19.00 Ort: Prominentenzimmer Hauptgebäude, Tiefparterre; (Teil I und Teil II müssen unbedingt gemeinsam besucht werden); Beginn=Versprechung 12. März 2009, 17.00 Uhr; Beschränkte Teilnehmerzahl, max. 45; Inhalte: Aus schulmedizinischer Sicht scheint es nicht nur bei der Heilung durch TCM um ein Glaubenssystem zu gehen, sondern auch bei der Theorie, die auf den Grundbegriffen „Qi", „Yin Yang", „Meridian" basiert. Was haben solche Begriffe mit Medizin zu tun? Von der Schulmedizin ausgehend sind sie kein Begriff für einen sichtbaren Gegenstand. Im Rahmen dieses Seminars werden wir eine neue Basis der Betrachtung schaffen und eine andere wissenschaftliche Darstellung des Körpers aus chinesischer Sicht kennenlernen.

180500 SE *Einführung in die Wissenschaftstheorie der TCM Teil II*; Studienprogrammleitung Philosophie; 2 Stunde(n), 6,0 ECTS credits; Prüfungsimmanente Lehrveranstaltung; Erster Termin: 05.03.2009, Letzter Termin: 25.06.2009.; DO wtl von 05.03.2009 bis 25.06.2009 19.00-20.30 Ort: Prominentenzimmer Hauptgebäude, Tiefparterre; (Teil I und Teil II müssen unbedingt gemeinsam besucht werden); Beginn=Vorbesprechung 12. März 2009, 17.00 Uhr; Beschränkte Teilnehmerzahl, max. 45; Weitere Informationen.

Wintersemester 2009

180249 VO *Chinesische Philosophie und Medizin*; Studienprogrammleitung Philosophie; 2 Stunde(n), 3,0 ECTS credits; Erster Termin: 15.10.2009, Letzter Termin: 28.01.2010.; DO wtl von 15.10.2009 bis 28.01.2010 12.45-14.15 Ort: Hörsaal 50 Hauptgebäude, 2.Stock, Stiege 8; gemeinsam mit Frau Prof. Weigelin-Schwiedrzik Susanne.

180250 SE *Grundlagen der TCM I*; Studienprogrammleitung Philosophie; 2 Stunde(n), 6,0 ECTS credits; Prüfungsimmanente Lehrveranstaltung; Erster Termin: 15.10.2009, Letzter Termin: 28.01.2010.; DO 15.10.2009 18.00-20.00 Ort: Elise Richter-Saal Hauptgebäude, 1.Stock, Stiege 1; DO wtl von 22.10.2009 bis 28.01.2010 17.00-18.30 Ort: Elise Richter-Saal Hauptgebäude, 1.Stock, Stiege 1; Beschränkte Teilnehmerzahl, max. 45; Inhalte: (Teil I und II müssen unbedingt gemeinsam besucht werden) Kommentar: Das Anliegen dieses Seminars wird es sein, die Grundlagen der chinesischen Medizin, sowie deren philosophische und wissenschaftstheoretische Implikationen den TeilnehmerInnen näher zu bringen. Die moderne sog. Traditionelle chinesische Medizin (TCM), die de facto erst seit gut fünfzig Jahren besteht, gründet und verweist auf ein komplexes Kontingent philosophischer und wissenschaftlicher Dispositive, das in Ausschnitten beleuchtet und anhand von medizinischen und philosophischen Lektüren untersucht wird. Diesbezüglich werden wir in der einen Hälfte unserer Sitzungen die grundlegenden Termini der chinesischen Medizin, auf die es sich in diesem Rahmen zu beschränken gilt, in medizinischer Hinsicht erörtern (z.B. Qi, die Fünf Wandlungsphasen, Yin/Yang, Jing, Shen, das Zangfu-System, die Meridiane) und in der anderen Hälfte ihren philosophischen Referenzen nachspüren.

180251 SE *Grundlagen der TCM II*; Studienprogrammleitung Philosophie; 2 Stunde(n), 6,0 ECTS credits; Prüfungsimmanente Lehrveranstaltung; Erster Termin: 15.10.2009, Letzter Termin: 28.01.2010.; DO 15.10.2009 18.00-20.00 Ort: Elise Richter-Saal Hauptgebäude, 1.Stock, Stiege 1; DO wtl von 22.10.2009 bis 28.01.2010 18.30-20.00 Ort: Elise Richter-Saal

Hauptgebäude, 1.Stock, Stiege 1; Beschränkte Teilnehmerzahl, max. 45; Weitere Informationen.

180252 SE *Interkulturelle Philosophie – Die Rolle der Wissenschaft*; Studienprogrammleitung Philosophie; 2 Stunde(n), 6,0 ECTS credits; Prüfungsimmanente Lehrveranstaltung; Erster Termin: 15.10.2009, Letzter Termin: 28.01.2010.; DO 15.10.2009 17.00-18.00 Ort: Elise Richter-Saal Hauptgebäude, 1.Stock, Stiege 1; DO wtl von 22.10.2009 bis 28.01.2010 15.00-17.00 Ort: Elise Richter-Saal Hauptgebäude, 1.Stock, Stiege 1; Beschränkte Teilnehmerzahl, max. 45; Inhalte: In diesem Seminar sollen die Studierenden dazu angehalten werden, sich mit der vorherrschenden (eurozentristischen-) Perspektive, bezüglich der Allgemeingültigkeit der westlichen Wissenschaft, kritisch auseinanderzusetzen. Es stellt sich zudem die Frage, wie die gegenwärtige Wissenschaft mit der kulturellen Prägung einer jeden Philosophie, umzugehen hat. Im Seminar sollen u.a. zu diesem Thema Texte von verschiedenen AutorInnen präsentiert und diskutiert werden.

Sommersemester 2010

180567 SE *Grundlagen der TCM I – Metapher und Wissenschaft*; Studienprogrammleitung Philosophie; 2 Stunde(n), 6,0 ECTS credits; Prüfungsimmanente Lehrveranstaltung; Erster Termin: 11.03.2010, Letzter Termin: 24.06.2010.; DO wtl von 11.03.2010 bis 24.06.2010 17.00-18.30 Ort: Prominentenzimmer Hauptgebäude, Tiefparterre; Teil I und Teil II müssen gemeinsam besuchen; Beschränkte Teilnehmerzahl, max. 45; Inhalte: Die Sprache der chinesischen Medizin ist eine extrem metaphorische. Sie spricht von Hitze in der Lunge, Feuchtigkeit in der Milz, oder Leber-Feuer. Dies ermöglicht es, verschiedene Aspekte des menschlichen Seins zu beschreiben und sowohl körperliche, geistige, emotionale, intellektuelle, verhaltensmäßige, soziale, existentielle, als auch spirituelle Bereiche in ein holistisches System, in welchem das Einzelne immer in Beziehung mit dem Ganzen steht, zu integrieren. Wir werden im Zuge dieses Seminars die Metaphorik der chinesischen Sprache bei der Behandlung psychologischer Aspekte der traditionellen chinesischen Medizin (TCM) erforschen und ihre Bedeutungen und Entsprechungen analysieren. Ziel des Seminars ist es, die Verbindung des Körpers mit der Psyche aus Sicht der chinesischen Medizin sowie der Psychologie zu erforschen und die dahinterliegenden Theorien, Konzepte und Systeme zu analysieren. Weiteres werden wir uns mit Ursachen, Symptomen, Krankheitsbildern und Behandlungsmöglichkeiten emotionaler Disharmonien befassen und grundlegende Konzepte der klinischen Psychologie, Gesundheitspsychologie und Psychotherapie kennenlernen.

180568 SE *Grundlagen der TCM II – Metapher und Wissenschaft*; Studienprogrammleitung Philosophie; 2 Stunde(n), 6,0 ECTS credits; Prüfungsimmanente Lehrveranstaltung; Erster Termin: 11.03.2010, Letzter Termin: 24.06.2010.; DO wtl von 11.03.2010 bis 24.06.2010 18.30-20.00 Ort: Prominentenzimmer Hauptgebäude, Tiefparterre; Teil I und Teil II müssen gemeinsam besuchen; Beschränkte Teilnehmerzahl, max. 45; Weitere Informationen.

180569 SE *Interkulturelle Philosophie – Jenseits der Alternative von Universalismus und Relativismus*; Studienprogrammleitung Philosophie; 2 Stunde(n), 6,0 ECTS credits; Prüfungsimmanente Lehrveranstaltung; Erster Termin: 11.03.2010, Letzter Termin: 24.06.2010.; DO wtl von 11.03.2010 bis 24.06.2010 15.00-17.00 Ort: Prominentenzimmer Hauptgebäude, Tiefparterre; Vorbesprechung Donnerstags, 11. März, 17 Uhr im Prominentenzimmer; Beschränkte Teilnehmerzahl, max. 45; Inhalte: In diesem Semester wollen wir uns die „Brille" der Systemtheorie aufsetzen und mit diesem Schwerpunkt die Interkulturelle Philosophie untersuchen. Zentrale Begriffe werden in diesem Zusammenhang System, Kultur, Realität, Konstrukt und Relativität sein. Erwünscht ist eine interdisziplinäre Zusammensetzung der Teilnehmenden, da wissenschaftliche Inhalte aus verschiedenen Disziplinen ausgearbeitet und diskutiert werden.

Culture and Knowledge

Edited by Friedrich G. Wallner

Vol. 1 Friedrich G. Wallner: Structure and Relativity. 2005.

Vol. 2 Kurt Greiner: Therapie der Wissenschaft. Eine Einführung in die Methodik des Konstruktiven Realismus. 2005.

Vol. 3 Daniël Francois Malherbe Strauss: Paradigmen in Mathematik, Physik und Biologie und ihre philosophischen Wurzeln. Ins Deutsche übertragen von Martin J. Jandl. 2005.

Vol. 4 Friedrich G. Wallner: What Practitioners of TCM Should Know. A Philosophical Introduction for Medical Doctors. With a Supplement by Kelvin Chan. 2006.

Vol. 5 Kurt Greiner / Friedrich G. Wallner / Martin Gostentschnig (Hrsg.): Verfremdung – Strangification. Multidisziplinäre Beispiele der Anwendung und Fruchtbarkeit einer epistemologischen Methode. 2006.

Vol. 6 Kurt Greiner: Psychoanalytik als Wissenschaft des 21. Jahrhunderts. Ein konstruktivistischer Blick auf Struktur und Reflexionspotential einer polymorphen Kontextualisations-Technik. 2007.

Vol. 7 Kambiz Badie / Maryam Tayefeh Mahmoudi: Strangification: A New Paradigm in Knowledge Processing and Creation. 2007.

Vol. 8 Friedrich G. Wallner: Systemanalyse als Wissenschaftstheorie I: Von der Sprachlichkeit zur Kulturalität. Redigiert von Florian Schmidsberger und Kurt Greiner. 2008.

Vol. 9 Friedrich G. Wallner: Five Lectures on the Foundations of Chinese Medicine. Copyedited by Florian Schmidsberger. 2009.

Vol. 10 Friedrich G. Wallner / Gertrude Kubiena / Martin J. Jandl (eds.): Understanding Traditional Chinese Medicine. Consultant: Lena Springer. 2009.

Vol. 11 Fritz G. Wallner / Florian Schmidsberger / Franz Martin Wimmer (eds.): Intercultural Philosophy. New Aspects and Methods. 2010.

Vol. 12 Friedrich G. Wallner: Systemanalyse als Wissenschaftstheorie II: Kulturalismus als Perspektive der Philosophie im 21. Jahrhundert. 2010.

Vol. 13 Friedrich G. Wallner / Fengli Lan / Martin J. Jandl (eds.): The Way of Thinking in Chinese Medicine. Theory, Methodology and Structure of Chinese Medicine. 2010.

Vol. 14 Kurt Greiner / Martin J. Jandl / Friedrich G. Wallner (eds.): Aus dem Umfeld des Konstruktiven Realismus. Studien zu Psychotherapiewissenschaft, Neurokritik und Philosophie. 2010.

Vol. 15 Martin J. Jandl: Praxeologische Funktionalontologie. Eine Theorie des Wissens als Synthese von H. Dooyeweerd und R.B. Brandon. 2010.

Vol. 16 Friedrich G. Wallner: Systemanalyse als Wissenschaftstheorie III: Das Vorhaben einer kulturorientierten Wissenschaftstheorie in der Gegenwart. 2011.

Vol. 17 Friedrich G. Wallner / Fengli Lan / Martin J. Jandl (eds.): Chinese Medicine and Intercultural Philosophy. Theory, Methodology and Structure of Chinese Medicine. 2011.

Vol. 18 Gerhard Klünger (Hrsg.): Wörterbuch des Konstruktiven Realismus. Aus Vorlesungen, Seminaren und Werken von Friedrich G. Wallner. 2011.

www.peterlang.de

MIX

Papier | Fördert
gute Waldnutzung

FSC® C083411

Zeitfracht Medien GmbH
Ferdinand-Jühlke-Straße 7
99095 Erfurt, Deutschland
produktsicherheit@kolibri360.de